AF738168

Thermodynamik.

Vorlesungen

gehalten von

H. Poincaré
Professor und Mitglied der Akademie.

Redigirt von J. Blondin, Privatdocent an der Universität zu Paris.

Autorisirte deutsche Ausgabe

von

Dr. W. Jaeger und **Dr. E. Gumlich.**

Mit 41 in den Text gedruckten Figuren.

Berlin.
Verlag von Julius Springer.
1893.

Softcover reprint of the hardcover 1st edition 1893

ISBN 978-3-642-50491-4 ISBN 978-3-642-50801-1 (eBook)
DOI 10.1007/978-3-642-50801-1

Buchdruckerei von Gustav Schade (Otto Francke) in Berlin N.

Vorwort.

Von Tag zu Tag spielen die beiden Hauptprincipien der Thermodynamik in allen Zweigen der philosophischen Naturbetrachtung eine grössere Rolle. Die kühnen Theorien, die noch vor 40 Jahren galten und mit Molekular-Hypothesen verquickt waren, sind heutzutage verlassen worden, und man sucht auf der Thermodynamik allein das ganze Gebäude der mathematischen Physik aufzubauen. Sind aber die Lehrsätze von R. Mayer und von Clausius, diese beiden Hauptstützen des Gebäudes, fest genug begründet, um dasselbe für absehbare Zeit tragen zu können? Niemand zweifelt daran, aber worauf gründet sich diese Zuversicht?

Ein bedeutender Physiker sagte mir eines Tages gelegentlich einer Besprechung über das Fehlergesetz: „Jedermann glaubt fest an dasselbe, da die Mathematiker meinen, es sei eine Beobachtungsthatsache, die Beobachter hingegen, es sei ein mathematisches Gesetz". So verhielt es sich auch lange Zeit mit dem Princip von der Erhaltung der Energie. Heute ist dem nicht mehr so, vielmehr weiss Jedermann, dass dies Gesetz aus experimentellen Thatsachen abgeleitet ist.

Was berechtigt uns dann aber, dem Princip selbst eine grössere Allgemeinheit und Genauigkeit zuzuschreiben, als den Versuchen, auf die es begründet ist? Dies kommt auf die Frage hinaus, ob es überhaupt erlaubt ist, die empirischen Thatsachen, wie es gewöhnlich zu geschehen pflegt, zu verallgemeinern, und ich bin nicht verwegen genug, diese Frage, an deren Lösung schon so viele Philosophen vergeblich ihre Kraft versucht haben, hier zu erörtern. Eines aber ist sicher: Wäre uns diese Möglichkeit genommen, so könnte die Wissenschaft nicht bestehen oder wenigstens, sie wäre nur beschränkt auf eine Art von Aufzählung, auf die Feststellung isolirter Thatsachen; sie würde daher für uns keinen Werth besitzen, da sie unserem Bedürfniss nach Ordnung und Harmonie keine Befriedigung gewährte und gleichzeitig nichts vorhersagen könnte. Die sämmtlichen äusseren Umstände, welche eine beliebige Thatsache veranlasst haben, dürften in Wirklichkeit wohl niemals wieder ganz in derselben Weise eintreten, so dass man schon eine erste Verallgemeinerung vornehmen muss, um voraussagen zu können, ob diese Thatsache wieder eintreten wird, auch wenn sich nur die geringste Kleinigkeit an den äusseren Bedingungen geändert hat.

Nun lässt sich aber jede Annahme auf unzählige Weise verallgemeinern. Unter allen diesen möglichen Verallgemeinerungen wählen wir am besten die einfachste, und können auch nur diese wählen. Wir kommen also zu dem Schluss, dass unter sonst gleichen Verhältnissen das einfache Gesetz immer mehr Wahrscheinlichkeit für sich hat, als das komplicirtere.

Vor einem halben Jahrhundert sprach man es allgemein als Lehrsatz aus, dass die Natur die Einfachheit liebe. Heutzutage erkennt man diesen Grundsatz nicht mehr an und behält nur so viel davon, dass die Wissenschaft nicht unmöglich wird.

Wenn wir also ein allgemeines, einfaches und genaues Gesetz formuliren, trotzdem verhältnissmässig nur wenig Versuche vorliegen, die ausserdem noch gewisse Verschiedenheiten aufweisen, so gehorchen wir nur einem Zwang, dem sich der menschliche Geist nicht entziehen kann.

Aber noch mehr! Niemand zweifelt daran, dass das Princip von der Erhaltung der Energie alle speciellen Gesetze überdauern wird, aus denen es abgeleitet ist, ebenso wie das Gesetz von Newton die Kepler'schen Gesetze überlebt hat, die ihm zum Ausgangspunkt dienten und die wegen der Störungen durch andere Himmelskörper nur angenäherte Gültigkeit besitzen.

Warum nimmt nun dieses Gesetz eine so hervorragende Stelle unter allen physikalischen Gesetzen ein? Hierfür gibt es viele Gründe. Zunächst geht man von der Ansicht aus, man dürfe dasselbe nicht verwerfen, ja nicht einmal an seiner vollen Strenge zweifeln, ohne die Möglichkeit des Perpetuum mobile zuzulassen; wir sträuben uns aber gegen eine solche Perspektive und glauben weniger kühn zu sein, wenn wir dies Gesetz annehmen, als wenn wir seine Richtigkeit bezweifeln.

Dies trifft vielleicht nicht ganz zu; denn die Unmöglichkeit des Perpetuum mobile fordert den Satz von der Erhaltung der Energie nur für die umkehrbaren Processe.

Die grossartige Einfachheit dieses Princips trägt ebenfalls dazu bei, unser Vertrauen zu demselben zu befestigen. Bei einem unmittelbar aus dem Versuch abgeleiteten Gesetz, wie z. B. dem Mariotte'schen, würde diese Einfachheit eher unser Misstrauen wachrufen; aber hier ist dem nicht mehr so; wir sehen Elemente, die auf den ersten Blick getrennt zu sein schienen, in unvermutheter Weise sich anordnen und ein harmonisches Ganze bilden, und wir können uns nicht mit der Annahme befreunden, dass eine solche unvorhergesehene Harmonie das blosse Spiel des Zufalls sei. Es scheint, dass uns unsere Errungenschaft um so theurer ist, je grössere Mühe wir auf dieselbe verwenden mussten, oder dass wir um so sicherer sind, der Natur ihr wahres Geheimniss entrissen zu haben, je hartnäckiger sie uns dasselbe zu verhüllen schien.

Aber dies sind alles nur geringfügige Gründe; um das Gesetz von der Erhaltung der Energie in seiner absoluten Grösse aufstellen zu können, bedarf es einer viel gründlicheren Diskussion. Wenn man dies jedoch versucht, so erkennt man, dass jenes absolute Princip gar nicht so leicht auszusprechen ist.

In jedem speciellen Falle sieht man wohl, was die Energie ist, und kann wenigstens eine vorläufige Definition dafür geben; eine allgemeine Definition für dieselbe zu finden, ist jedoch unmöglich.

Will man das Gesetz in seiner ganzen Allgemeinheit aussprechen und es dabei auf das ganze Universum anwenden, so sieht man es sozusagen sich verflüchtigen, und es bleibt nur der Satz übrig: Es gibt etwas, das konstant bleibt.

Aber hat dies allein einen Sinn? Nach der deterministischen Anschauung ist der Zustand des Universum durch eine unendlich grosse Zahl n von Parametern bestimmt, die ich $x_1, x_2 \ldots x_n$ nennen will. Kennt man nun zu einem beliebigen Augenblicke die Werthe dieser n Parameter, so sind ebenfalls ihre Derivirten nach der Zeit bekannt, und es lassen sich demnach die Werthe dieser Parameter für eine frühere oder spätere Zeit berechnen. Mit anderen Worten, diese n Parameter genügen n Differentialgleichungen von der Form

$$\frac{dx_i}{dt} = \varphi_i(x_1, x_2 \ldots x_n)$$
$$(i = 1, \ 2 \ldots n).$$

Diese Gleichungen lassen $(n-1)$ Integrale zu, und es gibt folglich $(n-1)$ Funktionen von $x_1, x_2 \ldots x_n$, die konstant bleiben. Wenn wir nun sagen, irgend etwas bleibt konstant, so sprechen wir nur eine Tautologie aus. Man würde auch in Verlegenheit sein, wenn man sagen sollte, welches unter unseren Integralen nun dasjenige ist, das den Namen Energie erhalten soll.

Ebenso verhält es sich übrigens, wenn man das Princip auf ein begrenztes System anwendet.

Man nimmt dann an, dass sich p von unseren n Parametern unabhängig verändern, so dass wir nur $(n-p)$ im allgemeinen lineare Gleichungen zwischen den n Parametern und ihren Differentialquotienten behalten. Wir wollen dieselben schreiben:

$$Y_i = X_{i1}\, dx_1 + X_{i2}\, dx_2 + \ldots X_{in}\, dx_n = 0$$
$$(i = 1, 2 \ldots, n-p), \tag{1}$$

worin die $X_{i,k}$ Funktionen von $x_1, x_2, \ldots x_n$ sind.

Nehmen wir der Einfachheit halber an, dass die Summe aus der Arbeit der äusseren Kräfte Null ist, ebenso wie die Summe der nach aussen entwichenen Wärmemengen, dann wird sich unser Princip folgendermaassen aussprechen lassen:

Es gibt eine Kombination der Y_i, welche ein vollständiges Differential darstellt; d. h. man kann $(n-p)$ Funktionen

$$Z_1, Z_2 \ldots, Z_{n-p}$$

von $x_1, x_2 \ldots x_n$ finden, derart dass

$$Z_1 Y_1 + Z_2 Y_2 + \ldots Z_{n-p} Y_{n-p}$$

ein vollständiges Differential ist.

Wie ist es aber möglich, dass mehrere Parameter vorhanden sind, deren Variationen nicht von einander abhängen? Dies kann nur unter dem Einfluss äusserer Kräfte stattfinden (obgleich wir zur Vereinfachung vorausgesetzt hatten, dass die algebraische Summe aus der Arbeit dieser Kräfte Null sei). Wenn nämlich das System vollständig jeder äusseren Einwirkung entzogen wäre, so würden die für einen bestimmten Augenblick gegebenen Werthe unserer n Parameter genügen, um den Zustand des Systems in jedem späteren Zeitelement zu bestimmen, vorausgesetzt allerdings, dass wir bei der deterministischen Anschauung bleiben; wir kommen also auf dieselbe Schwierigkeit, wie früher, zurück.

Wenn der zukünftige Zustand des Systems nicht vollständig durch seinen gegenwärtigen Zustand bestimmt ist, so hängt er also noch von den ausserhalb des Systems befindlichen Körpern ab. Aber ist es dann wahrscheinlich, dass Gleichungen von der Form (1) existiren, die von diesem Zustand der äusseren Körper nicht abhängen? Und wenn wir in gewissen Fällen glauben, solche finden zu können, ist dies dann nicht einzig eine Folge unserer Unwissenheit oder des Umstands, dass der Einfluss dieser Körper zu schwach ist, als dass er sich durch das Experiment nachweisen liesse?

Wenn das System nicht als vollständig isolirt zu betrachten ist, so kann der genaue Ausdruck für seine Energie möglichen Falls von dem Zustand der äusseren Körper abhängen. Ich habe früher noch vorausgesetzt, dass die Summe der äusseren Arbeit Null sei, und wenn man sich von dieser etwas künstlichen Beschränkung befreien will, so wird die Aufstellung des Gesetzes noch schwieriger.

Um unser Princip also absolut zu formuliren, muss man es auf das ganze Universum ausdehnen, und dann befindet man sich wieder vor derselben Schwierigkeit, der wir entgehen wollten.

Kurz, um in allgemein verständlicher Sprache zu reden, das Gesetz von der Erhaltung der Energie kann nur eine Bedeutung haben, nämlich es gibt eine Eigenschaft, die allen Möglichkeiten gemeinsam ist; aber in der deterministischen Theorie gibt es nur eine einzig mögliche, und dann hat das Gesetz keinen Sinn mehr.

In der indeterministischen Theorie dagegen würde es einen Sinn annehmen, selbst wenn man es absolut aussprechen wollte; es würde dann als eine Beschränkung der Freiheit erscheinen.

Aber dies Wort erinnert mich daran, dass ich abirre und das Gebiet der Mathematik und Physik verlasse. Ich halte deshalb an, und möchte von dieser ganzen Diskussion nur einen Eindruck zurückbehalten: das Gesetz, welches wir betrachteten, ist eine geschmeidige Form, in die man fast alles hineinbringen kann, was man will. Damit möchte ich aber nicht gesagt haben, dass es keiner objektiven Wirklichkeit entspricht oder dass es auf eine einfache Tautologie hinausläuft; denn in jedem besonderen Fall, auch wenn es sich nicht absolut aussprechen lässt, hat es einen vollkommen klaren Sinn.

Diese Geschmeidigkeit des Princips bürgt für seine lange Lebensfähigkeit, und da es andererseits nur verschwinden kann, um in eine höhere Harmonie aufzugehen, so können wir uns in unseren Arbeiten zuversichtlich auf dasselbe stützen und sind von vornherein sicher, dass diese Arbeit nicht verloren sein wird.

Fast Alles, was ich eben auseinandergesetzt habe, lässt sich auch auf den Satz von Clausius anwenden. Der Unterschied besteht nur darin, dass dieser eine Ungleichung ausdrückt. Man könnte vielleicht behaupten, dass dies bei allen physikalischen Gesetzen der Fall ist, da ihre Genaùigkeit immer durch die Beobachtungsfehler beschränkt wird. Aber diese Gesetze wollen wenigstens erste Annäherungen darstellen, und man darf hoffen, sie nach und nach durch immer genauere Gesetze zu ersetzen. Wenn dagegen das Clausius'sche Gesetz sich auf eine Ungleichung beschränkt, so ist das nicht die Folge unserer mangelhaften Beobachtungen, sondern es liegt in der Natur dieses Gesetzes selbst begründet.

Zur Darlegung der Gründe, durch welche alle Physiker zur Annahme dieser beiden Gesetze bewogen wurden, schien es mir am besten, in meinen Ausführungen den historischen Weg einzuschlagen. Die Betrachtung des langen Umhertastens, durch das man allmählich zur Wahrheit gelangt, ist ja an und für sich schon lehrreich genug. Man sieht, eine wie wichtige Rolle verschiedene theoretische oder sogar metaphysische Ideen spielten, die man heute verlassen hat oder doch für zweifelhaft hält. So hat uns vielleicht mitunter ein Irrthum die vortrefflichsten Dienste geleistet! Die beiden Principien, die sich jetzt auf sorgfältige Experimente stützen, haben diese hinfälligen Hypothesen überdauert, ohne welche sie vielleicht noch nicht entdeckt worden wären. So entfernt man das Gerüste von dem Gewölbe, wenn es vollständig aufgebaut ist.

Diese Art der Darstellung besass jedoch eine Unzuträglichkeit. Sie machte grosse Längen nöthig. Um z. B. die Ueberlegungen von Carnot und von Clausius beibehalten zu können, habe ich zwei Darstellungen des Clausius'schen Theorems gegeben, von denen sich die erste nur auf gewisse Systeme anwenden lässt, die zweite dagegen vollständig allgemein ist, trotzdem sie auf der ersten beruht.

Es folgte hieraus eine unvermeidliche, sehr künstliche Unterscheidung zwischen zwei Klassen von Körpern, je nachdem ihr Zustand nur durch zwei Variable bedingt ist, oder durch eine grössere Zahl. Diese keinem wirklichen Thatbestand entsprechende Unterscheidung findet sich fortwährend in dem vorliegenden Werk wieder und erweckt so den Anschein, als wollte ich diesem Umstand eine enorme Wichtigkeit beilegen, während mir nichts ferner liegt als dies.

Auf die Clausius'sche Gleichung

$$\int \frac{dQ}{T} > 0 \tag{2}$$

in ihrer Anwendung auf nicht umkehrbare Processe musste ich ein besonderes Gewicht legen, da dieselbe lange Kontroversen veranlasst hat.

Meinen Ausgangspunkt bildet der Satz von Clausius: „Man kann keine Wärme von einem kalten zu einem warmen Körper überführen“.

Es war nicht meine Aufgabe, zu untersuchen, wie die Verallgemeinerung desselben lautet, und ob derselbe beispielsweise noch gilt, wenn es sich um nicht umkehrbare chemische Processe handelt. Dies zu entscheiden, ist allein Sache des praktischen Physikers, die Aufgabe des Mathematikers ist eine viel bescheidenere. Die genaue Bedeutung der Ungleichung (2) festzustellen, zu untersuchen, welche Hypothesen man zu dem Axiom von Clausius hinzufügen muss, damit diese Ungleichung nothwendig daraus folgt, das war die Aufgabe, die mir zufiel und deren Lösung ich nach Kräften angestrebt habe.

Bei der Durchsicht meiner Beweise bin ich etwas erschrocken über die Länge des Kapitels, welches von den Dampfmaschinen handelt. Ich fürchte, dass der Leser durch die grosse Seitenzahl, welche ich diesem Gegenstande gewidmet habe, die Erwartung hegt, eine vollkommene und ausreichende Theorie zu finden, und dass er mir für seine spätere Enttäuschung schlechten Dank weiss.

Eine derartige Theorie ist aber nicht so leicht aufgestellt, und ich selbst fühle mich nicht hinreichend kompetent, um den gegenwärtigen Stand dieser Frage ausführlich erörtern zu können. Ich wollte vielmehr nur durch ein Beispiel zeigen, welche Anwendung man von dem Clausius'schen Theorem zu machen hat; gleichzeitig suchte ich darzulegen, wie verwickelt derartige Probleme sind, und welchen Irrthümern man sich durch mangelhafte Kenntniss derselben aussetzen kann.

In einer seiner geistreichen Vorreden spottet Bertrand in sehr feiner Weise über die Autoren, welche in ihren Werken widerspänstige Integrale aufhäufen, die sie nicht berechnen können, weil sie unter dem Integralzeichen unbekannte Funktionen einführen müssen, die durch das Experiment noch nicht bestimmt worden sind.

In dem erwähnten Kapitel habe ich jene Kritik mehr als irgend Jemand verdient und wäre nicht zu entschuldigen, wenn ich dabei einen anderen Zweck verfolgt hätte als den, die Bedeutung der Ungleichung (2) näher zu beleuchten.

Den Gegenstand der beiden folgenden Kapitel bildet die Anwendung der Theoreme von Mayer und Clausius auf chemische und elektrische Erscheinungen. Mitunter wurde diese Theorie so dargestellt, als wäre sie von diesen beiden Principien allein vollkommen abzuleiten. Es lässt sich begreifen, dass viele hervorragende Gelehrte, durch diese gewaltige Fruchtbarkeit des Princips stutzig gemacht, so weit gingen, die Ungleichung von Clausius für zweifelhaft zu halten. Aber dies ist nur ein Trugschluss; die Fruchtbarkeit unserer beiden Principien bleibt ohne Zweifel gross; von jedem aus Versuchen abgeleiteten Gesetz gestatten sie, ein anderes herzuleiten, welches davon sozusagen das Reciproke ist: Die Luft dehnt sich aus, wenn man sie erhitzt, folglich erhitzt sie sich, wenn man sie komprimirt, etc. Dadurch verdoppelt die Thermodynamik in gewisser Weise unsere Kenntnisse; das ist viel, aber auch alles. Aus einem Vordersatz kann man keinen Schluss ziehen, wenn man keinen Nachsatz anfügt, und wenn es manchmal anders zu sein scheint, so ist der Nachsatz in dem Vordersatz miteinbegriffen.

Ich glaube aber, dass es gut ist, diesen wieder besonders anzugeben, da er oft aus einer Hypothese besteht und eine jede Hypothese explicit ausgesprochen werden muss. Sicherlich aber ist dieses Vorgehen gestattet; ohne dasselbe gäbe es keine mathematische Physik, da der Gegenstand dieser Wissenschaft gerade darin besteht, die Hypothesen dadurch zu prüfen, dass man Folgerungen aus ihnen zieht, welche durch das Experiment kontrollirt werden können. Eine Gefahr würde nur daraus erwachsen, dass man Annahmen macht, ohne es zu merken; und dies suchte ich möglichst zu vermeiden.

Selbst für die einfachsten Hypothesen darf man keine Ausnahme machen. Ihre scheinbare Einfachheit kommt meistens daher, dass wir durch Zufall gewisse Variable gewählt haben; hätten wir dagegen zufällig andere genommen, so würden uns die Hypothesen gar nicht so einfach erscheinen. Gerade den einfachsten Hypothesen muss man sogar am meisten misstrauen, da diese besonders geeignet sind, unbemerkt durchzuschlüpfen.

Diese Gedanken verfolgte ich bei der Untersuchung der Dissociation und des Peltier-Phänomens; ich habe zu zeigen gesucht, dass es unmöglich ist, das Gesetz der Dissociation homogener oder heterogener Gasgemische a priori aufzustellen, aber dass man versuchen kann, eins aus dem anderen abzuleiten.

Ich schliesse ab mit der Theorie monocyklischer Systeme. Hier will ich nur meinen Schlusssatz anführen: Der Mechanismus ist unvereinbar mit dem Theorem von Clausius.

Es gibt zwei Arten Mechanismen. Man kann sich das Weltall vorstellen als zusammengesetzt aus Molekülen, die aus der Entfernung nicht aufeinander zu wirken vermögen und die sich in gerader Linie nach verschiedenen Richtungen bewegen, bis diese Richtungen durch Stösse geändert werden. Die Gesetze des Stosses sind dabei dieselben, wie für die elastischen Körper. Oder aber, man kann annehmen, dass diese Atome aus der Entfernung auf einander zu wirken vermögen und dass sich die gegenseitige Bewegung zweier Atome auf eine Anziehung oder Abstossung beschränkt, welche nur von ihrem Abstand abhängt. Die erste Auffassung ist offenbar nur ein specieller Fall der zweiten; ich weise nach, dass alle beide mit den Principien der Thermodynamik unverträglich sind.

Zweimal hatte ich Gelegenheit, mich mit Duhem in Gegensatz zu setzen; er könnte vielleicht erstaunt sein, dass ich ihn nur anführe, um ihn zu bekämpfen, und es sollte mir unendlich leid thun, wenn er daraus auf irgend eine böswillige Absicht schliessen würde. Er wird hoffentlich nicht voraussetzen, dass ich die Dienste verkenne, welche er der Wissenschaft geleistet hat. Ich hielt es indess für nützlicher, auf die Punkte hinzuweisen, wo mir seine Resultate einer Ergänzung bedürftig erschienen, als auf diejenigen, wo ich ihn nur hätte wiederholen müssen.

H. Poincaré.

Inhaltsverzeichniss.

Kapitel IV.

Das Princip der Aequivalenz.

Kapitel V.

Bestätigung des Princips von der Aequivalenz durch die Gase.

Kapitel VI.

Einige Bestätigungen des Princips von der Erhaltung der Energie.

Seite

Kapitel X.

Flüssigkeiten und feste Körper.

Kapitel XI.

Gesättigte Dämpfe.

Kapitel XII.

Erweiterung des Satzes von Clausius.

Kapitel XIII.

Zustandsänderungen.

Kapitel XIV.

Dampfmaschinen.

Kapitel XV.

Dissociation.

Kapitel XVI.

Elektrische Erscheinungen.

I. Hydroelektrische Säulen.

II. Thermo-Elemente.

III. Theorie von Duhem.

IV. Einige Bemerkungen.

Kapitel XVII.

Zurückführung der Principien der Thermodynamik auf die allgemeinen Principien der Mechanik.

Thermodynamik.

Die Thermodynamik beruht auf zwei Principen; es sind dies:

1. Das Princip von der Erhaltung der Energie. Einen speciellen Fall dieses Princips stellt das Princip der Aequivalenz von Wärme und Arbeit oder das Princip von R. Mayer dar.

2. Das Princip von der Zunahme der Entropie, gewöhnlich bezeichnet als **Princip von Carnot** oder **Princip von Clausius.**

Wir wollen nacheinander diese beiden Principe studiren, ebenso ihre unmittelbarsten Folgerungen.

Kapitel I.

Das Princip von der Erhaltung der Energie.

1. Die Entdeckung des Princips der Aequivalenz. — Es ist schwer zu sagen, wem die Ehre gebührt, das Princip der Aequivalenz von Wärme und mechanischer Arbeit entdeckt zu haben.

Sadi-Carnot scheint das Princip am Ende seines Lebens erkannt zu haben, aber seine Untersuchungen über diesen Gegenstand sind in Manuskripten niedergelegt, die erst in den letzten Jahren veröffentlicht wurden; lange Zeit blieben sie unbekannt, so dass die Wissenschaft keinen Nutzen daraus ziehen konnte. Robert Mayer war es vorbehalten, dies Princip wieder aufzufinden und bekannt zu machen.

Aber zu der Zeit, als Mayer dies Princip aussprach, war auch Joule mit Versuchen beschäftigt, welche ihn unfehlbar zur Entdeckung desselben führen mussten und die den besten Beweis für dessen Richtigkeit lieferten. Ebenso war Colding, ohne die Arbeiten von Mayer und Joule zu kennen, im Begriffe, zu demselben Resultat zu gelangen[1]).

Diese Gleichzeitigkeit der zu demselben Ziel führenden Untersuchungen erinnert an die Entdeckung der Infinitesimalrechnung, an der Newton und Leibniz gleiche Rechte besitzen.

Damit aber eine Wahrheit gleichzeitig von getrennt arbeitenden Gelehrten erkannt werden kann, — und diese Thatsache ist in der Geschichte der Wissenschaft nicht selten, — muss jedenfalls deren Geist durch die natürliche Entwickelung der Wissenschaft darauf vorbereitet gewesen sein. Somit kann man die Auseinandersetzung des Princips von Mayer nicht von der wissenschaftlichen Bewegung trennen, die der Entdeckung desselben voranging.

2. Die Unmöglichkeit des Perpetuum mobile. — Die ersten Spuren der Idee von der Erhaltung der Energie reichen sehr weit zurück.

Zu allen Zeiten war die Entdeckung des Perpetuum mobile der Zweck vieler Untersuchungen. Galiläi, der sich mit den Bedingungen der Wirkungsweise einfacher Maschinen eifrigst befasste, sprach zum ersten Mal die Unmöglichkeit einer solchen Bewegung aus.

Betrachten wir z. B. eine Winde, und nennen Q die Last, welche an dem Seile angreift, das sich auf dem Cylinder vom Radius r der Welle aufrollt, dann können wir dieser Last das Gleichgewicht halten, indem wir an der Kurbel eine kleinere Kraft $Q \frac{r}{R}$ wirken lassen, wobei R den Radius des durch den Kurbelknopf beschriebenen Kreises bezeichnet. Wenn die Maschine nun mit gleichförmiger Geschwindigkeit bewegt wird, so stehen diese beiden Kräfte, die Last und die treibende Kraft, noch in derselben Beziehung, wie vorher. Wir können also mit einer gegebenen Kraft einen Körper heben, dessen Gewicht zu dieser Kraft im Verhältniss $\frac{R}{r}$ steht; dies Verhältniss ist grösser als Eins. Aber wenn wir die Kraft vervielfältigen, gewinnen wir damit noch keine Arbeit, denn die Geschwindigkeit des Angriffspunktes der Last steht zu derjenigen des Angriffspunktes der treibenden Kraft im Verhältniss $\frac{r}{R}$, dem Reciproken des Vorhergehenden. Kurz, die Arbeit der Last ist gleich derjenigen der treibenden Kraft.

---

[1]) In seiner ganzen Allgemeinheit wurde das Princip der Aequivalenz bekanntlich von Helmholz, unabhängig von den oben genannten Forschern, gefunden, und für sämmtliche Gebiete der Physik in seiner epochemachenden Schrift über die Erhaltung der Kraft mathematisch begründet.

Galiläi bestätigte diese Gleichheit für den Flaschenzug und überhaupt für alle einfachen Maschinen. Er wies aber darauf hin, dass man als Last nicht die entwickelte nutzbare Kraft zu betrachten hat, sondern diese Kraft, vermehrt um diejenigen Kräfte, welche aus passiven Widerständen, wie Reibung etc., herrühren. Diese letzteren Kräfte treten nothwendigerweise bei allen materiellen Mechanismen auf; Galiläi schloss daraus mit Recht, dass die nutzbare Arbeit immer kleiner ist, als die Arbeit der treibenden Kraft.

Arbeit kann also nicht erzeugt werden und demnach ist auch ein Perpetuum mobile unmöglich.

3. Aber wenn auch keine Maschine Arbeit erzeugen kann, so ist es darum doch noch nicht augenscheinlich, dass die Arbeit andererseits auch unzerstörbar ist. Die Erhaltung der Energie brauchte also nicht eine Folge der Unmöglichkeit des Perpetuum mobile zu sein, wenn auch das Umgekehrte gilt. Man kann demnach nicht behaupten, dass Galiläi sich über die Erhaltung der Energie bei den von ihm untersuchten Maschinen klar geworden sei.

Indessen findet sich in den Werken dieses grossen Physikers des 16. Jahrhunderts der Beweis des Princips von der Erhaltung der Energie für einen speciellen Fall. Bekanntlich hat nämlich Galiläi gezeigt, dass die von einem schweren Körper beim Fall aus einer Höhe h erlangte Geschwindigkeit gleich $\sqrt{2gh}$ ist, unabhängig von dem Weg, den der Körper vermöge seiner Verbindungen durchläuft; man hat also

$$v = \sqrt{2gh}$$

oder

$$\frac{v^2}{2} - gh = 0.$$

Das erste Glied dieser Gleichung stellt nun die Energie der lebendigen Kraft des Körpers dar, wenn die Masse des Körpers als Eins angenommen wird; das zweite, $-gh$, repräsentirt bis auf eine Konstante die potentielle Energie desselben Körpers, oder besser, des aus dem Körper und der Erde gebildeten Systems; demnach drückt die vorhergehende Gleichung aus, dass die Summe dieser beiden Energien konstant ist, mit anderen Worten, dass die Energie erhalten bleibt.

4. Das Princip von der Erhaltung der Bewegung. — Einige Jahre später sprach Descartes das Princip von der Erhaltung der Bewegung aus. Allerdings besitzt sein Beweis nichts Wissenschaftliches:

Gott ist unwandelbar, sagt er, deshalb musste er der Bewegungsgrösse einen unveränderlichen Werth verleihen. So wie Descartes dieses Princip verstand, ist dasselbe übrigens falsch.

Unter Bewegungsgrösse eines Systems versteht man nämlich die Summe der Produkte aus den Massen der das System zusammensetzenden materiellen Punkte und ihren Geschwindigkeiten. Bebeichnen also m_1, m_2, . . m_i die Massen dieser Punkte, ξ_1, η_1, ζ_1 . . . ξ_i, η_i, ζ_i die Komponenten ihrer Geschwindigkeiten nach den drei Achsen, so lautet das Princip der Erhaltung der Bewegung

$$\sum m_i v_i = \text{const.},$$

wo

$$v_i = \sqrt{\xi_i^2 + \eta_i^2 + \zeta_i^2}.$$

Die Unrichtigkeit dieser Gleichung ist aber augenscheinlich; um sich davon zu überzeugen, braucht man nur zu bedenken, dass, falls sie für die absolute Bewegung richtig ist, sie nicht mehr für die relative Bewegung gelten kann, wenn die Achsen eine fortschreitende Bewegung besitzen[1]).

Wird das Princip von Descartes passend modificirt, so bildet es einen der wichtigsten Sätze der Mechanik: *das Princip der projicirten Bewegungsgrössen.* Dasselbe wird durch folgende Gleichungen ausgedrückt:

$$\sum m_i \xi_i = \text{const.}, \quad \sum m_i \eta_i = \text{const.}, \quad \sum m_i \zeta_i = \text{const.},$$

und lautet: *die Summe der Projektionen der Bewegungsgrössen eines Systems auf eine beliebige Achse* (und nicht die Summe aus den Bewegungsgrössen selbst) *ist konstant.* Diese Modifikation rührt von Huyghens her.

5. Die lebendige Kraft. — Uebrigens besitzt das Princip von Descartes, obschon es falsch ist, eine grosse historische Bedeutung; es führte nämlich Leibniz auf die Betrachtung der lebendigen Kraft.

Wie Descartes, und aus denselben metaphysischen Gründen, nimmt Leibniz an, dass irgend etwas im Universum unveränderlich bleiben muss. Nachdem er gefunden hatte, dass das Quadrat

---

[1]) Descartes erkannte selbst, dass sein Princip nicht durch den Versuch bestätigt wird, wie sich aus einer Bemerkung ergibt, die er seiner Theorie vom Stoss der Körper folgen lässt; aber er glaubte, dass die Uebereinstimmung wieder hergestellt würde, wenn man die Bewegungsgrösse des Aethers in Betracht zieht.

der Geschwindigkeit eines Punktes gleich der Summe aus den Quadraten seiner Komponenten ist, wies er darauf hin, dass das Produkt

$$m_i \, v_i^2 = m_i \, \xi_i^2 + m_i \, \eta_i^2 + m_i \, \zeta_i^2$$

gleich der Summe dreier analoger Produkte ist, in welchen drei Geschwindigkeiten ξ_i, η_i, ζ_i beliebige Richtungen haben. Er schliesst daraus, dass in einem System materieller Punkte, in welchem Geschwindigkeiten nach beliebigen Richtungen vorhanden sind, die Summe

$$\sum m_i \, v_i^2$$

dieser Produkte, die lebendige Kraft, betrachtet werden muss, und nicht, wie es Descartes that, die Summe

$$\sum m_i \, v_i \, .$$

Leibniz führte ausserdem neue Begriffe ein, welche er bewegende Wirkung und latente Wirkung nannte, und zwar ist bei ihm dasjenige, was konstant bleibt, die bewegende Wirkung; die letztere aber setzt sich zusammen aus der lebendigen Kraft und der latenten Wirkung. Leibniz war also auf dem Weg zur Entdeckung des Princips von der Erhaltung der Energie.

Es scheint übrigens, dass die Anschauung von Leibniz unseren gegenwärtigen Ideen entsprochen hat. Wenn sich nämlich die bewegende Wirkung in gewissen Fällen zu verlieren scheint, so hat dies nach Leibniz darin seinen Grund, dass die sichtbaren Bewegungen in molekulare umgewandelt worden sind. Man könnte die Hypothese, welche der mechanischen Wärmetheorie zu Grunde liegt, kaum klarer ausdrücken.

6. Das Theorem der lebendigen Kräfte. — Die von Leibniz ausgesprochenen Ideen wurden bald präcisirt; man leitete daraus das Theorem der lebendigen Kräfte ab.

Bezeichnen m_1, m_2, $\ldots m_i$ die Massen der Punkte eines materiellen Systems; x_1, y_1, $\ldots x_i$, y_i, z_i die Koordinaten dieser Punkte; ferner X_1, Y_1, $\ldots X_i$, Y_i, Z_i die Komponenten der Resultante aus allen inneren und äusseren Kräften, welche auf jeden Punkt wirken, so sind die Bewegungsgleichungen für einen dieser Punkte

$$m_i \frac{d^2 x_i}{dt^2} = X_i \, ,$$

$$m_i \frac{d^2 y_i}{dt^2} = Y_i \, ,$$

$$m_i \frac{d^2 z_i}{dt^2} = Z_i \, .$$

Die lebendige Kraft des Systems besitzt die Grösse

$$W = \sum \frac{m_i}{2} \left[\left(\frac{dx_i}{dt}\right)^2 + \left(\frac{dy_i}{dt}\right)^2 + \left(\frac{dz_i}{dt}\right)^2 \right].$$

Durch Differentiation nach der Zeit folgt

$$\frac{dW}{dt} = \sum m_i \left[\frac{d^2 x_i}{dt^2} \cdot \frac{dx_i}{dt} + \frac{d^2 y_i}{dt^2} \cdot \frac{dy_i}{dt} + \frac{d^2 z_i}{dt^2} \cdot \frac{dz_i}{dt} \right].$$

Ersetzt man in dieser Gleichung die zweiten Differentialquotienten nach der Zeit durch ihre den Bewegungsgleichungen entnommenen Werthe, so erhält man

$$\frac{dW}{dt} = \sum \left(X_i \frac{dx_i}{dt} + Y_i \frac{dy_i}{dt} + Z_i \frac{dz_i}{dt} \right),$$

oder

$$dW = \sum (X_i\, dx_i + Y_i\, dy_i + Z_i\, dz_i).$$

Die rechte Seite dieser Gleichung stellt die Arbeit aller an dem System angreifenden Kräfte dar, wenn ihre Angriffspunkte unendlich kleine Verschiebungen erleiden. Hieraus ergibt sich der Satz: *Die Variation der lebendigen Kraft eines Systems ist gleich der Summe der von allen Kräften des Systems während der betrachteten Verschiebung geleisteten Arbeit.*

7. Die Erhaltung der Energie. — Zunächst beschränken wir uns auf den Fall eines Systems, das nur inneren Kräften unterworfen ist und setzen voraus, dass diese Kräfte eine Potentialfunktion zulassen, d. h. X_1, Y_1 ... sollen die Differentialquotienten einer und derselben Funktion $-V$ der Koordinaten darstellen; wir haben dann

$$X_i = -\frac{\partial V}{\partial x_i}; \quad Y_i = -\frac{\partial V}{\partial y_i}; \quad Z_i = -\frac{\partial V}{\partial z_i}.$$

Da aber V nach der Voraussetzung nicht explicite von der Zeit abhängt, so hat man den Differentialquotient nach der Zeit zu schreiben

$$\frac{dV}{dt} = \sum \left(\frac{\partial V}{\partial x_i} \cdot \frac{dx_i}{dt} + \frac{\partial V}{\partial y_i} \cdot \frac{dy_i}{dt} + \frac{\partial V}{\partial z_i} \cdot \frac{dz_i}{dt} \right);$$

und folglich

$$dV = -\sum (X_i\, dx_i + Y_i\, dy_i + Z_i\, dz_i).$$

Hieraus ergibt sich, dass die Variation der Potentialfunktion bis auf das Zeichen gleich der Variation der lebendigen Kraft ist; wir erhalten also

$$dW + dV = 0,$$

und durch Integration

$$W + V = \text{const.}$$

Die lebendige Kraft W eines Systems nennt man seine kinetische oder aktuelle Energie des Systems, die Funktion der inneren Kräfte mit umgekehrtem Zeichen, V, die potentielle Energie desselben; die Summe dieser beiden Energien schliesslich bezeichnet man als die totale Energie; somit drückt die vorige Gleichung aus, dass die totale Energie eines Systems konstant bleibt, d. h. dass Erhaltung der Energie stattfindet.

8. Die Arbeit der äusseren Kräfte. — Wir wollen jetzt den Fall betrachten, wo das System nicht isolirt ist, wo also äussere Kräfte vorhanden sind. Bezeichnen wir mit $d\tau$ die Arbeit dieser Kräfte, mit $d\tau'$ diejenige der inneren Kräfte für eine unendlich kleine Verschiebung und mit dW die Variation der lebendigen Kraft, so liefert das Theorem der lebendigen Kräfte

$$dW = d\tau + d\tau'.$$

Wenn wir nun noch annehmen, dass die inneren Kräfte ein Potential $-V$ besitzen, so haben wir

$$dV = -d\tau'.$$

Durch Addition erhalten wir somit

$$dW + dV = d\tau.$$

Die Arbeit der äusseren Kräfte während einer Verschiebung ist also gleich der Variation der totalen Energie des Systems während dieser Verschiebung.

9. Fälle, bei denen die Energie erhalten bleibt. — Um zu erkennen, ob die Energie immer erhalten bleibt, genügt also die Untersuchung, ob in einem beliebigen Fall die inneren Kräfte eine Potentialfunktion zulassen.

Bekanntlich besteht eine solche Funktion, wenn die materiellen Punkte des Systems sich in Richtung ihrer Verbindungslinien anziehen oder abstossen mit einer Kraft, die nur von der Entfernung der Punkte abhängt, und wenn ausserdem Gleichheit der Aktion und Reaktion besteht.

Diese letztere Bedingung ist immer erfüllt nach dem Princip von der Gleichheit der Wirkung und Gegenwirkung, das bei allen bekannten Erscheinungen erwiesen ist. Aber man kann sich Systeme denken, die den obigen Bedingungen nicht genügen und wo folglich keine Erhaltung der Energie bestehen kann. Die Grundprincipien der Mechanik genügen also nicht, um das Princip von der Erhaltung der Energie in seiner ganzen Allgemeinheit nachzuweisen; sie zeigen nur, dass dieses Princip immer gilt, wenn die inneren Kräfte des Systems eine Potentialfunktion besitzen.

10. Die Folgerungen aus der Unmöglichkeit des Perpetuum mobile. — Ferner wollen wir jetzt untersuchen, welche Folgerungen man aus diesen Resultaten ziehen kann, wenn man sie mit dem von Galiläi aufgestellten Princip von der Unmöglichkeit des Perpetuum mobile vereinigt.

Wir wollen nachweisen, dass es eine Potentialfunktion gibt, wenn die auf die verschiedenen Punkte des Systems wirkenden Kräfte nur von der Lage der Punkte abhängen.

Zur Vereinfachung des Beweises nehmen wir an, das System sei auf einen materiellen Punkt M beschränkt und sei einer Kraft ausgesetzt, welche der erwähnten Bedingung entspricht und die Komponenten X, Y, Z besitzt.

Die Variation der lebendigen Kraft dieses Punktes für eine elementare Verschiebung ist nach dem Theorem von der lebendigen Kraft

$$dW = X\,dx + Y\,dy + Z\,dz\,.$$

Geht der betrachtete Punkt von der Lage M nach der Lage M_0 über, so ist die Variation $W - W_0$ seiner lebendigen Kraft gegeben durch

$$W - W_0 = \int (X\,dx + Y\,dy + Z\,dz)\,,$$

wobei das Integral längs der von dem bewegten Punkt beschriebenen Kurve zu nehmen ist. In dem Fall also, wo der bewegte Punkt in seine Anfangslage M_0 zurückkommt, hat man die Integration über eine geschlossene Kurve C auszudehnen; dann möge der Werth dieses Integrals mit I bezeichnet werden.

11. Wir wollen nun zeigen, dass I = Null ist.

Zunächst kann I nicht positiv sein; denn wenn dies der Fall wäre, müsste die lebendige Kraft zunehmen, wenn der materielle Punkt die Kurve C beschreibt; liesse man ihn diese Kurve n mal durchlaufen, so würde die Zunahme nI betragen. Man könnte also die lebendige Kraft unendlich anwachsen lassen, und wenn man sie benützen würde, um Arbeit zu verrichten, so würde man ein Perpetuum mobile erhalten, eine Folgerung, welche dem Princip von Galiläi widerspricht.

Andererseits kann aber I auch nicht negativ sein; wenn wir nämlich den bewegten Punkt zwingen würden, die Kurve C im entgegengesetzten Sinn, wie vorhin, zu durchlaufen, so würden die Komponenten X, Y, Z der Kraft in jedem Punkt dieselben Werthe annehmen, wie beim ersten Fall, da nach der Voraussetzung X, Y, Z nur von der Lage ihrer Angriffspunkte abhängen; da aber dx, dy, dz ihr Zeichen ändern, so muss das Differential

$$X\,dx + Y\,dy + Z\,dz$$

ebenfalls das entgegengesetzte Zeichen erhalten. Die Variation der lebendigen Kraft ist also, wenn der materielle Punkt in seine Anfangslage zurückkommt, $-I$, d. h. positiv. Nach dem Vorhergehenden würde aber diese positive Variation die Möglichkeit eines Perpetuum mobile zur Folge haben. Wenn also $-I$ nicht positiv sein kann, so heisst dies, dass I keinen negativen Werth haben darf.

Die Grösse I kann somit weder positiv noch negativ sein; sie muss also nothwendig Null sein.

12. Hieraus folgt nun unmittelbar, dass die Variation der lebendigen Kraft, wenn der Punkt von M nach M_0 gelangt, unabhängig von dem Weg ist, den der Punkt durchläuft.

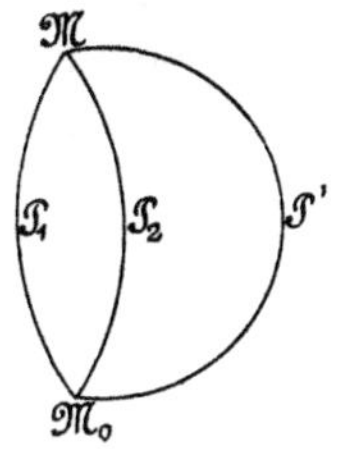

Fig. 1.

Es seien beispielsweise (Fig. 1) $M_0 P_1 M$ und $M_0 P_2 M$ zwei beliebige Wege, für welche die Variation der lebendigen Kraft resp. I_1 und I_2 betragen soll; ferner habe diese Variation den Werth I', wenn der Punkt von M nach M_0 auf dem Weg $M P' M_0$ gelangt.

Wir werden dann nach dem Vorhergehenden zu setzen haben

$$I_1 + I' = 0 \text{ und } I_2 + I' = 0,$$

woraus folgt

$$I_1 = I_2.$$

Aber I_1 und I_2 sind die Werthe des Integrals

$$\int X\,dx + Y\,dy + Z\,dz,$$

längs der Kurve $M_0 P_1 M$, resp. $M_0 P_2 M$. Da diese beiden Grössen gleich sind, so hängt der Werth des Integrales nur von seinen Grenzen ab.

Dieses ist nun eine hinreichende Bedingung dafür, dass die unter dem Integralzeichen stehende Grösse ein vollständiges Differential ist. Es existirt also eine Potentialfunktion und es gilt demnach der Satz von der Erhaltung der Energie.

13. Betrachten wir nun den Fall, wo die Kraft nicht nur von der Lage ihres Angriffspunkts abhängt, sondern auch von der Geschwindigkeit desselben.

Durch Wiederholung der Ueberlegungen des § 11 würde man finden, dass I nicht positiv sein kann. Dagegen darf man nicht behaupten, dass diese Grösse nicht negativ ist, denn der früher angegebene Beweis lässt sich hier nicht mehr anwenden. Aendert man nämlich die Bewegungsrichtung des materiellen Punktes auf der Kurve, so ändert man gleichzeitig die Richtung der Geschwindigkeit; da aber X, Y, Z von dieser Geschwindigkeit abhängen, so kann man nicht behaupten, dass diese Komponenten am selben Punkt der Kurve denselben Werth besitzen, unabhängig vom Sinn der Bewegung; demnach kann die Variation I der lebendigen Kraft bei der Umkehrung der Bewegungsrichtung nicht allein das Zeichen ändern, sondern auch ihren absoluten Werth. Der Werth des Arbeits-Integrals kann also von dem Weg abhängen, den der Angriffspunkt beschreibt, und es gibt dann keine Potentialfunktion mehr. Man darf also nicht behaupten, dass in einem solchen System die Energie erhalten bleibt.

Kapitel II.

Kalorimetrie.

14. Das Wärme-Fluidum. — Der Standpunkt der mathematischen Wissenschaften gegen Ende des 18. Jahrhunderts liess also voraussehen, dass wenigstens in einer grossen Zahl von Fällen bei den mechanischen Erscheinungen die Energie erhalten bleibt.

Während aber die Mathematiker ihre Methoden vervollkommneten und durch strenge Beweisführung für die Principien der Mechanik feste Grundlagen errichteten, studirten die Physiker die Wärme und bereiteten so, Hand in Hand mit den Mathematikern, das Princip der Aequivalenz vor.

Unglücklicher Weise nahmen zu jener Zeit die hypothetischen Fluida einen hervorragenden Platz in der Erklärung der physikalischen Erscheinungen ein. Mit dem Wort Fluidum wurde der Begriff der Unzerstörbarkeit eingeführt; das Wärme-Fluidum, die elektrischen Fluida wurden also als unzerstörbar angenommen. Diese Hypothese konnte keine misslichen Folgen für die Entwicklung der Elektricitätslehre haben, da sie sich später als richtig herausstellte. Anders verhielt es sich mit der Wärme; die Hypothese von der Erhaltung der Wärme ist falsch und verhinderte für lange Zeit jeglichen Fortschritt in diesem Gebiete der Physik. Wir wollen sogleich die Ungenauigkeit dieser Annahme nachweisen, vorher aber noch zwei Bezeichnungen einführen, die beim Studium der Wärme unbedingt nöthig sind: die Temperatur und die Wärmemenge.

15. Temperatur. — Werden zwei Körper zusammengebracht, so beobachtet man im Allgemeinen eine Volumveränderung derselben, die erst nach einiger Zeit aufhört.

Nach der Definition besitzen nun zwei Körper gleiche Temperatur, oder sind im Temperatur-Gleichgewicht, wenn sie beim Zusammenbringen keine Volumveränderung erfahren.

Damit diese Definition anwendbar ist, müssen zwei Körper A und B, die mit einem dritten C sich im Temperatur-Gleichgewicht befinden, auch unter sich gleiche Temperatur besitzen. Dies wird in der That durch den Versuch bestätigt.

16. Zur Messung der Temperaturen ist eine weitere Uebereinkunft nöthig. Wir wollen festsetzen, dass die Temperatur einer das Volumen V einnehmenden Quecksilbermasse durch die Beziehung

$$t = 100 \frac{V - V_0}{V_1 - V_0}$$

gegeben sei, wo V_0 das Volumen der Masse bezeichnet, wenn sie mit der Temperatur des schmelzenden Eises im Gleichgewicht ist, V_1 ihr Volumen, wenn sie sich mit dem Dampf von kochendem Wasser im Temperatur-Gleichgewicht befindet. Man sagt dann, die Temperatur ist in Centigraden ausgedrückt.

Um nun die Temperatur eines beliebigen Körpers zu bestimmen, bringen wir ihn mit dieser Quecksilbermasse zusammen; tritt keine Volumenveränderung mehr ein, so besitzen die Körper nach der Definition gleiche Temperaturen, und um dann die Grösse derselben zu finden, hat man nur die vorhergehende Gleichung anzuwenden. Nach der Rolle, welche die von uns betrachtete Quecksilbermasse hierbei spielt, wird sie Thermometer genannt.

Wenn man einen Körper mit einem Thermometer in Berührung bringt, tritt im Allgemeinen eine Volumenveränderung beider Körper ein; demnach verändert sich die Temperatur beider, bis Temperatur-Gleichgewicht erreicht ist. Setzt man dann in die Definitionsgleichung der Temperatur das von dem Thermometer-Körper eingenommene Volumen ein, so erhält man nur die Temperatur, welche diesem letzteren Gleichgewichtszustand entspricht. Wir sehen also, dass, abgesehen von gewissen Fällen, das Thermometer im Allgemeinen nicht genau bei der Temperatur einstehen wird, die der Körper im Augenblick der Berührung mit dem Thermometer hatte.

17. Es ist hierbei zu bemerken, dass die angenommene Uebereinkunft zur Messung der Temperaturen vollständig willkürlich ist. Wir können nicht nur einen anderen Körper als das Quecksilber wählen, sondern können auch als Temperatur, an Stelle des durch die vorhergehende Gleichung definirten Werthes t, denjenigen einer Funktion $\theta = f(t)$ annehmen, die nur der Bedingung unterworfen ist, dass sie gleichzeitig mit t beständig wachsen muss. Diese letztere Annahme gestattet in der That die Messung der Temperaturen, denn wenn sich zwei Körper auf verschiedenen Temperaturen t_1 und t_2 befinden, so sind nach der Voraussetzung auch die entsprechenden Werthe θ_1 und θ_2 verschieden; wenn ferner t_1 grösser als t_2 ist, so ist auch θ_1 grösser als θ_2, da die Funktion θ gleichzeitig mit t wachsen sollte. Später werden wir die Wichtigkeit dieser Bemerkung einsehen.

18. Wärmemenge. — Wir besitzen also ein Mittel zur Messung der Temperaturen und können nun mit Hülfe einer neuen Uebereinkunft auch die Wärmemenge messen.

Bringen wir einen Körper A von einer Temperatur t_0 mit einem Körper B von einer höheren Temperatur t_1 zusammen, so zeigt der Versuch, dass die Temperatur des ersteren zunimmt, während die des zweiten sinkt. Wir drücken dies dadurch aus, dass wir sagen, B gibt Wärme an A ab.

In gewissen Fällen kann der eine Körper, B z. B., seine Temperatur nicht verändern; dies tritt ein, wenn in B eine physikalische Erscheinung bei konstanter Temperatur vor sich geht, wie es z. B. bei Aenderungen des Aggregatzustandes der Fall ist. Indessen nehmen wir auch dann noch an, dass Wärme ausgetauscht wird und zwar werden wir, wenn die Temperatur von A steigt, sagen, dass die Wärme von B zu diesem Körper übergegangen ist. Es kann sogar vorkommen, dass ein Körper Wärme abgibt, obgleich seine Temperatur fortwährend steigt; dies ist z. B. bei der Kompression eines Gases der Fall; dasselbe erwärmt sich, obwohl es durch Strahlung und Leitung Wärme an die umgebenden kälteren Körper abgibt.

Man muss also eine präcisere Definition aufstellen, die solchen Einwürfen nicht ausgesetzt ist.

1. Wenn ein Körper (oder ein Körper-System) B, der keiner äusseren Einwirkung ausgesetzt ist, eine beliebige Zustandsänderung erfährt, ist die von diesem Körper aufgenommene Wärmemenge Null.

2. Ein Körper B werde mit einem anderen Körper A zusammengebracht und das System beider Körper sei frei von jeder äusseren Einwirkung; dann erfahre B eine Zustandsänderung β und gleichzeitig A eine Zustandsänderung α. Wird darauf ein anderer Körper B′ mit demselben Körper A zusammengebracht und erfährt dabei eine Veränderung β', während bei A dieselbe Veränderung α eintritt, d. h. eine Zustandsänderung, welche von demselben Anfangszustand ausgehend durch dieselben Zwischenzustände denselben Endzustand erreicht, so sagen wir, dass die von B während der Veränderung β aufgenommene oder abgegebene Wärmemenge gleich derjenigen Wärmemenge ist, welche von B′ während der Veränderung β' aufgenommen oder abgegeben wurde.

3. Kommt ein Körper B mit K Kilogrammen eines Körpers A zusammen und erleidet dabei eine Veränderung β, während diese K Kilogramme eine Veränderung α erfahren, und bringt man darauf

einen Körper B' mit K' Kilogrammen desselben Körpers A in Berührung, wobei er eine Veränderung β' erfahren möge, während diese K' Kilogramm sich um denselben Betrag α verändern, so sagen wir dass die von B während der Veränderung β aufgenommene Wärmemenge zu derjenigen, welche B' während der Veränderung β' aufnimmt, sich verhält, wie K zu K'.

4. Wir besitzen so ein Mittel zur Definition des Verhältnisses der beiden Wärmemengen, wenn dies Verhältniss positiv ist; um die Definition auch auf den Fall eines negativen Verhältnisses auszudehnen, kommen wir überein, dass die von B bei der Veränderung β aufgenommene Wärmemenge gleich und von entgegengesetztem Zeichen ist, wie die bei der umgekehrten Veränderung abgegebene Wärme.

Damit man diese Definitionen anwenden kann, darf das so definirte Verhältniss nicht von dem zur Messung verwandten Körper A und der Zustandsänderung α desselben abhängen; diese Annahme ist keineswegs a priori klar, aber das Experiment bestätigt dieselbe.

Der zur Messung der Gleichheit oder Ungleichheit von Wärmemengen zur Verwendung kommende Körper A heisst der kalorimetrische Körper.

19. Wir wollen hierbei noch hervorheben, dass wir in dem Fall der Temperaturmessung, im Gegensatz zu dem, was wir soeben für die Wärmemenge auseinandergesetzt haben, die Natur des thermometrischen Körpers näher bestimmt haben, ehe wir definirten, was man unter einer höheren und tieferen Temperatur versteht. Wenn alle Körper beim Steigen der Temperatur ihr Volumen vergrösserten, so hätten wir nach der Definition der gleichen Temperaturen sagen können, ein Körper B befindet sich auf einer höheren Temperatur als ein Körper A, wenn beim Zusammenbringen dieser Körper das Volumen von B abnimmt, während das von A sich vergrössert; es würde dies einige Vereinfachungen ergeben haben. Bei gewissen Körpern aber, z. B. beim Wasser, nimmt bei steigender Temperatur in einem bestimmten Intervall das Volumen ab, so dass wir die erwähnte Definition nicht auf die Temperaturmessung anwenden können.

20. Uebrigens muss man einen besonderen kalorimetrischen Körper wählen, wenn man die Wärmemengen durch Zahlen ausdrücken will.

Der allgemein angenommene kalorimetrische Körper ist das Wasser bei 0 Grad.

Mit der Einheit der Wärmemenge (Kalorie) bezeichnet man diejenige Wärmemenge, welche nöthig ist, um die Temperatur von

1 Kilogramm Wasser von 0^0 auf 1^0 C. zu erhöhen. Wenn demnach der Körper B beim Zusammenbringen mit n Kilogramm Wasser von 0^0 die Temperatur des letzteren um 1^0 erhöht, so sagen wir, dass B n Kalorien abgibt. In dem entgegengesetzten Fall, wo B eine Wassermasse von n Kilogramm von 1^0 auf 0^0 abkühlt, wird B nach der Definition n Kalorien aufnehmen.

21. Grundgleichung eines Körpers. — Die Dichte eines Körpers hängt ab von seiner Temperatur t und seinem Druck p; das von der Masseneinheit des Körpers eingenommene Volumen v, auch das specifische Volumen genannt, ist demnach ebenfalls von diesen beiden Grössen abhängig. Es besteht also eine Relation

$$\varphi\,(p, v, t) = 0$$

zwischen dem specifischen Volumen, der Temperatur und dem Druck; diese Gleichung wird die Grundgleichung des Körpers genannt.

Für die Gase, welche das Mariotte-Gay-Lussac'sche Gesetz befolgen, lässt sich diese Beziehung leicht aufzustellen.

Nach dem Mariotte'schen Gesetze bleibt das Produkt $p\,v$ für jede Temperatur konstant, folglich ist $p\,v$ nur eine Funktion von t. Andrerseits verhält sich nach dem Gay-Lussac'schen Gesetz das Volumen bei konstantem Druck proportional der Grösse $1 + \frac{1}{273}\,t$; $p\,v$ ist also diesem Binom proportional, und wir können schreiben

$$pv = \mathrm{R}\,(273 + t)\,.$$

Dies ist die Grundgleichung eines vollkommenen Gases; die darin vorkommende Grösse R variirt mit der Natur des betrachteten Gases. Wie man aus der Art der Einführung dieser Grösse leicht sieht, ist sie umgekehrt proportional dem specifischen Gewicht des Gases.

22. Absolute Temperatur. — Setzen wir

$$\mathrm{T} = 273 + t,$$

so reducirt sich die Grundgleichung der vollkommenen Gase auf

$$pv = \mathrm{R\,T}\,.$$

Die durch diese Gleichung definirte Grösse T heisst die absolute Temperatur. Diese Temperatur wollen wir in Zukunft zu Grunde legen.

Gegen jene Definition lässt sich indess ein schwerer Einwand erheben. Vollkommene Gase kommen nämlich in der Natur nicht vor; deshalb werden wir später eine andere Definition geben, welche uns dieser Schwierigkeit enthebt. Für den Augenblick will ich mich auf die Behauptung beschränken, dass bei der Annahme

$$T = t + 273^{\circ},$$

wo t die früher definirte Centigrad-Temperatur bedeutet, sich die charakteristische Gleichung der Gase wenig unterscheidet von

$$pv = RT.$$

Bei Benutzung der absoluten Temperatur eines Körpers lässt sich seine Grundgleichung schreiben

$$\varphi(T, v, p) = 0,$$

oder auch, wenn man nach T auflöst

$$T = f(p, v).$$

23. Specifische Wärme bei konstantem Druck. — Wir wollen annehmen, dass man die Temperatur eines Körpers von der Masseneinheit bei konstantem Druck um dT erhöht und dass dann dv die Zunahme seines specifischen Volumens bezeichnet.

Zur Hervorbringung dieser Temperaturzunahme muss man dem Körper eine Wärmemenge CdT zuführen; man nennt diesen Koëfficienten C die Specifische Wärme bei konstantem Druck.

Diese Wärmemenge lässt sich auch anders ausdrücken; wir können nämlich T als eine Funktion von p und v betrachten, dann ist

$$dT = \frac{\partial T}{\partial p} dp + \frac{\partial T}{\partial v} dv.$$

Da aber nach der Voraussetzung der Druck konstant bleibt, so reducirt sich diese Gleichung auf

$$dT = \frac{\partial T}{\partial v} dv.$$

Für die gesuchte Wärmemenge haben wir demnach

$$CdT = C \frac{\partial T}{\partial v} dv.$$

24. Specifische Wärme bei konstantem Volumen. — Wir nehmen weiter an, dass bei einer Temperaturerhöhung um dT der Druck um dp variirt, das Volumen dagegen konstant bleibt. Zur Erreichung dieser Umwandlung nimmt der Körper von seiner Umgebung eine Wärmemenge cdT auf. Dieser Koëfficient c heisst die specifische Wärme bei konstantem Volumen.

Analog dem Vorhergehenden kann diese Wärmemenge in die Form gebracht werden

$$c\,d\mathrm{T} = c\,\frac{\partial \mathrm{T}}{\partial p}\,dp\,.$$

25. Wärmemenge, welche bei einer unendlich kleinen Umwandlung aufgenommen wird. — Wenn sich bei einer Temperaturerhöhung um $d\mathrm{T}$ das specifische Volumen um dv und gleichzeitig der Druck um dp verändert, so ist die den umgebenden Körpern entnommene Wärmemenge $d\mathrm{Q}$ bis auf unendlich kleine Grössen gleich der Summe der in den beiden vorhergehenden Fällen abgeleiteten Grössen. Wir erhalten also

$$d\mathrm{Q} = \mathrm{C}\,\frac{\partial \mathrm{T}}{\partial v}\,dv + c\,\frac{\partial \mathrm{T}}{\partial p}\,dp\,.$$

C und c sind dabei irgend welche Funktionen von p und v, so dass die Wärmemenge $d\mathrm{Q}$ im Allgemeinen kein vollständiges Differential darstellt.

26. Geometrische Darstellung des thermischen Verhaltens eines Körpers. — Da die drei Grössen p, v und T durch die Grundgleichung verbunden sind, so sind ihre Werthe bestimmt, wenn man die Werthe von zwei derselben, p und v z. B., kennt, die man dann als unabhängige Variable betrachten kann.

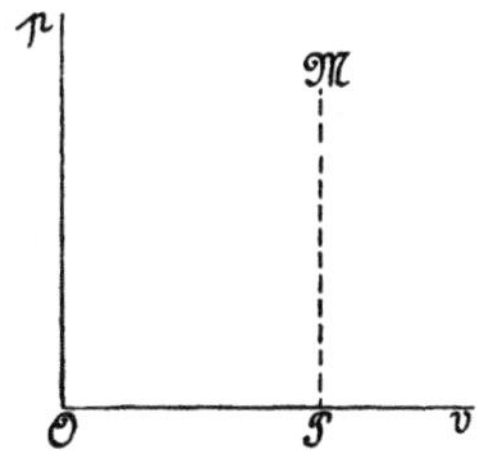

Fig. 2.

Ziehen wir also zwei rechtwinklige Koordinatenachsen Op und Ov (Fig. 2) und tragen auf der Abscisse eine Länge OP gleich dem specifischen Volumen eines Körpers ab und auf der Ordinate eine Länge PM gleich dem Druck des Körpers, so bestimmt der so erhaltene Punkt M durch seine Lage gleichzeitig vollständig den thermischen Zustand des Körpers, vorausgesetzt allerdings, dass die Grundgleichung bekannt ist.

Den Punkt M wollen wir den darstellenden Punkt für den Zustand eines Körpers nennen. Diese Darstellungsweise des Zustandes eines Körpers rührt von Clapeyron her.

27. Isothermische und adiabatische Kurven. — Wenn sich der thermische Zustand eines Körpers stetig ändert, so beschreibt der darstellende Punkt eine Kurve. Unter der unendlichen Anzahl solcher Kurven haben wir zwei besonders wichtige zu betrachten.

Setzen wir voraus, dass die Temperatur während der ganzen Umformung konstant bleibt, so lautet die Grundgleichung des Körpers

$$f(p\,,\,v) = \mathrm{Const.}$$

Die Kurve, welche dieser Gleichung entspricht und welche von dem darstellenden Punkt im Verlauf der Umformung beschrieben wird, heisst eine Isotherme.

In dem Falle, wo die Umformung sich vollzieht, ohne dass der Körper Wärme von den umgebenden Körpern aufnimmt oder an sie abgibt, heisst die von dem darstellenden Punkt beschriebene Kurve eine Adiabate[1]).

Um die Gleichung dieser Kurve zu erhalten, braucht man nur auszudrücken, dass die Wärmemenge dQ, deren Gleichung wir früher abgeleitet hatten, Null ist; diese Gleichung lautet also

$$C \frac{\partial T}{\partial v} dv + c \frac{\partial T}{\partial p} dp = 0.$$

Legt man an die Kurve eine Tangente, so erhält man für die trigonometrische Tangente ihres Winkels mit der Abscissenachse das Verhältniss

$$-\frac{C \frac{\partial T}{\partial v}}{c \frac{\partial T}{\partial p}}.$$

28. Folgerungen aus der Annahme von der Unzerstörbarkeit der Wärme. — Alles Vorhergehende gilt unabhängig davon, ob die Wärme erhalten bleibt oder nicht.

Die Annahme der Unzerstörbarkeit des Wärmestoffs ist mit der Annahme gleichbedeutend, dass die in einem Körper enthaltene Menge dieses Fluidum denselben Werth annimmt, wenn der Körper wieder in denselben Zustand gelangt, wobei es ohne Einfluss ist, welcher Art die Umformung gewesen ist. Die den Körpern der Umgebung bei der Umwandlung entzogene Wärmemenge Q kann demnach nur von dem Anfangs- und Endzustand dieser Umformung abhängen. Da diese Zustände vollständig durch die zugehörigen Werthe p und v bestimmt sind, so hängt die Funktion Q dieser Variablen nur von ihren Grenzwerthen ab, und nicht von der Art, wie sie sich verändert hat. Bedeutet nun dQ die während einer unendlich kleinen Umformung aufgenommene Wärmemenge, so ist der Werth von Q gleich dem Integral von dQ, ausgedehnt über die von dem darstellenden Punkt beschriebene Kurve. Da aber der Werth dieses Integrals nur von den Werthen der Variablen an den Grenzen abhängt, so muss Q ein vollständiges Differential sein.

---

[1]) Diese in Deutschland meistens mit „adiabatischer Kurve“ bezeichnete Linie nennen wir im Folgenden, wie im französischen Original, der Kürze halber Adiabate.

Somit kommt die Annahme von der Erhaltung der Wärme darauf hinaus, dass Q ein vollständiges Differential sein müsste. Die im § 25 gemachte Bemerkung überzeugt uns hinlänglich, dass sich diese Hypothese keineswegs als nothwendig erweist; wir werden später noch sehen, dass sie sogar falsch ist. Die alten Physiker glaubten aber an die materielle Existenz der Wärme und wurden dadurch zu dieser Annahme geführt; im letzten Jahrhundert zweifelte Niemand daran.

29. Die Wärmeentwicklung bei der Reibung. — Indessen waren diese theoretischen Betrachtungen nicht nöthig, um die Unhaltbarkeit der Annahme nachzuweisen, dass die Wärme unzerstörbar sei; eine aufmerksame Beobachtung der am Ende des 18. Jahrhunderts bekannten Thatsachen hätte vielmehr schon genügt.

Für die Thatsache, dass die Reibung Wärme entwickelt, drängen sich uns täglich Beweise auf. Des Weiteren lieferte der berühmte Versuch von Rumford in der Geschützgiesserei von München einen unumstösslichen Beweis dafür.

Die Physiker aber suchten für diese Erscheinung, anstatt dieselbe als eine Umwandlung von mechanischer Arbeit in Wärme aufzufassen, eine für ihre Vorstellung passende Erklärung. Sie nahmen an, dass die specifische Wärme der Bronzespähne, welche beim Bohren der Kanone abfallen, kleiner sei, als diejenige der kompakten Bronze der Kanone selbst. Daher rührte nach ihrer Annahme das Freiwerden einer gewissen Wärmemenge.

Da die Reibung immer mit einer Abnutzung der betreffenden Körper verbunden ist, so galt die vorstehende Erklärung für alle Fälle.

Auch die Temperaturerhöhung bei der Kompression der Gase liess sich in analoger Weise erklären. Man nahm an, dass sich die specifische Wärme einer Gasmasse gleichzeitig mit der Volumenverringerung vermindere.

30. Rumford beschränkte sich indessen nicht auf den Nachweis, dass durch Reibung Wärme entwickelt wird. Er bestimmte ausserdem die specifische Wärme der Bronze der Kanone, sowie diejenige der beim Bohren entstehenden Spähne; für beide fand er dieselbe Zahl. Durch dies Resultat wurde die oben angeführte Erklärung umgestossen.

Ein anderer Versuch von Davy führte zu demselben Schlusse. Davy beobachtete, dass zwei Eisstücke beim Aneinanderreiben schmelzen. Da die specifische Wärme des Wassers grösser als die des Eises ist, konnte man die zum Schmelzen des Eises nöthige Wärmeentwicklung nicht in dem Unterschied der specifischen

Wärme des geriebenen und des beim Reiben entstehenden Körpers begründen.

Die Versuche von Rumford und Davy blieben aber unbeachtet, und der Glaube der Physiker an die Erhaltung der Wärme wurde nicht erschüttert.

Uebrigens muss bemerkt werden, dass der Versuch von Rumford nicht so beweisend ist, als es auf den ersten Blick scheinen könnte. Wenn nämlich Q und Q′ die in der kompakten Bronze resp. in den Drehspähnen enthaltenen Wärmemengen sind, so genügt es zur Erklärung des Versuchsresultats, dass $Q > Q'$.

Wenn Rumford nun für die specifische Wärme beider Körper dieselbe Zahl fand, so bewies das nur, dass bei gewöhnlicher Temperatur

$$\frac{\partial Q}{\partial T} = \frac{\partial Q'}{\partial T},$$

was mit der vorhergehenden Ungleichung nicht im Widerspruch steht.

Kapitel III.

Die Untersuchungen von Sadi Carnot.

31. Die ersten Untersuchungen von Sadi Carnot. — Zu jener Zeit unternahm Sadi Carnot Versuche über die Arbeitsleistung der Wärme, welche bei der Verbrennung der Kohle in den Dampfmaschinen erzeugt wird, — eine sehr zeitgemässe Untersuchung, da gerade damals die Verwendung der Dampfmaschinen in der Industrie begann. Seine ersten Arbeiten, die im Jahre 1824 unter dem Titel erschienen: „Reflexions sur la puissance motrice du feu et sur les moyens propres à la développer“, tragen noch ganz den Stempel der Ideen, welche jene Zeit beherrschten: Sie stützen sich nämlich auf das Princip von der Erhaltung des Wärmestoffs.

Ausser diesem Princip nimmt Carnot noch die Unmöglichkeit eines Perpetuum mobile an, aber gerade die letztere Wahrheit wurde damals im Hinblicke auf die Volta'sche Säule bestritten. Man betrachtete nämlich den Verbrauch von Zink in der Säule als zufällig und glaubte deshalb, dass dieser Apparat Energie in unbegrenztem Maasse zu liefern im Stande sei, ohne solche jemals aufzunehmen.

So war von den beiden Principien, die Carnot anwendete, das eine, von der Erhaltung der Wärme, falsch, das andere, von der Unmöglichkeit eines Perpetuum mobile, dagegen richtig; aber gerade das erstere hielt man allgemein für zutreffend, während das zweite, das von jeder Kritik hätte verschont bleiben müssen, der Gegenstand der lebhaftesten Angriffe wurde.

Die Anwendung des ersten Princips musste Carnot nothwendiger Weise zu falschen Resultaten führen; nichts destoweniger ist die historische Bedeutung desselben zu gross, als dass man es mit Stillschweigen übergehen dürfte. Ausserdem empfiehlt sich das Studium der ersten Arbeiten von Carnot auch noch aus einem anderen Grunde: Auf den Trümmern der falschen Theorie erhob sich nämlich das zweite Princip der Thermodynamik, das Princip von Carnot. Aus diesen beiden Gründen wollen wir hier auf diese Untersuchungen eingehen.

32. Die Arbeit, welche einem Kolbenhube entspricht. — Wir wollen nun den Ausdruck für die Arbeit suchen, welche dem Kolbenhube einer Dampfmaschine entspricht.

Wir bezeichnen mit v das Volumen von einem Kilogramm des Körpers C, — Wasser oder dergleichen —, der in dieser Maschine zur Produktion der Arbeit verwendet wird, und mit p den Druck, unter dem dieser Körper steht. In Wahrheit hat dieser Druck durchaus nicht an allen Punkten denselben Werth, wenn der Kolben sich verschiebt; sollte dies der Fall sein, so müsste der Theorie nach die Verschiebung des Kolbens unendlich langsam vor sich gehen. Wir wollen indessen trotzdem den Druck als gleichförmig voraussetzen, denn sonst würde man der Grösse p keine präcise Bedeutung zuschreiben und sie demnach in die Rechnung überhaupt nicht einführen können. Uebrigens ist diese Annahme in der Praxis thatsächlich nahezu erfüllt.

Stellen wir uns nun geometrisch den Wärmezustand des Stoffes C dar, so scheint es auf den ersten Blick, als ob die Kurve für die Umwandlungen, welche der Stoff während des Ganges der Maschine erleidet, niemals geschlossen sein könnte. So geht beispielsweise das im Kessel einer Dampfmaschine zu Dampf verwandelte Wasser im Kondensator verloren, nachdem es den Druck auf den Kolben ausgeübt hat; es kommt also nicht zu seinem Anfangszustande zurück. Gleichwohl ist es, wenigstens theoretisch, möglich, eine geschlossene Kurve zu erhalten. Wir können uns nämlich vorstellen, dass das Kondensationswasser derjenigen Dampfmenge, welche zu einem Kolbenhube erforderlich ist, durch eine Hülfspumpe vom Kondensator nach dem Kessel befördert wird, wo es, von Neuem in Dampf verwandelt, auf den Kolben wirkt u. s. f. Unter diesen Bedingungen genügt das Wasser, die Maschine im Gange zu erhalten, und nimmt periodisch dieselben Zustände wieder an; mit anderen Worten: es vollendet eine Reihe von geschlossenen Kreisläufen, von welchen jeder einzelne einem Kolbenhube entspricht und sich durch eine geschlossene Kurve darstellen lässt. Analoge Betrachtungen würden sich auch für eine Maschine durchführen lassen, welche mit einem anderen Stoffe als Wasser arbeitet. Wir dürfen also voraussetzen, dass in jedem Falle die einem Kolbenhube entsprechende Kurve geschlossen ist.

33. Bezeichnen wir mit Ω die Kolbenoberfläche und setzen voraus, dass die im Pumpenkörper eingeschlossene Masse des Stoffes ein Kilogramm beträgt und das Volumen v besitzt, dann vergrössert sich dieses Volumen, wenn sich der Kolben um die Länge dl vorwärts bewegt, um

$$dv = \Omega\, dl\,.$$

Gleichzeitig verrichtet der Kolben die Arbeit

$$d\tau = p\,\Omega\,dl = p\,dv\,.$$

Um die während eines Kolbenhubes geleistete Arbeit zu erhalten, genügt es, das Integral über diese Grösse längs der geschlossenen Kurve AMBN zu nehmen (Fig. 3), welche die entsprechende Umwandlung darstellt. Diese Arbeit ist also gleich der von dieser Kurve begrenzten Oberfläche; sie ist positiv, wenn der darstellende Punkt die Kurve im Sinne der Uhrzeiger durchläuft, negativ im entgegengesetzten Falle.

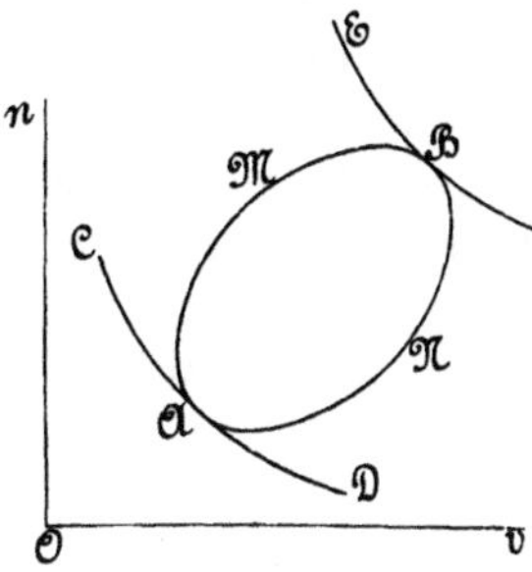

Fig. 3.

Enthielte der Pumpencylinder statt eines Kilogramms deren n, so würde die Volumenänderung $\Omega\,dl$, die durch eine Verschiebung dl des Kolbens hervorgebracht wird, gleich dem Produkte von n in die Aenderung dv des specifischen Volumens sein, wir würden somit erhalten:

$$n\,dv = \Omega\,dl$$

und

$$d\tau = p\,\Omega\,dl = n\,p\,dv\,.$$

Es ist also die einer Kolbenverschiebung entsprechende Arbeit proportional der Masse des im Pumpencylinder vorhandenen Stoffes. Der Einfachheit halber wollen wir ganz allgemein voraussetzen, dass die Masse des sich umwandelnden Stoffes gleich der Einheit sei.

34. Wärmequelle und Kältequelle. — Die beiden Adiabaten CD und EF mögen die Kurve AMBN in den Punkten A und B berühren. Wenn nun der darstellende Punkt diese Kurve durchläuft, dann trifft er die dazwischen liegenden Adiabaten in entgegengesetztem Sinne, je nachdem er sich auf dem Bogen AMB oder auf dem Bogen BNA bewegt. Ist demnach die Wärme, welche der sich transformirende Körper verbraucht, für eine unendlich kleine Verschiebung auf dem Bogen AMB positiv, so ist sie für eine Verschiebung auf dem Zweige BNA negativ. Der Körper nimmt also auf dem Theile der Kurve, welche dem ersten Zweige entspricht, Wärme auf, während er auf dem anderen Theile Wärme abgibt. Nun kann aber ein Körper nur von solchen Körpern Wärme aufnehmen, welche eine höhere Temperatur besitzen als er selbst, und nur an solche Körper Wärme abgeben, welche sich auf niedrigerer Temperatur befinden. Eine thermische Maschine muss also ausser dem sich umwandelnden Körper C noch warme und kalte Körper enthalten. Die ersteren bezeichnen wir mit dem Kollektivnamen: Wärmequelle, die anderen nennen wir die Kältequelle.

Wir wollen hierbei annehmen, jede dieser Quellen bestehe aus einem einzigen Körper, dessen Masse so gross ist, dass man die Temperaturänderungen vernachlässigen darf, welche aus der betreffenden Wärmezufuhr oder Wärmeentziehung entspringen. Mit T_1 bezeichnen wir die Temperatur der Wärmequelle, mit T_2 diejenige der Kältequelle.

35. Die der Wärmequelle entzogene Wärmemenge wird vollständig an die Kältequelle abgegeben. — Wir wollen untersuchen, wie viel Wärme der Körper C während eines Kolbenhubes der Wärmequelle entzieht, und wie viel er an die Kältequelle abgibt; die erstere bezeichnen wir mit Q_1, die zweite mit Q_2. Da der Körper C am Ende eines jeden Kolbenhubes wieder denselben Zustand annimmt, kann er keine Wärme aufspeichern. Wenn also der Satz von der Erhaltung der Wärme gälte, so müssten die Grössen Q_1 und Q_2 einander gleich sein. Zu diesem Schlusse gelangte auch Carnot thatsächlich.

Wir wissen heutzutage, dass $Q_1 > Q_2$ ist.

Wenn jedoch auch das erste Resultat der Arbeiten von Carnot falsch ist, so sind doch andere, wichtigere Resultate richtig geblieben. Bevor wir aber dem von Carnot eingeschlagenen Gedankengange folgen, müssen wir noch einige Bemerkungen darüber einschalten, was man unter einem umkehrbaren Kreisprocesse versteht.

36. Umkehrbarkeit des Kreislaufes einer Maschine. — Soll der Kreislauf umkehrbar sein, welchen der in einer Maschine sich transformirende Körper C beschreibt, so muss vor Allem dieser Körper den Kreis auch in umgekehrtem Sinne durchlaufen können. Im Allgemeinen ist diese Bedingung erfüllt, — eine Dampfmaschine beispielsweise lässt sich auch mit Gegendampf in Gang setzen; bekanntlich ist jedoch diese Bedingung zwar nothwendig, aber nicht ausreichend.

Wir wollen nun den Wärmeaustausch ins Auge fassen, welcher zwischen dem Körper C und den Wärmequellen stattfindet, wenn die Maschine im direkten und im umgekehrten Sinne funktionirt.

Da wir angenommen haben, dass C Wärme aufnimmt, wenn der darstellende Punkt sich auf dem Bogen AMB in dem durch die Anordnung der Buchstaben bezeichneten Sinne bewegt, so muss dieser Körper dieselbe Wärmemenge abgeben, wenn sich der darstellende Punkt in der umgekehrten Richtung BMA verschiebt. Andererseits sahen wir, dass in jedem Augenblicke die Temperatur T_1 der Wärmequelle immer höher sein muss als diejenige des

Körpers C. Da nun kein Körper Wärme an einen anderen abgeben kann, dessen Temperatur höher ist, so kann auch die von C abgegebene Wärme für den Theil BMA des Bogens, den er beschreibt, wenn die Maschine in umgekehrtem Sinne läuft, nicht an die Wärmequelle übergehen; diese Wärme wird demnach, da nur zwei Quellen vorhanden sind, auf die Kältequelle übertragen werden. In analoger Weise lässt sich zeigen, dass der Körper C Wärme aufnimmt, wenn er den Bogen ANB beschreibt, und dass diese Wärme nur aus der Wärmequelle stammt.

Fassen wir alles zusammen, so können wir sagen: bei der direkten Bewegung der Maschine leistet der Körper C eine Arbeit τ, indem er der Wärmequelle eine Wärmemenge Q_1 entnimmt und an die Kältequelle eine Menge Q_2 abgibt. Bei der umgekehrten Bewegung ist die producirte Arbeit $= -\tau$, da der Kreis im umgekehrten Sinne durchlaufen wird, und gleichzeitig wird eine Wärmemenge Q_1 an die Kältequelle abgegeben, während die Menge Q_2 der Wärmequelle entnommen wird. Der Wärmeaustausch ist also nicht vollständig umgekehrt, und demnach auch der Kreislauf einer thermischen Maschine im Allgemeinen nicht umkehrbar.

37. Bedingungen für die Umkehrbarkeit einer Elementar-Umformung. — Wir wollen nun eine Elementar-Umformung des Körpers C ins Auge fassen und unter MM′ das entsprechende Kurvenstück verstehen. Mit A bezeichnen wir die Wärmequelle, welche die vom Körper C während dieser Umformung aufgenommene Wärmemenge liefert.

Diese Umformung wird unter der Bedingung umkehrbar, dass die von C entwickelte Wärmemenge von A wieder aufgenommen wird, wenn der darstellende Punkt von M′ wieder nach M zurückkehrt; das ist aber offenbar der Fall, wenn $dQ = 0$ ist, d. h wenn der Bogen MM′ einer adiabatischen Kurve angehört.

Ebenso ist, wenigstens theoretisch, diese Bedingung noch in einem anderen Falle erfüllt, wenn nämlich die Temperatur des Körpers C derjenigen des Körpers A stets gleich bleibt, d. h. wenn die Umformung von C isotherm ist.

38. Carnot'scher Kreisprocess. — Wenn ein Kreisprocess umkehrbar sein soll, müssen alle Elemente desselben umkehrbar sein.

Nach dem Vorhergehenden kann demnach ein umkehrbarer Kreis nur aus Stücken von Isothermen und Adiabaten bestehen. Der einfachste dieser Kreise enthält mindestens zwei Isothermen AB und CD (Fig. 4), welche von zwei Adiabaten AD und BC geschnitten werden. Dieser Kreis ist von Carnot untersucht worden und heisst der Carnot'sche Kreis. Wir wollen uns davon überzeugen, dass ein solcher thatsächlich umkehrbar ist.

Wenn der Kreis in der direkten Richtung ABCD durchlaufen wird, dann ist die erzeugte Arbeit positiv und gleich dem Flächeninhalte des Kreises. Wandert der darstellende Punkt von A nach B, dann nimmt der Körper C eine Wärmemenge Q_1 auf, und zwar aus einer Wärmequelle, welche, wie wir uns vorstellen können, die Temperatur T_1 der Isotherme AB besitzt; für das Stück BC findet ein Wärmeaustausch nicht statt; im Theile CD gibt der Körper C eine Wärmemenge Q_2 frei, die etwa von einer Wärmequelle mit der Temperatur T_2 dieser Isotherme aufgenommen werden möge. Längs der Adiabate DA endlich nimmt der Körper C weder Wärme auf, noch gibt er solche ab.

Wir wollen nun den Kreis im umgekehrten Sinne ADCB beschreiben. Die erzeugte Arbeit, die ihrem absoluten Betrage nach immer dem Flächeninhalt des Kreises entspricht, wird dann negativ $= -\tau$; was den Wärmeaustausch betrifft, so haben wir nur die Isothermen DC und BA zu berücksichtigen. Durchläuft der darstellende Punkt die erstere, dann nimmt der Körper eine Wärmemenge Q_2 auf, und zwar kann er diese der Kältequelle entziehen, da deren Temperatur gleich derjenigen ist, welche der Körper während dieser Umformung besitzt; man darf somit sagen, dass der Körper längs der Isotherme DC an die Kältequelle eine Wärmemenge $- Q_2$ abgibt. Aus analogen Gründen folgt, dass während der isothermen Umwandlung BA der Körper C der Wärmequelle eine Wärmemenge $- Q_1$ entnimmt.

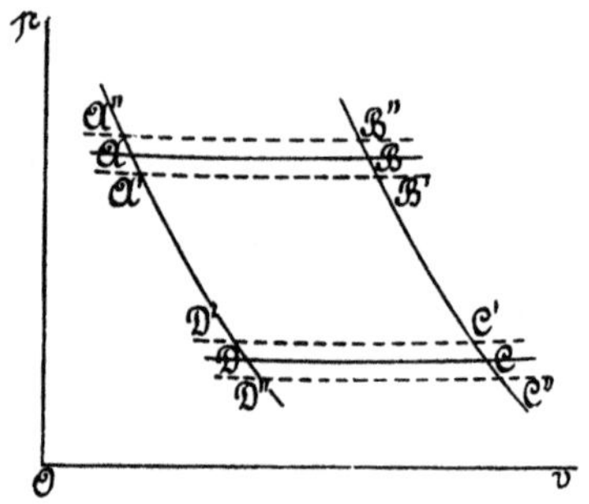

Fig. 4.

Kehrt man also den Sinn der Umwandlungen um, so wechseln die Arbeit sowie die Wärmemengen, welche den Wärmequellen entnommen oder an diese abgegeben werden, ihr Vorzeichen. Der Kreisprocess ist demnach in der That umkehrbar.

39. Gleichwohl tritt bei der Annahme, dass eine isotherme Umformung umkehrbar sei, eine kleine Schwierigkeit auf. Damit ein Körper C einer Wärmequelle A Wärme entnehmen kann, genügt es nämlich nicht, dass die Temperatur der Wärmequelle gleich derjenigen des Körpers C sei, sondern sie muss höher sein. Ebenso muss die Wärmequelle B eine niedrigere Temperatur besitzen als der Körper C, wenn der letztere Wärme an sie abgeben soll. Sind also T_1 und T_2 die Temperaturen der beiden Wärmequellen, dann wird der Körper C nicht die Isothermen AB und CD durchlaufen können, welche diesen beiden Temperaturen entsprechen. Der von C bei der direkten Bewegung beschriebene Carnot'sche Kreis wird also nicht ABCD sein, sondern A'B'C'D', wobei A'B' und C'D' zwei Isothermen bezeichnen, welche zwischen AB und CD liegen. Bei der umgekehrten Bewegung wird der beschriebene Kreis A''B''C''D'' sein.

Genau genommen ist also der Kreis ABCD nicht umkehrbar, nichts destoweniger lässt er sich als solcher auffassen, denn man kann ja die Temperaturdifferenzen zwischen C und den Wärmequellen so gering annehmen, als man will, und demnach die Kreise A'B'C'D' und A''B''C''D'' dem Kreise ABCD beliebig nahe kommen lassen.

Bezeichnet man dann mit τ, τ', τ'' die Flächeninhalte der drei Kreise ABCD; A'B'C'D; A''B''C''D'' (d. h. also die während dieser drei Kreisläufe gewonnene Arbeit), mit Q_1, Q_1' Q_1'' die von C aufgenommene Wärmemenge, wenn man die Isothermen AB, A'B', A''B'' beschreibt, und mit Q_2, Q_2', Q_2'' die von C abgegebenen Wärmemengen, welche sich auf die Isothermen CD, C'D', C''D'' beziehen, dann lassen sich die Differenzen

$$\tau'-\tau;\ \tau''-\tau;\ Q_1'-Q_1;\ Q_1''-Q_1;\ Q_2'-Q_2;\ Q_2''-Q_2$$

beliebig klein machen; dies genügt aber, um den folgenden Ueberlegungen vollständige Strenge zu verleihen.

40. Der ökonomische Koefficient eines Carnot'schen Kreises ist ein Maximum. — Nutzeffekt oder ökonomischen Koefficient eines Kreises nennen wir das Verhältniss $\frac{\tau}{Q_1}$ der erzeugten Arbeitsmenge zu der von der Wärmequelle entnommenen Wärmemenge.

Wir wollen nun zwei Maschinen M und M' betrachten, die zwischen den gleichen Temperaturgrenzen T_1 und T_2 funktioniren, und annehmen, dass der sich umwandelnde Körper C in der ersten Maschine einen Carnot'schen Kreisprocess beschreibe, der zur Maschine M' gehörige Körper C' dagegen irgend einen anderen Kreis. Carnot weist dann nach, dass unter diesen Bedingungen der ökonomische Koefficient der Maschine M' höchstens gleich demjenigen von M werden kann; mit anderen Worten, es muss gelten

$$\frac{\tau'}{Q_1'} \leqq \frac{\tau}{Q_1}$$

wobei τ' die entsprechende Arbeit beim zweiten Kreise bedeutet, und Q_1' die Wärmemenge, welche der Körper C' der Wärmequelle entzieht, wenn er diesen Kreis beschreibt.

41. Carnot gelangt zu diesem Resultate, indem er zeigt, dass die Hypothese

$$\frac{\tau'}{Q_1'} > \frac{\tau}{Q_1}$$

dazu führen müsse, die Möglichkeit eines Perpetuum mobile anzunehmen. Wir wollen in Folgendem seinen Gedankengang wiedergeben:

Da beide Maschinen zwischen denselben Temperaturgrenzen funktioniren sollen, so kann man voraussetzen, dass bei beiden die benützte Wärmemenge aus ein und derselben Wärmequelle stammt, und die abgegebene Wärme von ein und derselben Kältequelle aufgenommen wird. Weiter lassen sich beide Maschinen so kuppeln, dass M' in direktem Sinne läuft, M dagegen im umgekehrten; man erhält auf diese Weise eine zusammengesetzte thermische Maschine, welche zwischen zwei Wärmequellen funktionirt.

Der Kreis der Maschine M ist als Carnot'scher Kreis umkehrbar, demnach wechseln die erzeugte Arbeit und die mit den Wärmequellen ausgetauschten Wärmemengen nur ihr Vorzeichen, wenn man die Gangrichtung dieser Maschine umkehrt. Bezeichnet man also mit m und m' das Gewicht der Körper C und C', welche bei jedem Kolbenhube in Wirksamkeit treten, so hat die Arbeit, welche bei einem Kolbenhube der gekuppelten Maschinen geleistet wird, den Werth

$$m'\tau' - m\tau.$$

Die der Wärmequelle entnommene Wärme ist

$$m'Q_1' - mQ_1$$

und die an die Kältequelle abgegebene

$$m'Q_2' - mQ_2$$

Nun kann man aber m und m' derart wählen, dass die erste dieser beiden Grössen Null wird; hierzu genügt es

$$m' = \frac{\lambda}{Q'_1} \qquad \text{und} \qquad m = \frac{\lambda}{Q_1}$$

zu setzen, wobei λ eine beliebige Grösse bezeichnet.

Unter diesen Bedingungen hat die Arbeit der zusammengesetzten Maschine den Werth

$$m'\tau' - m\tau = \lambda\left(\frac{\tau'}{Q_1'} - \frac{\tau}{Q_1}\right);$$

nach unserer vorläufigen Annahme würde dies also eine positive Grösse sein.

Nimmt man aber das Princip von der Erhaltung der Wärme als richtig an, dann kann es keine an die Kältequelle abgegebene Wärme geben, wenn der Wärmequelle keine Wärme entnommen wurde. Demnach befinden sich am Ende eines jeden Kolbenhubes beide Quellen wieder unter denselben Verhältnissen wie im Anfang; es ist also eine positive Arbeit ohne irgend welche Aenderung der Wärmequellen gewonnen worden. Da sich der gleiche Vorgang bei jedem Kolbenhube wiederholt, so würde also ein Perpetuum mobile möglich sein; das widerspricht aber unserer Voraussetzung.

Wir wissen, dass der Carnot'sche Schluss richtig ist, wenn auch seiner Ueberlegung eine unrichtige Annahme zu Grunde liegt.

42. Der ökonomische Koefficient eines Carnot'schen Kreises hängt nicht von der Natur des zur Umwandlung benutzten Körpers ab. — Aus dem vorhergehenden Satze lässt sich ein wichtiger Schluss ziehen.

Wir wollen voraussetzen, dass der Kreis der Maschine M' ebenfalls ein Carnot'scher Kreis sei; es gilt dann, nach dem Obigen:

$$\frac{\tau}{Q_1} \leqq \frac{\tau'}{Q_1'};$$

Da jedoch auch der Kreis der Maschine M ein Carnot'scher Kreis ist, so findet auch die Beziehung statt

$$\frac{\tau'}{Q_1'} \leqq \frac{\tau}{Q_1}.$$

Beide Beziehungen können gleichzeitig nur dann erfüllt sein, wenn

$$\frac{\tau}{Q_1} = \frac{\tau'}{Q'_1}.$$

Beschreiben also zwei Körper C und C' innerhalb derselben Temperaturgrenzen zwei Carnot'sche Kreise, dann sind die ökonomischen Koefficienten der beiden Kreise gleich. Der ökonomische Koefficient eines und desselben Kreises hängt demnach nicht von der Natur des transformirten Körpers ab.

Diese Folgerung hatte eine grosse, praktische Wichtigkeit; es ergab sich nämlich daraus, dass eine thermische Maschine den gleichen Nutzeffekt gibt, welches auch der verwendete Körper sein möge, — vorausgesetzt, dass dieser Körper einen Carnot'schen Kreis beschreibt.

Das Bestreben, diesen Nutzeffekt dadurch zu vergrössern, dass man an Stelle des Wasserdampfes andere Körper verwendete, stellte sich also als nutzlos heraus; es genügte vielmehr, die Dampfmaschinen so zu vervollkommnen, dass der vom Wasserdampf beschriebene Kreisprocess sich möglichst einem Carnot'schen Kreise näherte.

Seither hat eben diese Folgerung auch in theoretischer Beziehung eine bedeutende Wichtigkeit erlangt, — sie ist zum Carnot'schen Princip geworden.

43. Carnot'sche Funktion. — Da der ökonomische Koefficient eines Carnot'schen Kreises nicht vom transformirten Körper abhängt, so kann er nur eine Funktion der Temperaturen T_1 und T_2 der Isothermen des Kreises sein; wir dürfen also setzen:

$$\frac{\tau}{Q} = f(T_1, T_2).$$

Diese Funktion f hat den Namen „Carnot'sche Funktion" erhalten. Carnot hat ihren Werth nicht bestimmt; wir wollen indessen zusehen, zu welchen Folgerungen er geführt worden wäre, wenn er diese Untersuchung unternommen haben würde.

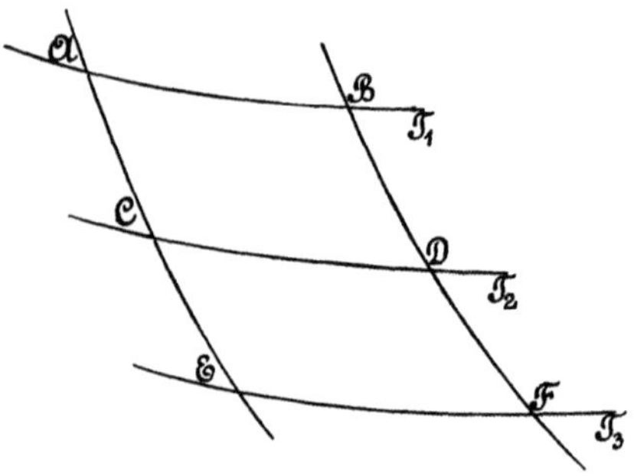

Fig. 5.

Zu diesem Zwecke fassen wir drei Isothermen AB, CD, EF (Fig. 5) in's Auge, welche den Temperaturen T_1, T_2, T_3 entsprechen und die durch zwei Adiabaten AE und BF geschnitten werden; wir erhalten auf diese Weise drei Carnot'sche Kreise ABDC; CDFE und ABFE. Mit τ und τ' bezeichnen wir die Arbeiten, welche ein Körper leistet, der den ersten resp. zweiten Kreis durchläuft; die entsprechende Arbeit für den dritten Kreis wird also $\tau + \tau'$ sein; ferner mögen Q_1, Q_2, Q_3 die Wärmemengen bedeuten, die ein Körper aufnimmt, wenn der dazu gehörige darstellende Punkt die Isothermen AB, CD, EF beschreibt. Durchläuft also der Körper den Kreis ABDC, so entnimmt er einer Wärmequelle von der Temperatur T_1 die Wärmemenge Q_1 und gibt an eine zweite Wärmequelle von der Temperatur T_2 die Wärmemenge Q_2 ab; wenn man nun an der Unzerstörbarkeit des Wärmestoffes festhält, so ist $Q_1 = Q_2$; aus demselben Grunde ist $Q_2 = Q_3$. Wir wollen $Q_1 = Q_2 = Q_3 = Q$ setzen.

Für die ökonomischen Koefficienten der drei Kreise unserer Figur erhalten wir dann

$$\frac{\tau}{Q} = f(T_1, T_2)$$

$$\frac{\tau'}{Q} = f(T_2, T_3)$$

$$\frac{\tau + \tau'}{Q} = f(T_1, T_3).$$

Hieraus folgt aber:

$$f(T_1, T_2) = f(T_1, T_3) - f(T_2, T_3)$$

und, wenn wir T_3 als Konstante betrachten:

$$f(T_1, T_2) = f(T_1) - f(T_2).$$

Die Carnot'sche Funktion würde also durch die Differenz zweier Funktionen mit je einer Variabeln difinirt sein, und zwar würde die eine dieser beiden Funktionen von der Temperatur T_1 der Wärmequelle, die andere von der Temperatur T_2 der Kältequelle abhängen.

44. Diese Eigenschaft der Carnot'schen Funktion hat sich als unrichtig herausgestellt; sie ist jedoch interessant, denn sie zeigt uns, welche Idee sich Carnot in Betreff der Erhaltung der Energie machen konnte.

Bezeichnen wir mit W die kinetische Energie eines Körpers, mit $\Sigma Q f(T)$ seine Wärmeenergie (cf. § 54), dann ist seine gesammte Energie:

$$W + \sum Q f(T).$$

Lassen wir den Körper einen Carnot'schen Kreis beschreiben, so vermindert sich W um τ und die kalorische Energie vermehrt sich um

$$Q[f(T_1) - f(T_2)].$$

Diese beiden Grössen sind einander gleich, da man hat

$$\frac{\tau}{Q} = f(T_1) - f(T_2).$$

Die Gesammtenergie bleibt also ungeändert.

Beschreibt dagegen der Körper einen beliebigen Kreis, so erreicht der Quotient $\frac{\tau}{Q}$, der sich auf diesen Kreis bezieht, höchstens den für einen Carnot'schen Kreis geltenden Betrag; demnach ist

$$\tau \leqq Q[f(T_1) - f(T_2)].$$

Die Gesammtenergie wird also im Allgemeinen beständig abnehmen.

Eben diese Idee, auf welche ihn jedoch andere als die obigen Betrachtungen führten, hielt Carnot fest.

45. Einige Anwendungen auf die specifische Wärme der Gase. — In der Carnot'schen Abhandlung finden sich einige interessante Bemerkungen über die specifische Wärme der Gase.

ABCD (cf. Fig. 6) möge einen unendlich kleinen Carnot'schen Kreis darstellen, und p, v, T den Druck, das specifische Volumen und die Temperatur des zur Umwandlung bestimmten Körpers, wenn sich der dazu gehörige darstellende Punkt in A befindet, $p + dp$, $v + dv$, T die auf den Punkt B bezogenen Werthe derselben Grössen, $p - \delta p$, $v - \delta v$, $T - \delta T$ die entsprechenden Werthe für den Punkt D. Wenn der Körper den Kreis durchlaufen hat, so wird die von ihm geleistete Arbeit durch den Flächeninhalt dieses Kreises dargestellt, den man als Parallelogramm auffassen kann; es ist also

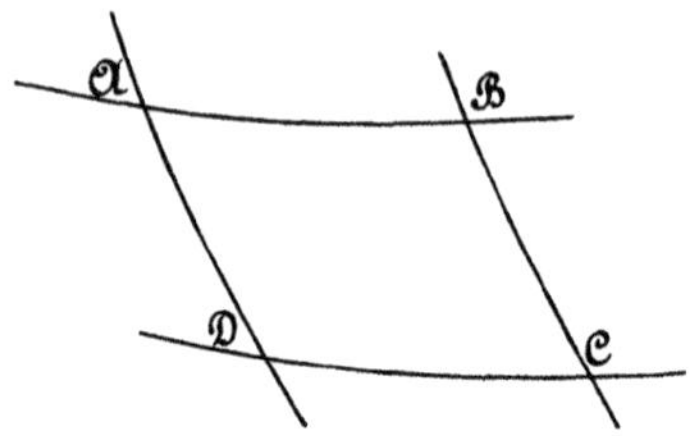

Fig. 6.

$$\tau = \delta p dv - \delta v dp.$$

Die Wärmemenge dQ, welche längs der Isotherme AB der Wärmequelle entnommen wird, ist nach der Hypothese von der Unzerstörbarkeit der Wärme ein vollständiges Differential (cf. § 28); demnach ist:

$$dQ = \frac{\partial Q}{\partial v} dv + \frac{\partial Q}{\partial p} dp. \tag{1}$$

Da sich die Temperatur längs AB nicht ändert, haben wir

$$dT = o = \frac{\partial T}{\partial v} dv + \frac{\partial T}{\partial p} dp. \tag{2}$$

Die Adiabate AD liefert uns die beiden Gleichungen

$$\delta Q = o = \frac{\partial Q}{\partial v} \delta v + \frac{\partial Q}{\partial p} \delta p \tag{3}$$

und

$$\delta T = \frac{\partial T}{\partial v} \delta v + \frac{\partial T}{\partial p} \delta p. \tag{4}$$

Multipliciren wir Gleichung (1) mit (4) und (2) mit (3) und subtrahiren die Produkte von einander, so erhalten wir

$$dQ\,\delta T = (\delta p\,dv - \delta v\,dp)\left(\frac{\partial Q}{\partial v} \cdot \frac{\partial T}{\partial p} - \frac{\partial Q}{\partial p} \cdot \frac{\partial T}{\partial v}\right)$$

oder

$$dQ\,\delta T = \tau\left(\frac{\partial Q}{\partial v} \cdot \frac{\partial T}{\partial p} - \frac{\partial Q}{\partial p} \cdot \frac{\partial T}{\partial v}\right). \tag{5}$$

Nun ist, nach dem oben (§ 43) für die Carnot'sche Funktion gefundenen Ausdrucke, der ökonomische Koefficient des Kreises

$$\frac{\tau}{dQ} = f(T) - f(T - \delta T)$$

also

$$\tau = dQ\,\delta T\,f'(T).$$

Durch Einführung dieses Werthes von τ in die Gleichung (5) erhalten wir

$$\frac{\partial Q}{\partial v} \cdot \frac{\partial T}{\partial p} - \frac{\partial Q}{\partial p} \cdot \frac{\partial T}{\partial v} = \frac{1}{f'(T)}. \tag{6}$$

Dies Resultat würde heutzutage keinerlei Bedeutung mehr haben wenn wir ihm nicht dadurch eine andere Form geben könnten, dass wir die specifischen Wärmen einführen. Aus den Definitionen für diese Grössen (§§ 23 und 24) erhalten wir

$$\frac{\partial Q}{\partial v} = C \frac{\partial T}{\partial v} \tag{7}$$

und

$$\frac{\partial Q}{\partial p} = c \frac{\partial T}{\partial p} \tag{8}$$

Die Gleichung (6) lässt sich also schreiben:

$$(C - c) \frac{\partial T}{\partial p} \cdot \frac{\partial T}{\partial v} = \frac{1}{f'(T)}. \tag{9}$$

46. Wir wollen diese Formel auf die vollkommenen Gase anwenden; für diese gilt (cf. § 22)

$$p\,v = R\,T,$$

folglich

$$\frac{\partial T}{\partial p} = \frac{v}{R}; \qquad \frac{\partial T}{\partial v} = \frac{p}{R}.$$

Führt man diese Werthe der partiellen Differentialquotienten von T in (9) ein, so erhält man:

$$\frac{C - c}{R} = \frac{1}{T f'(T)} = \theta(T). \tag{10}$$

Hiernach müsste die Differenz der specifischen Wärmen eines und desselben Gases eine Funktion der Temperatur sein; heutzutage wissen wir, dass diese Funktion sich auf eine Konstante reducirt.

Aus der Gleichung (10) folgt

$$c = C - R\,\theta;$$

setzt man diesen Werth von c in (8) ein, so erhält man:

$$\frac{\partial Q}{\partial p} = C \frac{\partial T}{\partial p} - R\theta \frac{\partial T}{\partial p}$$

oder, wenn man den für $\frac{\partial T}{\partial p}$ oben gefundenen Werth berücksichtigt

$$\frac{\partial Q}{\partial p} = C \frac{\partial T}{\partial p} - R\theta \frac{v}{R} = C \frac{\partial T}{\partial p} - \theta\, v.$$

Diese Gleichung multipliciren wir mit dp und addiren dazu die mit dv multiplicirte Gleichung (7); dann folgt

$$\frac{\partial Q}{\partial v} dv + \frac{\partial Q}{\partial p} dp = C \frac{\partial T}{\partial v} dv + C \frac{\partial T}{\partial p} dp - \theta v dp .$$

oder

(11) $$dQ = C dT - \theta v dp .$$

Wir betrachten nun das Produkt

$$R \theta dT = R \theta \left(\frac{\partial T}{\partial v} dv + \frac{\partial T}{\partial p} dp \right)$$

Wenn wir darin die partiellen Differentialquotienten von T durch ihre Werthe ersetzen, dann erhalten wir:

$$R \theta dT = \theta p dv + \theta v dp ,$$

und durch Addition der Gleichung (11)

$$dQ + R \theta dT = C dT + \theta p dv .$$

In dieser Gleichung ist die linke Seite ein vollständiges Differential, denn einerseits ist dQ nach unserer Annahme von der Unzerstörbarkeit des Wärmestoffes ein vollständiger Differential, andererseits muss auch $R\theta dT$ ein solches sein, da θ nur von T abhängt; demnach ist auch die rechte Seite ein vollständiges Differential; wählen wir also T und v als unabhängige Variabele, so muss gelten:

$$\frac{\partial C}{\partial v} = \frac{\partial (\theta p)}{\partial T}$$

oder, wenn wir p durch seinen aus der Fundamentalgleichung abgeleiteten Werth ersetzen:

$$\frac{\partial C}{\partial v} = \frac{R}{v} \cdot \frac{\partial (\theta T)}{\partial T} .$$

Hieraus folgt durch Integration

$$C = R \frac{\partial (\theta T)}{\partial T} \ln v + \varphi (T) .$$

47. Nach Ableitung dieser Formel fügt Carnot hinzu, die Experimente schienen zu beweisen, dass C von der Temperatur unabhängig sei. Da er jedoch diesen Experimenten wenig Beweiskraft beimass, unterliess er es, Schlüsse hieraus zu ziehen, obwohl er den Werth der Funktion $f(T_1, T_2)$ daraus hätte ableiten können.

Wenn nämlich C konstant ist, so muss sich die bei der Integration auftretende Funktion φ (T) auf eine Konstante reduciren, und ferner muss gelten

$$\frac{\partial(\theta T)}{\partial T} = B,$$

worin B ebenfalls eine Konstante bedeutet. Hieraus folgt

$$\theta T = B(T - T_0)$$

und durch Wiedereinführung des Ausdruckes, den wir mit θ bezeichnet hatten

$$\frac{1}{f'(T)} = B(T - T_0).$$

Demnach wird

(12) $$f'(T) = \frac{1}{B} \cdot \frac{1}{T - T_0}$$

und

$$f(T) = \frac{1}{B}\, ln\,(T - T_0).$$

Für die Carnot'sche Funktion erhalten wir also

$$f(T_1, T_2) = f(T_1) - f(T_2) = \frac{1}{B}\,[ln\,(T_1 - T_0) - ln\,(T_2 - T_0)]$$

oder

$$f(T_1, T_2) = \frac{1}{B'}\, ln\,\frac{T_1}{T_2}.$$

Dieser Ausdruck für die Carnot'sche Funktion, der aus den von ihm angenommenen Principien streng abgeleitet wurde, ist nicht richtig; wir wissen heute, dass er lautet

$$\frac{T_1 - T_2}{T_1}.$$

Gleichwohl würde Carnot durch denselben zu der Entdeckung geführt worden sein, dass die Differenz $(C - c)$ konstant ist. Ersetzen wir nämlich in der Formel (10) $f'(T)$ durch seinen Werth (12), so erhalten wir

$$\frac{C - c}{B} = B\,\frac{T - T_0}{T},$$

eine Gleichung, deren rechte Seite sich auf eine Konstante reducirt, wenn man $T_0 = 0$ setzt.

48. Die letzten Ideen von Sadi Carnot. — Schon auf den letzten Seiten der Schrift, deren hauptsächlichste Grundzüge wir soeben skizzirten, äussert Carnot Zweifel über die Berechtigung der Hypothese von der Erhaltung des Wärmestoffes.

Unter den Ursachen, welche diese Zweifel bei ihm wachriefen, stehen die Versuche von Rumford und Davy jedenfalls obenan. Aber auch Gründe anderer Art scheinen zu einem Wechsel seiner Ansicht beigetragen zu haben.

Zu jener Zeit befand sich der Streit zwischen den Anhängern der Emissionstheorie und der Undulationstheorie des Lichtes in seiner heftigsten Periode, und die Gründe der letzteren gewannen damals eine entscheidende Bedeutung für den Triumph der Theorie, welche sie stützten. Das Licht schien also bereits als Offenbarung einer Molekularbewegung betrachtet werden zu müssen. Andererseits bewiesen neuere Versuche die Identität von Licht und strahlender Wärme, diese letztere musste also ebenfalls auf einen Bewegungsvorgang zurückzuführen sein. Seitdem wurde es selbstverständlich, dass man den thermischen Zustand eines Körpers als das Resultat der Bewegung seiner materiellen Moleküle und die Wärme als eine Umwandlung mechanischer Bewegungen aufzufassen habe. Uebrigens brachte diese Hypothese nichts Neues, sie war vielmehr bereits mehr als ein Jahrhundert früher, allerdings ohne jede wissenschaftliche Begründung, von Franz Bakon und von Boyle aufgestellt, später von Euler wieder aufgenommen worden. Die Fresnel'sche Theorie lieferte also thatsächlich nur die theilweise Bestätigung einer schon alten Hypothese.

49. Wie dem nun auch sei, jedenfalls entsprachen die Ansichten Carnot's über die Wärme einige Jahre vor seinem allzufrühen Tode ganz unseren jetzigen Vorstellungen. Er legte dieselben in geschriebenen Bemerkungen nieder, welche bis zum Jahre 1871 unbekannt blieben, und ihre Lektüre lässt keinen Zweifel darüber aufkommen, dass eine frühzeitigere Veröffentlichung derselben von grösster Wichtigkeit für die Fortschritte der Wissenschaft gewesen wäre.

Es findet sich darin Folgendes:

„Die Wärme ist nichts anderes als die bewegende Kraft oder vielmehr die Bewegung, welche andere Gestalt angenommen hat. Es ist das eine Bewegung in den kleinsten Theilchen der Körper, Ueberall, wo bewegende Kraft vernichtet wird, tritt Wärme auf, deren Quantität genau proportional der Menge der zerstörten bewegenden Kraft ist. Umgekehrt, wo Zerstörung von Wärme stattfindet, wird motorische Kraft erzeugt, und man kann ganz allgemein behaupten dass die Menge der in der Natur vorhandenen motorischen Kraft unveränderlich ist, dass sie also niemals sozusagen hervorgebracht oder zerstört werden kann. Thatsächlich ändert sie nur ihre Gestalt, d. h. sie bringt bald diese, bald jene Bewegungsart hervor, wird aber niemals vernichtet."

Konnte man klarer und präciser das Princip von der Erhaltung der Energie ausdrücken?

Carnot gibt auch an, welche Zahl von Wärmeeinheiten der Einheit der motorischen Kraft entspricht: Die Hervorbringung einer

Krafteinheit (1000 Kg einen Meter hoch gehoben) erfordert die Zerstörung von 2,70 Wärmeeinheiten. Aus diesen Zahlen lässt sich das mechanische Wärmeäquivalent zu 370 berechnen.

Carnot sagt nicht, auf welche Weise er zu dieser Zahl gekommen ist; wahrscheinlich hat er sie aus der specifischen Wärme der Gase abgeleitet. Führt man nämlich die Rechnung mit den zur damaligen Zeit für C und *c* angenommenen Werthen durch, so erhält man thatsächlich die Carnot'sche Zahl. Auch R. Mayer erhielt 15 Jahre später dieselbe Zahl nach der gleichen Methode.

Kapitel IV.

Das Princip der Aequivalenz.

50. Die Molekularhypothesen. — Wenn man anzunehmen berechtigt ist, dass die Undulationstheorie der Optik auf die Entwickelung von Carnot's Ansichten über die Wärme nicht ohne Einwirkung geblieben sind, so scheinen die vortrefflichen Arbeiten, die in jener Zeit auf dem Gebiete der mathematischen Physik von Laplace, Cauchy, Lamé, Poisson, Fourier etc. ausgeführt wurden, denselben Einfluss auf die Zeitgenossen und Nachfolger Carnot's gewonnen zu haben.

In diesen Abhandlungen wird angenommen, dass die Körper aus materiellen Molekülen bestehen, die in der Richtung ihrer Verbindungslinie auf einander wirken, und zwar nach einem Gesetze, das nur von der Entfernung abhängt; ferner sind Wirkung und Gegenwirkung einander gleich; mit einem Worte, die Molekularkräfte sind Centralkräfte.

Ohne hier auf die Berechtigung dieser Annahme näher einzugehen, will ich nur zeigen, dass dieselbe zum Princip der Aequivalenz führt. Aus dieser Thatsache ist jedenfalls auch die Gleichzeitigkeit der Entdeckung dieses Princips durch R. Mayer, Helmholtz, Joule und Colding zu erklären.

51. Innere Energie eines isolirten Systems. — Wir wollen ein isolirtes System materieller Körper in's Auge fassen; bei demselben kommen zwei Arten von Kräften in Betracht: die Fernkräfte, welche auf jede Entfernung hin wirken, und die Molekularkräfte, die nur zwischen Molekülen auftreten, welche sich in sehr geringem Abstande von einander befinden. Da beide Arten von Kräften Centralkräfte sein sollen, so besitzen sie eine Kräftefunktion (Potential), und es findet daher, wie wir (§ 7) gezeigt haben, in diesem System Erhaltung der Energie statt. Möge $-V$ die Funktion der Kräfte bedeuten, welche in endlicher Entfernung auftreten, $-V_1$ diejenige der Molekularkräfte, die nur auf unendlich kleine Entfernungen wirksam sind, dann wird die gesammte potentielle Energie $(V + V_1)$.

Ein wohlbekannter Lehrsatz aus der Mechanik sagt aus, dass die lebendige Kraft eines Körpers gleich ist der Summe aus der lebendigen Kraft der fortschreitenden Bewegung (d. h. der lebendigen Kraft, welche er besitzen würde, wenn seine ganze Masse im Schwerpunkte vereinigt wäre), und aus der lebendigen Kraft, welche auf die relative Bewegung des Körpers in Bezug auf seinen Schwerpunkt zurückzuführen ist. Wir wollen uns nun unseren Körper in sehr kleine Volumenelemente zerlegt denken, die jedoch immer noch eine sehr grosse Anzahl von Molekülen enthalten mögen, und mit ω die lebendige Kraft der fortschreitenden Bewegung eines dieser Elemente bezeichnen, mit ω_1 die lebendige Kraft seiner Bewegung relativ zum Schwerpunkte. Ferner setzen wir

$$W = \sum \omega, \qquad W_1 = \sum \omega_1,$$

wobei die Summationen auf alle Elemente des Körpers zu erstrecken sind. Dann wird die lebendige Kraft $W + W_1$ sein, und das Princip von der Erhaltung der Energie wird geben

$$W + W_1 + V + V_1 = \text{Const.}$$

oder, wenn man mit U die Summe $(V + W_1 + V_1)$ der beiden Arten von Molekularenergie und der potentiellen Energie bezeichnet

$$W + U = \text{Const.}$$

Die Grösse U heisst „innere Energie“ des Systems; sie hängt nothwendiger Weise von den relativen Lagen der Körpermoleküle und von ihren Geschwindigkeiten ab.

In der Mehrzahl der Anwendungen ist V zu vernachlässigen; man darf dann schreiben

$$U = V_1 + W_1.$$

Die Grösse U ist, wie wir später noch deutlicher erkennen werden, dem Experiment zugänglich, aber wir besitzen kein Mittel, V_1 und W_1 getrennt zu berechnen, auch wenn wir die Hypothese als richtig annehmen, dass die Kräfte Centralkräfte sind, eine Hypothese, deren Folgerungen wir hier ableiten werden.

52. Natur der Reibungskräfte. — Im Allgemeinen werden in dem betrachteten Systeme auch noch Reibungskräfte auftreten. Diese hängen von den Geschwindigkeiten ihrer Angriffspunkte ab und können demnach keine Kräftefunktion besitzen. Aber in der Hypothese, welche wir hier untersuchen, würden diese Reibungskräfte nur scheinbare Kräfte sein, die thatsächlich auftretenden Kräfte dagegen, welche die Wirkungen hervorbringen, die wir den Reibungskräften zuschreiben, wären centrale Molekularkräfte. Diese thatsächlich auftretenden Kräfte würden also nicht von den Geschwindigkeiten der Moleküle abhängen, sondern einzig von deren Lage, und würden eine Kräftefunktion besitzen.

53. Ausdehnung des Princips von der Erhaltung der Energie. — In der hier von uns untersuchten Hypothese würde die Wärme nur die Aeusserung der Molekularbewegungen sein; die Temperatur des Körpers (und ebenso im Allgemeinen die sämmtlichen Variabeln, welche seinen Wärmezustand bezeichnen) wäre eine Funktion, welche nur von der Lage der verschiedenen Moleküle und von ihren Geschwindigkeiten abhängt.

In Verallgemeinerung dieser Hypothese können wir annehmen, dass jeder physikalische Zustand eines Körpers, wie beispielsweise sein elektrischer Zustand, auf der Natur der Molekularbewegungen beruht. Der physikalische Zustand der Körper des Systems kann sich dann ändern, ohne dass dabei der Satz von der Erhaltung der Energie seine Gültigkeit verliert.

So führen also die allgemeinen Principien der Mechanik unmittelbar zum Beweise des Princips von der Erhaltung der Energie, wenn man voraussetzt, dass die Reibungskräfte und der physikalische Zustand eines Körpers auf Molekularwirkungen zurückgeführt werden können, und dass diese Wirkungen centrale sind.

Ist also ein beliebiges System jeder äusseren Einwirkung entzogen, so gilt, wie wir früher sahen,

$$U + W = \text{Const.}$$

Steht das System dagegen unter der Wirkung äusserer Kräfte und bezeichnet $d\tau$ die Arbeit dieser Kräfte während einer unendlich kleinen Umwandlung des Systems, dann erhält man (cf. § 8)

$$d\tau = dU + dW.$$

54. Aequivalenz von Arbeit und Wärme. — Wir wollen dies so erweiterte Princip auf ein System von Körpern ausdehnen, welche einen Kreisprocess beschreiben; hierbei sollen sich nicht nur ihre Lagen und ihre Geschwindigkeiten ändern, sondern auch ihr thermischer Zustand; wenn jedoch der Kreislauf beendet ist, soll nur ein einziger dieser Körper, ein Kalorimeter, zu einem anderen thermischen Zustand gelangt sein. Dieses System möge nun eine beliebige Reihe von Veränderungen erfahren, während deren die Körper weder von Aussen Wärme aufnehmen, noch dahin Wärme abgeben können, wohl aber sollen sie unter einander Wärme austauschen und Arbeit hervorbringen oder verbrauchen dürfen. Weiter setzen wir voraus, dass am Ende dieser Reihe von Umwandlungen die Körper ihren thermischen Zustand, ihre Lage und ihre ursprünglichen Geschwindigkeiten wieder annehmen, mit Ausnahme des Kalorimeters, das seine Lage und ursprüngliche Geschwindigkeit wieder erlangen soll, dessen Temperatur sich aber geändert haben kann. Unter diesen Bedingungen reducirt sich die gesammte Energieänderung des Systems auf die Variation ΔU der inneren Energie des Kalorimeters, und sie ist gleich der Arbeit τ, welche von den äusseren Kräften geleistet wird; wir haben also

$$\Delta U = \tau .$$

Wir wollen nun voraussetzen, dass der thermische Zustand des Kalorimeters nur von seiner Temperatur abhängt; dies wird beispielsweise der Fall sein, wenn das Kalorimeter aus einer bestimmten Menge Wasser unter konstantem Drucke besteht.

Die innere Energie U des Kalorimeters ist eine Funktion seiner Temperatur θ; ausserdem ist sie offenbar proportional der Masse des kalorimetrischen Körpers; bezeichnen wir diese letztere, ausgedrückt in Kilogrammen, mit n, so können wir setzen

$$U = n f(\theta) .$$

Wenn $d\theta$ die Temperaturerhöhung des Kalorimeters bedeutet, die in Folge der Umformungen des Systems eintritt, so haben wir

$$\Delta U = n f'(\theta)\, d\theta .$$

Nehmen wir nun an, der kalorimetrische Körper bestehe aus Wasser, so stellt $n\,d\theta$ die Wärmemenge Q dar, welche zu dieser Temperaturerhöhung nöthig ist, d. h. die von dem Kalorimeter absorbirte Wärmemenge. Wenn wir also $n\,d\theta$ durch Q ersetzen, so erhalten wir

$$\Delta U = f'(\theta)\, Q$$

und demnach

$$\tau = f'(\theta)\, Q$$

Setzen wir $Q = 1$, so folgt $\tau = f'(\theta)$. Dieser Differentialquotient $f'(\theta)$ bezeichnet also die Quantität von Arbeit, welche einer Wärmeentwickelung von einer Kalorie in dem betreffenden Systeme entspricht; man nennt dieselbe das mechanische Wärmeäquivalent und bezeichnet sie mit E.

55. Ich möchte noch besonders darauf hinweisen, dass die Funktion $f'(\theta)$ keineswegs davon abhängt, auf welche Art und Weise das System sich transformirt, da diese Umformungen unsrer Annahme nach ganz beliebige sein konnten. Ferner würde die Wärmemenge

Q, welche in der vorhergehenden Gleichung auftritt, denselben Werth erhalten, wenn wir als kalorimetrischen Körper nicht Wasser wählten, sondern einen anderen Körper, oder Wasser von anderer Temperatur, da wir (§ 18) sahen, dass die Messung der Wärmemengen von der Natur des kalorimetrischen Körpers unabhängig ist; demnach kann auch der Quotient $f'(\theta) = \frac{\tau}{Q}$ von der Wahl dieses Körpers nicht abhängen. Mit einem Worte: $f'(\theta)$ oder E ist eine absolute Konstante.

Auf dieser Unveränderlichkeit von E beruht gerade das Princip von der Aequivalenz; es ist also unter denselben Bedingungen bewiesen, wie das Princip von der Erhaltung der Energie, aus welchem wir es abgeleitet haben. Es ist leicht begreiflich, dass um die Mitte des Jahrhunderts, wo die Hypothese von den Centralkräften allgemeine Geltung gewonnen hatte, mehrere Gelehrte gleichzeitig auf die Annahme dieses Princips geführt wurden und nach dessen experimenteller Bestätigung suchten.

56. Experimentelle Bestimmung des mechanischen Wärmeäquivalents. — Zahlreich und mannigfaltig sind die Experimente, welche ausgeführt wurden, um den Werth des mechanischen Wärmeäquivalents zu bestimmen; wir wollen hier nur das Princip von einigen derselben angeben[1]).

Versuche von Joule. Die ersten Versuche wurden von Joule im Jahre 1843 ausgeführt und zwar auf verschiedene Weise.

In einem Falle rührt die Erhöhung der Temperatur des Kalorimeters von der inneren Reibung des darin enthaltenen Wassers und der Reibung des Wassers an Messingplatten her, welche an einer verticalen Axe befestigt waren. Diese letztere liess sich durch ein herabsinkendes Gewicht in Bewegung setzen. Wir wollen nun das aus Kalorimeter und Platten bestehende System näher betrachten. Dasselbe erhält von Aussen eine Arbeit τ, welche die Schwere in dem sinkenden Gewichte leistet; hiervon ist die Arbeit abzuziehen, welche zur Vermehrung der lebendigen Kraft dieses Gewichts dient, und diejenige, welche durch die Reibung der Transmissionsrollen und der Axe in ihren Lagern absorbirt wird. Die Berechnung der in lebendige Kraft übergeführten Arbeit lässt sich leicht dadurch ausführen, dass man die Fallgeschwindigkeit des Gewichtes misst, die sehr bald gleichförmig wird. Ausserdem bildet auch diese Arbeit nur einen sehr geringen Bruchtheil von derjenigen, welche in Wärme umgesetzt wird, und die Unsicherheit bei der

---

[1]) In Betreff des experimentellen Theils siehe: Lippmann, „Cours de Thermodynamique, professé à la Sorbonne", und die Originalabhandlungen.

Bestimmung derselben hat auf die Genauigkeit der Methode keinen merklichen Einfluss. Sehr viel beträchtlicher und gleichzeitig schwieriger zu berechnen ist die von der Reibung der Rollen absorbirte Arbeit, man kann deshalb bei der Messung der in Wärme verwandelten Arbeit τ nicht auf eine grössere Annäherung als $^1/_{100}$ rechnen. Die von dem Kalorimeter aufgenommene Wärmenge Q lässt sich bis auf etwa $^1/_{400}$ ihres Betrages bestimmen. Die Zahl, welche Joule unter diesen Bedingungen fand, war 424,9 Kilogrammmeter.

Als Joule das Wasser durch Quecksilber ersetzte, erhielt er 425 kgm.

Bei anderen in derselben Zeit angestellten Versuchen wurde die Wärme durch Reibung zweier konischen Stücke von Gusseisen auf einander hervorgebracht und die entsprechende Arbeitsleistung ebenso berechnet, wie in dem oben angeführten Falle. Die gefundene Zahl unterscheidet sich nur wenig von der früher angegebenen.

57. Neue Versuche von Joule. — Im Jahre 1878 führte Joule von Neuem diese Bestimmung aus. Wie in dem ersterwähnten Falle entsteht die Wärme durch die innere Reibung des Wassers und durch diejenige des Wassers an Messingplatten; die Art der Erzeugung und der Berechnung der in Wärme umgesetzten Arbeit ist jedoch eine von der früheren abweichende.

Die Arbeit wird von dem Experimentator selbst geleistet, der mittels einer Kurbel die Platten in Umdrehung versetzt; sie lässt sich bei folgender Anordnung des Apparates berechnen: Das Kalorimeter wird durch einen Schwimmer getragen; dieser gestattet dem Kalorimeter, unter der Wirkung des darin enthaltenen Wassers eine Rotationsbewegung um seine Axe anzunehmen; dieser Rotation wirken jedoch zwei durch Gewichte gespannte Schnüre entgegen, die sich in entgegengesetztem Sinne auf einer Rille in dem oberen Theile des Kalorimeters aufwickeln.

Wir wollen nun das System näher betrachten, das aus dem Kalorimeter, den dasselbe haltenden gespannten Schnüren und dem in das Kalorimeter tauchenden Theil der Axe besteht. Vom bewegenden Apparate können wir ganz absehen und annehmen, dass die Bewegung der Axe auf die Wirkung eines Kräftepaares zurückzuführen sei. Gerade die Wirkung dieses Kräftepaares stellt die Arbeit τ dar, welche dem System durch äussere Kräfte geliefert wird.

Nehmen wir an, dass eine gleichförmige Geschwindigkeit erreicht worden sei, dann ist der nach der Zeit genommene Differentialquotient von der Summe der Bewegungsmomente in Bezug auf die Rotationsaxe Null, somit ist auch die Summe der Momente der am System angreifenden Kräfte, bezogen auf dieselbe Axe, gleich Null. Nennen wir nun μ das Kräftepaar, welches die Axe zu drehen strebt, P und P' die Spannungen der Schnüre, die das Kalorimeter festhalten, und r den Radius der Rille, auf welcher sich die Schnüre aufrollen, dann ist

$$\mu = (P + P')\, r$$

und demnach

$$2\pi n \mu = 2\pi n r (P + P'),$$

wobei n die Anzahl der Axenumdrehungen bezeichnet.

Die linke Seite dieser Gleichung stellt nun die Arbeit des Kräftepaares dar, d. h. die dem System mitgetheilte Arbeit τ. Ihre Berechnung kommt also darauf hinaus, dass man die Anzahl der von der Axe ausgeführten Umdrehungen zählt, was man durch ein Zählwerk erreicht, ferner auf die Messung des Radius der Rille und die Bestimmung der Gewichte, welche die Fäden spannen. Sie kann demnach mit wesentlich grösserer Genauigkeit ausgeführt werden, als dies bei den früheren Versuchen der Fall war. Auch hier erhielt Joule für das Mittel aus 5 Versuchsreihen als mechanisches Wärmeäquivalent wieder die Zahl 425 kgm.

58. Versuche von Rowland. — In Folge der geringen Menge von Arbeit, welche während der Zeiteinheit geliefert wurde, bedurfte es bei den eben erwähnten Versuchen verhältnissmässig langer Zeit, um eine merkliche Temperaturerhöhung des Kalorimeters zu erhalten. Dies ist eine sehr ungünstige Bedingung, da sich die wegen der Abkühlung nothwendige Korrektion nur ungenau ermitteln lässt. Andererseits wurde die Temperaturerhöhung mit einem Quecksilberthermometer gemessen, welches nicht an das Luftthermometer angeschlossen war. Endlich gestattete die Anordnung der Schaufeln nicht, das Thermometer dauernd im Kalorimetergefäss zu lassen, und die Temperaturbestimmungen konnten also nur am Anfang und Ende jedes Versuchs ausgeführt werden.

Rowland zeigte, dass, wenn man die Angaben des Joule'schen Thermometers auf diejenigen des Luftthermometers bezieht, die von diesem Physiker für das mechanische Wärmeäquivalent gefundene Zahl etwas erhöht werden muss.

Im Jahre 1879 unternahm Rowland von Neuem Versuche, um den erwähnten Fehlern der Joule'schen Anordnung abzuhelfen und damit eine genauere Bestimmung von E zu erhalten.

Die in Wärme umzusetzende Arbeit wird durch einen kleinen Petroleummotor geliefert, welcher die Axe mit den Schaufeln in Bewegung setzt. Diese Axe dringt von unten aus in das Kalorimeter ein und erweitert sich nach oben hin kegelförmig.

In diesen kegelförmigen, mit Löchern durchsetzten Raum bringt man ein Thermometer, das während der ganzen Dauer eines Versuchs dort bleiben kann. In Folge einer passenden Krümmung der Schaufeln wird das Wasser beständig in diesen Konus getrieben, so dass das Thermometer thatsächlich die mittlere Temperatur des Kalorimeters angibt. Wie bei den letzten Versuchen von Joule kann sich das Kalorimeter in Folge der Bewegung des Wassers um seine Axe drehen; diese Rotation sucht ein Prony'scher Bremszaum zu hemmen. Die Berechnung der Arbeit, welche dem aus Kalorimeter, Bremszaum und dem in's Wasser tauchenden Theile der Axe zugeführt wird, geschieht auf dieselbe Weise wie oben; es ist leicht ersichtlich, dass diese Arbeit durch das Produkt

$$2\pi n a \mathrm{P}$$

dargestellt wird, worin n die Anzahl der Umdrehungen der Axe während einer bestimmten Zeit, und a die Länge des zum Bremszaum gehörigen Hebelarmes bedeutet, an dessen Ende die Kraft P angreift.

In kurzen Zeitintervallen wurde n sowie die Temperaturerhöhung bestimmt; hieraus konnte man die Arbeit τ berechnen, welche während dieses Zeitintervalls geleistet worden war, sowie die entsprechende, vom Kalorimeter absorbirte Wärmemenge; das Verhältniss beider Grössen lieferte E. Auf diese Weise liess sich in ununterbrochener Reihenfolge eine grosse Menge von Bestimmungen ausführen, ohne dass es nöthig wurde, den Apparat anzuhalten. Das Mittel aus diesen Bestimmungen gab 428 kgm.

59. Unveränderlichkeit der Grösse E. — Aus den soeben angegebenen Versuchen liess sich E mit der grössten Genauigkeit berechnen. Aber auch viele andere, wenn auch weniger genaue Bestimmungen dieser Grösse haben eine bedeutende Wichtigkeit, da sie beweisen, dass der Werth von E nicht von der Reihenfolge von Umwandlungen abhängt, welche das System durchzumachen hat. Einige derselben wollen wir hier anführen.

Bei einem seiner früheren Versuche füllte Joule einen Pumpenstiefel mit Wasser und verschloss ihn oben mit einem Kolben aus porösem Material, der durch Auflegen von Gewichten herabgedrückt werden konnte. Dabei strömte das Wasser durch die Poren des Stempels und erwärmte sich. Die Arbeit, welche verbraucht wurde, um diese Erwärmung hervorzubringen, ergab sich aus der Schwere der aufgelegten Gewichte. Joule fand auf diesem Wege 424,6.

Hirn nahm diese Versuche in einer etwas abgeänderten Form wieder auf: Das Wasser trat unter Druck durch eine Kapillare hindurch aus einem Gefässe in ein anderes; er erhielt E = 433. In einer anderen Versuchsreihe bestimmte Hirn die Wärmemenge, welche durch den Fall eines Gewichts hervorgebracht wird, dadurch, dass er die Temperaturzunahme maass, welche eine durch dies herabfallende Gewicht plattgedrückte Bleimasse erfuhr, und erhielt auf diese Weise die Zahl 425, eine Zahl, welche mit der von Joule bei dessen genaueren Versuchen gefundenen übereinstimmt. Indessen kommt bei diesen Versuchen, abgesehen vom Kalorimeter, auch der eine Körper des Systems, das Blei, nicht zu seinem ursprünglichen Zustand zurück, da das Metall deformirt wird. Die bei unserem Nachweise von der Unveränderlichkeit von E (cf. § 54) angenommenen Bedingungen sind also in dem vorliegenden Falle nicht erfüllt. In Folge dessen dürfen auch diese Versuche von Hirn nicht sowohl als ein Beweis des Princips von der Aequivalenz aufgefasst werden, als vielmehr als Beweis dafür, wie gering die Aenderung der inneren Energie bei dem Blei ist, wenn dies gehämmert wird. Hätte Hirn ein anderes Metall gewählt, so würde das Resultat sicherlich ganz anders ausgefallen sein.

Schliesslich wollen wir noch die von Violle im Jahre 1870 ausgeführten Versuche erwähnen. Eine Kupferscheibe, die zwischen den Polen eines kräftigen Elektromagnets rotirt, erwärmt sich in Folge der Induktionsströme, die in ihr entstehen. Die hierbei entwickelte Wärmemenge lässt sich mit Hülfe eines Kalorimeters ermitteln, in welches die Scheibe eintaucht, während die verbrauchte Arbeit aus dem Sinken des Gewichtes berechnet werden kann, welches die Scheibe in Bewegung setzt. Violle erhielt auf diese Weise E = 435.

Die mit Hülfe dieser verschiedenen Versuche gewonnenen Zahlen: 424,6; 433; 425; 435 weichen ungefähr nur um $^1/_{50}$ ihres Betrages von einander ab. Da dieser Bruchtheil unzweifelhaft kleiner ist als die Genauigkeit, auf welche man rechnen darf, so lassen sich diese Resultate sicherlich als eine hinreichende Bestätigung von der Unveränderlichkeit der Zahl E auffassen.

60. Das Princip von der Aequivalenz als experimentelles Princip. — Der Weg, den wir bei der Auseinandersetzung des Princips von der Aequivalenz eingeschlagen haben, entspricht der historischen Entwickelung der thermodynamischen Theorie. Heutzutage kann uns derselbe jedoch nicht mehr befriedigen, denn er verlangt die Gültigkeit der Hypothese, dass die Molekularkräfte centrale Kräfte sind. Nun liegt aber kein Beweis dafür vor, dass diese Hypothese richtig ist, denn wir können ihre Richtigkeit nur durch das Eintreffen entfernter Folgerungen kontrolliren, und diese könnten vielleicht ebensogut auf einer ganz anderen Hypothese über die Natur der Molekularkräfte beruhen. Es ist also vorzuziehen, den historischen Weg zu verlassen und die oben erwähnten Experimente nicht als Bestätigung eines theoretisch bewiesenen Princips aufzufassen, sondern im Gegentheil als den experimentellen Beweis des Princips von der Aequivalenz. Diese heutzutage übrigens allgemein angenommene Auffassungsweise bietet den Vortheil, dass man keinerlei Hypothese über die molekulare Zusammensetzung der Körper zu machen braucht.

Wir wollen also den folgenden Satz als experimentell bewiesen betrachten:

Wenn ein Körpersystem einen Kreis von Umformungen beschreibt und danach wieder zu seinem Anfangszustande zurückkommt, so ist die Arbeit, welche dem System durch die äusseren Kräfte zugeführt wird, gleich dem Produkt aus der von dem System abgegebenen Wärmemenge in einen konstanten Koefficient E.

Bedeutet also $d\tau$ die Arbeit der äusseren Kräfte während einer unendlich kleinen Transformation, und dQ die von dem System absorbirte Wärmemenge, dann gilt

$$\int (d\tau + E \cdot dQ) = 0\,,$$

wenn das System einen geschlossenen Kreis beschreibt. Es ist somit

$$(d\tau + E\, dQ)$$

ein vollständiges Differential.

Bezeichnen wir nun mit W die halbe lebendige Kraft des Systems, dann werden wir setzen können

$$dW + dU = d\tau + E\, dQ\,,$$

wobei U eine gewisse Funktion bedeutet, die wir die innere Energie des Systems nennen können.

61. Nimmt man an, dass die Geschwindigkeiten der Körper am Ende der Transformation ihre anfänglichen Werthe wieder annehmen, oder sind die Geschwindigkeiten überhaupt zu vernachlässigen, was meistentheils der Fall sein wird, dann geht die vorhergehende Gleichung über in

$$dU = d\tau + E\, dQ.$$

In dieser wie in allen bisher angeführten Gleichungen wurde die innere Energie immer mittels der Arbeitseinheit, des Kilogrammmeters, ausgedrückt. Gibt man jedoch, wie es häufig geschieht, die Energie in Kalorien an, so hat man ihren in Kilogrammmetern ausgedrückten Werth noch das mechanische Wärmeäquivalent zu dividiren. Ist also U in Kalorien angegeben, dann muss man in den vorhergehenden Formeln U durch E.U ersetzen; damit würde die letzte dieser Formeln übergehen in

$$\mathrm{E}\,d\mathrm{U} = d\tau + \mathrm{E}\,d\mathrm{Q}$$

oder, indem wir mit A den reciproken Werth des mechanischen Wärmeäquivalents bezeichnen:

$$d\mathrm{U} = d\mathrm{Q} + \mathrm{A}\,d\tau.$$

62. Neue Methoden zur Bestätigung des Princips der Aequivalenz. — Die Betrachtung eines in Bezug auf die Wärme nicht isolirten Systems liefert uns zwei neue Methoden für die Bestätigung des Princips von der Aequivalenz.

Nehmen wir an, dass alle Körper des Systems am Ende der Umformung zu ihrem physikalischen Anfangszustand zurückkommen, dann ist $d\mathrm{U}$ = Null und die vorhergehende Gleichung wird

$$d\mathrm{Q} + \mathrm{A}\,d\tau = 0$$

und demnach

$$\mathrm{E} = -\frac{\tau}{\mathrm{Q}}.$$

Das mechanische Wärmeäquivalent ist also gleich dem mit umgekehrtem Vorzeichen versehenen Quotienten aus der Arbeit, welche dem System geliefert und der Wärmemenge welche ihm zugeführt wird; die Messung dieser beiden Grössen wird also gestatten, E zu berechnen; die auf diese Weise gefundene Zahl sollte dann mit derjenigen übereinstimmen, die wir aus den oben beschriebenen Experimenten erhalten hatten.

Eine andere Art der Bestätigung besteht darin, dass man E berechnen kann, wenn man ausdrückt, dass die Grösse

$$d\mathrm{U} = d\mathrm{Q} + \mathrm{A}\,d\tau$$

ein vollständiges Differential ist. Man hat zu diesem Zwecke ebenfalls die Wärmemenge und die Arbeit zu bestimmen, welche dem System während einer elementaren Transformation geliefert werden, aber die Körper des Systems sind nicht mehr der Bedingung unterworfen, dass sie ihren ursprünglichen thermischen Zustand wieder annehmen sollen.

Die Bestätigung des Princips von der Aequivalenz in dieser letzteren Form wird den Inhalt des folgenden Kapitels bilden, und zwar für den speciellen Fall, dass das System nur aus einem einzigen Körper, einem Gase, besteht.

63. Versuche von Hirn mit der Dampfmaschine. — Unter den Versuchen, welche sich auf die erste Art der Bestätigung beziehen, wollen wir die von Hirn mit der Dampfmaschine ausgeführten erwähnen.

Wir bezeichnen mit Q die Wärme, welche durch das verdampfende Wasser der Heizvorrichtung entnommen wird, mit τ die Arbeit, welche dies Wasser durch den Druck auf den Kolben leistet, mit q die an den Kondensator abgegebene Wärme, mit R die Wärme, welche durch Strahlung verloren gegangen ist.

Die Wärmemenge, welche dem Wasser während seiner Umwandlungen geliefert wird, ist demnach

$$Q - q - R,$$

die ihm zugeführte Arbeit ist $-\tau$. Nehmen wir nun an, dass das Wasser zu seinem Anfangszustande zurückkehrt, so haben wir

$$E = \frac{\tau}{Q - q - R}.$$

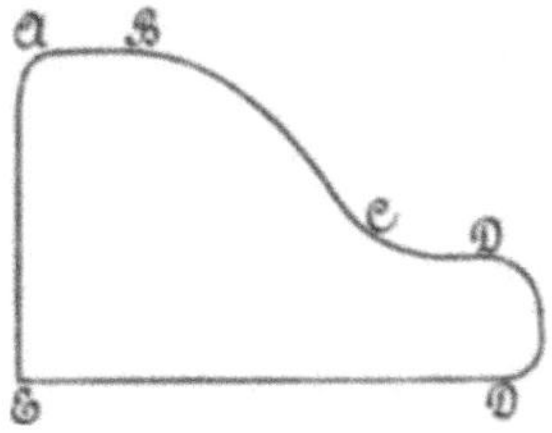

Fig. 7.

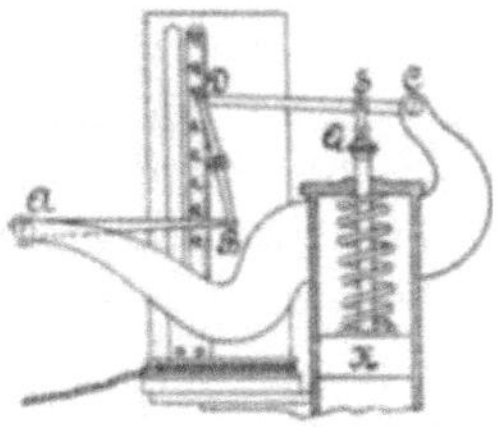
Fig. 8.

Zur Bestimmung von E ist also die Kenntniss von vier Grössen erforderlich. Der Werth von τ ergibt sich aus dem Flächeninhalt ABCD (cf. Fig. 7) des Diagrammes eines Watt'schen Indikators[1]) und

[1]) Der Watt'sche Indikator besteht aus einem mit dem Kolbenraum der Maschine in Verbindung stehenden Cylinder, in welchem sich ein Kolben K bewegt, der durch eine Feder niedergedrückt wird. Da die Deformation dieser Feder der auf sie wirkenden Kraft proportional ist, so wird die Verschiebung des Kolbens K (Fig. 8) dem Dampfdrucke in dem Pumpenkörper der Maschine entsprechen. Die Kolbenbewegung wird durch die Triebstange QS auf ein aus zwei Balanciers bestehendes System AB und CD übertragen; diese drehen sich um die Punkte A und C und sind durch die feste Triebstange BD mit einander verbunden. Die Mitte dieser Triebstange, die einen Schreibstift trägt, beschreibt eine schwach gekrümmte Kurve, die man als vertikale Gerade auffassen kann, und die Verschiebungen dieses Punktes sind proportional den Verschiebungen des Kolbens K. Der Stift zeichnet seine Vertikalbewegung auf ein Papierblatt auf, das auf

aus der Zahl der während der Versuchsdauer erfolgten Kolbenstösse. Der Werth von Q berechnet sich nach der Regnault'schen Formel für die latente Verdampfungswärme des Wassers

$$Q = p\,(606{,}5 + 0{,}305\,T - t)\,.$$

Hierin bedeutet p das Gewicht des während der Versuchsdauer in Dampf verwandelten Wassers, T die Temperatur der Wärmequelle und t diejenige des Speisewassers. Das Gewicht p erhält man dadurch, dass man das Gewicht p' des in den Kondensator eingeführten Wassers bestimmt, sowie das Gewicht des vom Kondensator abgegebenen $= p + p'$; die Differenz beider Gewichte gibt die gesuchte Grösse p.

Die Messung der Temperaturen t' und t'' des dem Kondensator zugeführten und des aus demselben austretenden Wassers gestattet, q nach der Formel

$$q = p'\,(t'' - t')$$

zu berechnen; dieselbe drückt aus, dass die abgegebene Wärmemenge q dazu verwendet wurde, die p' Kilogramme des eingeführten Wassers von der Temperatur t' auf die Temperatur t'' zu erheben.

Die Grösse R vernachlässigt man, da man kein Mittel besitzt, ihren Werth zu bestimmen.

In Folge dieser Annäherung müssen die für E gefundenen Zahlen nothwendiger Weise zu klein ausfallen. Bei zwei Versuchsreihen erhielt Hirn 413 und 420,4. Die Abweichung von den Resultaten der besseren Bestimmungen fand in dem Sinne statt, der sich voraussehen liess; die Bestätigung ist also eine befriedigende.

Wir wollen noch erwähnen, dass den obigen Berechnungen die Voraussetzung zu Grunde liegt, das Wasser komme am Ende des

---

einem Cylinder aufgerollt ist. Dem letzteren lässt sich mittels Rollen und Treibriemen eine wechselnde Rotationsbewegung ertheilen, deren Winkelgeschwindigkeit der linearen Geschwindigkeit des Maschinenkolbens proportional ist.

Beim Abrollen des Papierblattes erhält man ein Diagramm, wie das in Fig. 7 dargestellte ABCD, bei welchem die Ordinaten dem Drucke p des auf den Kolben wirkenden Dampfes proportional sind, während die Abscissen proportional sind der Verschiebung dieses Kolbens, d. h. dem vom Dampfe eingenommenen Volumen v. Die Fläche ABCDE ist also proportional dem Integral $\int p\,dv$, d. h. proportional der vom Dampfe während eines Kolbenhubes geleisteten Arbeit. Kennt man also den Proportionalitätsfaktor, der sich aus den Dimensionen der verschiedenen Theile des Indikators ableiten lässt, so kann man diese Arbeit berechnen; man bezeichnet dieselbe mit dem Namen indicirte Arbeit.

Versuchs wieder zu seinem Anfangszustande zurück; demnach müsste eigentlich die Temperatur t'' des aus dem Kondensator austretenden Wassers gleich der Temperatur t des Speisewassers des Kessels sein. Praktisch würde es sehr schwierig sein, das aus dem Kondensator tretende Wasser auf einer zum Voraus bestimmten Temperatur zu halten; es ist aber auch unnöthig, diese Bedingung zu erfüllen; vielmehr genügt es, bei der Bestimmung von Q diejenige Wärme unberücksichtigt zu lassen, welche das Speisewasser vom Kessel aufnimmt oder dahin abgibt, um von der Temperatur t nach t'' überzugehen. Dies kommt dann auf dasselbe hinaus, als ob man das Speisewasser dem Kondensator entnommen hätte, und der durch dieses Wasser beschriebene Kreis ist somit geschlossen; in der für Q aufgestellten Formel ist also t'' für t zu setzen. Hirn hat diese Korrektion vielleicht nicht angewendet; sie ist übrigens auf das Resultat der Versuche ohne Einfluss, da der Fehler, den man hierdurch begeht, viel geringer ist, als derjenige, welcher aus der Vernachlässigung von R herrührt.

Kapitel V.

Bestätigung des Princips von der Aequivalenz durch die Gase.

64. Aeussere Arbeit einer Flüssigkeit. — Wir haben durch eine sehr einfache Ueberlegung (§ 33) gezeigt, dass die äussere Arbeit einer Flüssigkeit, welche sich in einem Cylinder ausdehnt, gleich $p\,dv$ ist. Hierfür wollen wir noch einen Beweis geben, welcher nicht voraussetzt, dass die Flüssigkeit in einem cylindrischen Raum eingeschlossen ist.

Bezeichnen wir mit p den Druck des betrachteten Körpers und nehmen an, dass derselbe gleichmässig wirke, so muss der äussere, auf der Oberfläche des Körpers lastende Druck ebenfalls gleich p sein, denn sonst wäre kein Gleichgewicht vorhanden. Wir wollen nun die Arbeit dieser äusseren Kräfte bestimmen, welche nach dem Princip von der Wirkung und Gegenwirkung gleich der von dem Körper geleisteten äusseren Arbeit ist, aber das entgegengesetzte Vorzeichen besitzt.

Es bezeichne $d\omega$ ein Oberflächenelement des Körpers, α, β, γ die Richtungskosinus der nach aussen gerichteten Normalen zu diesem Element, und ξ, η, ζ die Verschiebungskomponenten des Elements; die Arbeit der auf dies Element wirkenden äusseren Kraft wird dann sein

$$-p\,d\omega\,(\alpha\xi + \beta\eta + \gamma\zeta);$$

für die gesammte Oberfläche erhält man also

$$-p\int(\alpha\xi + \beta\eta + \gamma\zeta)\,d\omega\,.$$

Bezeichnen wir mit $d\mu$ ein Volumenelement, so ist bekanntlich

$$\int\alpha\xi\,d\omega = \int\frac{\partial\xi}{\partial x}\,d\mu\,.$$

Demnach lässt sich der obige Ausdruck für die Arbeit schreiben

$$-p\int\left(\frac{\partial\xi}{\partial x}+\frac{\partial\eta}{\partial y}+\frac{\partial\zeta}{\partial z}\right)d\mu\,.$$

Wir werden später (§ 74) nachweisen, dass der Klammerausdruck die auf die Einheit bezogene Volumenänderung

$$\frac{dv}{v}$$

darstellt; in Folge dessen nimmt der Ausdruck für die Arbeit der äusseren Kräfte die Form an

$$-p\int\frac{dv}{v}\,d\mu=-p\,\frac{dv}{v}\int d\mu\,.$$

Das Integral stellt das Gesammtvolumen des betreffenden Körpers dar; der Werth desselben, dividirt durch das specifische Volumen bedeutet also die Masse M des Körpers; für die Arbeit ergibt sich hieraus der Ausdruck $-\mathrm{M}p\,dv$. In Folge dessen ist die äussere Arbeit einer Flüssigkeit bezogen auf die Masseneinheit

$$d\tau=p\,dv\,.$$

65. Bestimmung von E mittels der specifischen Wärmen der Gase. — Wir wollen ein Gas in's Auge fassen, das sich in einem durch einen Stempel geschlossenen Cylinder befindet. Die von der Gewichtseinheit des Körpers bei irgend einer Transformation absorbirte Wärmemenge ist (§ 25)

$$d\mathrm{Q}=\mathrm{C}\frac{\partial\mathrm{T}}{\partial v}\,dv+c\,\frac{\partial\mathrm{T}}{\partial p}\,dp$$

und die von dem Gas geleistete äussere Arbeit hat die Grösse $p\,dv$.

Wir erhalten also

$$d\mathrm{U}=d\mathrm{Q}-\mathrm{A}\,d\tau=\left(\mathrm{C}\frac{\partial\mathrm{T}}{\partial v}-\mathrm{A}p\right)dv+c\,\frac{\partial\mathrm{T}}{\partial p}\,dp\,.$$

Nehmen wir an, dass das betrachtete Gas den Gesetzen von Mariotte und Gay-Lussac folgt, so gilt die Fundamentalgleichung

$$pv=\mathrm{R}\,\mathrm{T}\,.$$

In Folge dessen ist

$$\frac{\partial\mathrm{T}}{\partial v}=\frac{p}{\mathrm{R}}\,;\;\frac{\partial\mathrm{T}}{\partial p}=\frac{v}{\mathrm{R}}$$

und

(1) $$d\mathrm{U}=\left(\mathrm{C}\,\frac{p}{\mathrm{R}}-\mathrm{A}p\right)dv+c\,\frac{v}{\mathrm{R}}\,dp\,.$$

Drückt man aus, dass diese Grösse ein vollständiges Differential ist, so erhält man unter der Voraussetzung, dass C und c konstante Grössen sind

$$\frac{C}{R} - A = \frac{c}{R}$$

oder

$$A = \frac{C - c}{R}. \tag{2}$$

So kann man also das mechanische Wärmeäquivalent leicht aus den specifischen Wärmen der Gase ableiten. Die in der Formel auftretende Grösse R lässt sich mit Hülfe der bekannten Konstanten genau berechnen; C ist durch die Regnault'schen Versuche bekannt; die specifische Wärme bei konstantem Volumen ist nicht direkt messbar und ihr Werth lässt sich nur aus demjenigen des Quotienten $\frac{C}{c}$ ableiten, der freilich auch nicht eben genau bekannt ist. Führt man die Rechnung für Luft durch, indem man für C die Regnault'sche Zahl 0,23741 und für $\frac{C}{c}$ die Zahl 1,41 setzt, so findet man als mechanisches Wärmeäquivalent *426*; die anderen Gase, wie Stickstoff, Sauerstoff und Wasserstoff, geben Zahlen, die von dieser nur sehr wenig abweichen.

R. Mayer, der auf einem anderen Wege [1]) zur Formel (2) gelangte, erhielt unter Benutzung der damals für richtig geltenden Werthe $E = 367$.

---

[1]) R. Mayer's Gedankengang war folgender: Um 1 kg Gas bei konstantem Volumen zu erwärmen, braucht man weniger Wärme, als wenn sich das Gas unter konstantem Drucke befindet und sich bei der Erwärmung ausdehnt. Die Differenz beider Wärmemengen muss der Arbeit äquivalent sein, welche das Gas bei seiner Ausdehnung leistet.

Daraus folgt, dass man für eine Temperaturerhöhung um dT erhält

$$(C - c)\, dT = A p\, dv.$$

oder

$$(C - c) = A p \frac{dv}{dT}.$$

Nun erhalten wir aber aus der Fundamentalgleichung der Gase $pv = RT$:

$$\frac{dv}{dT} = \frac{R}{p},$$

demnach wird

$$(C - c) = AR.$$

Es ist wichtig, darauf hinzuweisen, dass auch diese Ueberlegung auf die Anwendung der im § 61 abgeleiteten Formel

$$dU = dQ + A d\tau$$

Wir haben bereits erwähnt, dass Sadi Carnot bei seinen letzten Untersuchungen für das mechanische Wärmeäquivalent die Zahl *370* fand; der geringe Unterschied zwischen dieser und der von R. Mayer angegebenen Zahl lässt vermuthen, dass sie Carnot aus derselben Formel ableitete.

66. Versuche von Joule über die Ausdehnung der Gase. — Der Beweis, den wir soeben für diese Formel gegeben haben, setzt voraus, dass die specifischen Wärmen C und c Konstante sind. Für C ist die Gültigkeit dieser Hypothese, wenigstens bei der Luft, durch die Regnault'schen Versuche nachgewiesen; dies ist jedoch nicht der Fall bei c, da der Quotient $\frac{C}{c}$, aus welchem diese letztere Grösse abgeleitet wird, nur ungenau bestimmt ist. Ausserdem zeigen die Versuche von Berthelot an explosiven Gemischen, dass c mit zunehmender Temperatur wächst. Für die Gase, wie Sauerstoff und Stickstoff, bleibt c bis zu 1600^0 ziemlich konstant; oberhalb dieser Grenze ist c mit der Temperatur durch eine Gleichung von der Form

$$c = a + b\mathrm{T}$$

verbunden, in welcher b einen positiven Koefficient bedeutet. Beim Chlor wächst c von 200^0 an, aber allerdings weicht dies Gas merklich vom Mariotte'schen Gesetze ab, während wir vorausgesetzt hatten, dass dies Gesetz auf das betreffende Gas anwendbar sei. Die Richtigkeit der Gleichung (2) könnte also in Zweifel gezogen werden, wenn es nicht möglich wäre, auf Grund von äusserst genauen Experimenten, nämlich denjenigen von Joule, zu derselben Formel zu gelangen.

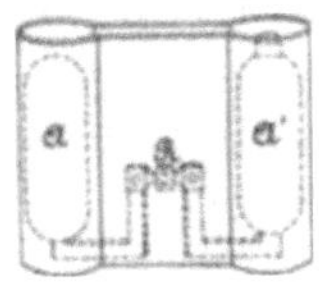

Fig. 9.

Zwei Gefässe, A und A′, die durch einen Hahn R in Verbindung stehen (cf. Fig. 9), befinden sich in einem Kalorimeter. In A komprimirt man ein Gas, während A′ luftleer gepumpt wird. Haben die Gefässe mit dem darin eingeschlossenen Gase die Temperatur des in dem Kalorimeter befindlichen Wassers angenommen, so öffnet man den Hahn R; dann zeigt es sich, dass die Temperatur des Wassers ungeändert bleibt.

---

hinausläuft, bei welcher die Annahme gemacht wird, dass ein Gas bei der Veränderung seines Volumens keine Aenderung seiner inneren Energie erleidet. Die Versuche von Joule (§ 66) beweisen die Richtigkeit dieser Annahme. Aber, wie Bertrand zeigte (Thermodynamique pag. 66), hatte R. Mayer diese schon aus den Resultaten abgeleitet, welche Gay-Lussac bei seinen Versuchen über die Ausdehnung der Gase im leeren Raume erhalten hatte.

Wenn U_0 und U'_0 die Werthe der inneren Energie bedeuten, welche die in A und A' eingeschlossenen Gasmassen bei Beginn des Versuches besitzen, U_1 und U'_1 ihre Werthe am Ende des Versuches, dann haben wir

$$U_1 + U'_1 - U_0 - U'_0 = Q + A\tau .$$

Hierbei ist die geleistete äussere Arbeit $\tau = 0$, da die Gefässwände ihrer Beschaffenheit nach nicht ausdehnbar sind; die abgegebene Wärme ist ebenfalls Null, da sich die Temperatur des Kalorimeterwassers nicht ändert; endlich kann man U'_0 vernachlässigen, da das Vakuum in A' so vollkommen als möglich hergestellt war. Demnach reducirt sich die obige Gleichung auf

$$U_1 + U'_1 = U_0 .$$

Die linke Seite derselben stellt die innere Energie des Gases dar, wenn dasselbe am Ende des Versuches gleichzeitig beide Gefässe erfüllt; die rechte Seite repräsentirt die innere Energie desselben Gases vor dem Versuche. Die innere Energie eines Gases ändert sich also nicht, wenn sich das Gas im leeren Raum ausdehnt.

Wählen wir v und T als unabhängige Variabeln, um den Zustand der ursprünglich im Gefässe A enthaltenen Gasmasse zu definiren, so ändert sich bei dem Joule'schen Versuche nur v, nicht aber T. Wir müssen daraus den Schluss ziehen, dass die innere Energie einer Gasmasse nicht von ihrem Volumen abhängt, sondern nur von ihrer Temperatur. Dies ist das Joule'sche Gesetz.

67. Oft drückt man das Gesetz so aus, dass man sagt, die innere Arbeit eines sich ausdehnenden Gases sei Null. Diese Ausdrucksweise ist jedoch ungenau; sie ist auf bestimmte Hypothesen über die Natur der Wärme zurückzuführen.

Wir sahen in § 51, dass, wenn man die Wärme als Aeusserung von Molekularbewegungen ansieht und annimmt, dass die Molekularwirkungen central gerichtet seien, die Anwendung des Theorems von der Erhaltung der Energie die Gleichung liefert

$$W + V + W_1 + V_1 = \text{Const.}$$

und da V in den meisten Fällen vernachlässigt werden kann, verstanden wir unter innerer Energie die Summe W_1 und V_1 der Molekularenergien. Andererseits ist es klar, dass sich diese so definirte innere Energie nur durch eine Konstante von der mittels des Princips von der Aequivalenz definirten inneren Energie unterscheiden wird. Der Joule'sche Versuch zeigt, dass diese letztere bei den Gasen nur von der Temperatur abhängt, und es folgt daraus, dass auch $W_1 + V_1$ nur eine Funktion der Temperatur sein kann.

Wir wollen nun eine neue Hypothese einführen und annehmen, dass die kinetische Molekularenergie W_1 nur von der Temperatur der Körper abhänge, die potentielle Molekularenergie V_1 dagegen nur von deren Volumen. Damit dann die Summe $W_1 + V_1$ nur eine Funktion von T sei, muss sich V_1 auf eine Konstante reduciren, und da die Variation von V_1 bis auf das Vorzeichen die Arbeit der Molekularkräfte oder die innere Arbeit darstellt, so ist diese Arbeit für die Gase Null.

Aber die obige Hypothese, die man implicite einige Male machte, hat keinerlei Begründung. Sie kommt nämlich auf die Annahme hinaus, dass für alle Körper die innere Energie durch die Summe aus einer Funktion der Temperatur und einer Funktion des Volumens gegeben wird; nun ist es aber offenbar natürlicher, die innere Energie als eine beliebige Funktion der Temperatur und des Volumens zu betrachten.

Man muss also die alte, fehlerhafte Ausdrucksweise für das Joule'sche Gesetz, die sich in mehreren klassischen Arbeiten findet, vollständig verwerfen und sich an diejenige des vorhergehenden Paragraphen halten.

68. Im ersten Augenblicke erscheint der Joule'sche Versuch paradox.

Wenn sich nämlich ein Gas in einem Cylinder ausdehnt, der oben durch einen Kolben geschlossen ist, so zeigt der Versuch, dass das Gas sich abkühlt. Wird nun auf den Stempel ein Druck ausgeübt, so ist die Abkühlung des Gases leicht erklärlich, — die vom Gase abgegebene Wärmemenge wird in Arbeit umgesetzt. Befindet sich aber über dem Stempel leerer Raum, so wird keine Arbeit geleistet, und gleichwohl kühlt sich das Gas noch ab, weil nämlich das Gas mit einer grossen Geschwindigkeit austritt und die vom Gase abgegebene Wärme sich in der Form von lebendiger Kraft wiederfindet. Beim Joule'schen Versuche dagegen, welcher mit dem eben erwähnten identisch zu sein scheint, tritt keine Abkühlung ein.

Thatsächlich umfasst der Joule'sche Versuch jedoch zwei Phasen, von denen in dem Experimente, mit welchem wir ihn vergleichen, nur eine einzige auftritt. Bei diesem letzteren erlangt nämlich der ursprünglich in Ruhe befindliche Stempel eine gewisse Geschwindigkeit, die bei der Abkühlung verloren gegangene Energie des Gases findet sich also als lebendige Kraft des Stempels wieder. Bei dem Joule'schen Versuche kühlt sich das Gas ebenfalls ab, indem es sich ausdehnt, und die lebendige Kraft seiner Moleküle nimmt zu; dies ist die erste Phase. Bei der zweiten Phase wird die Vermehrung der lebendigen Kraft durch die Reibung der Moleküle an einander wieder aufgehoben, und die Temperatur des Gases nimmt wieder ihren ursprünglichen Werth an.

69. Anwendung auf die Bestimmung von E. — Wir wollen nun die Formel (1) des § 65 wieder aufnehmen:

$$dU = (C \frac{p}{R} - Ap)\, dv + c \frac{v}{R}\, dp\,.$$

Da nach dem Joule'schen Versuche U eine Funktion φ (T) der Temperatur ist, so haben wir

$$dU = \varphi\ (T)\, dT = \varphi'\,(T) \frac{\partial T}{\partial v}\, dv + \varphi'\,(T) \frac{\partial T}{\partial p}\, dp\,,$$

oder, wenn man die partiellen Differentialquotienten von T durch ihre aus der Fundamentalgleichung der Gase genommenen Werthe ersetzt,

$$dU = \varphi'\,(T) \frac{p}{R}\, dv + \varphi'\,(T) \frac{v}{R}\, dp\,.$$

Die Koefficienten der Differentiale der unabhängigen Variabeln in den beiden vorhergehenden Ausdrücken für dU müssen einander gleich sein; demnach ergibt sich

$$\varphi'\,(T) \frac{p}{R} = C \frac{p}{R} - Ap$$

$$\varphi'\,(T) \frac{v}{R} = c \frac{v}{R},$$

und hieraus folgt durch Elimination von φ' (T)

$$A = \frac{C - c}{R}\,.$$

Dies ist genau derselbe Ausdruck, den wir bereits früher erhalten hatten.

70. Isotherme und adiabatische Ausdehnung eines Gases. — Man kann sich eine unendlich grosse Anzahl von verschiedenen Arten der Ausdehnung eines Gases vorstellen; wir wollen diejenigen näher betrachten, welche einer isothermen und einer adiabatischen Umwandlung entsprechen.

Für die erstere gilt

$$dT = \frac{\partial T}{\partial v}\, dv + \frac{\partial T}{\partial p}\, dp = \frac{p}{R}\, dv + \frac{v}{R}\, dp = 0$$

oder

$$p\,dv + v\,dp = 0\,;$$

demnach erhalten wir durch Integration

$$pv = \text{Const.}$$

Dies hätten wir auch unmittelbar der Fundamentalgleichung $pv = \mathrm{RT}$ entnehmen können, da ja T konstant sein soll. Die Kurve, welche die isotherme Ausdehnung darstellt, ist also eine gleichseitige Hyperbel, welche die Koordinatenaxen zu Asymptoten hat.

Die Differentialgleichung der Kurve, welche eine adiabatische Ausdehnung darstellt, erhalten wir, indem wir setzen

$$dQ = C \frac{p}{R} dv + c \frac{v}{R} dp = 0$$

oder

$$C \frac{dv}{v} + c \frac{dp}{p} = 0 .$$

Nehmen wir an, dass C und c Konstante seien, so erhalten wir durch Integration

$$C\, l n\, v + c\, l n p = \text{const.}$$

oder

$$p\, v^{\frac{C}{c}} = \text{const.}$$

71. Wir wollen nun untersuchen, unter welchen Bedingungen die eine oder die andere Art der Ausdehnung stattfinden wird.

Das Gas möge in einem Cylinder eingeschlossen sein, T sei seine Temperatur zur Zeit t und T_0 die äussere Temperatur.

Die auf die Zeiteinheit bezogene Wärmemenge $\frac{dQ}{dt}$, welche das Gas von Aussen aufnimmt, ist $a\,(T_0 - T)$, wobei a vom Wärmeleitungsvermögen der Substanz abhängt, aus welcher der Cylinder besteht; wir haben also

$$\frac{\partial Q}{\partial v} \cdot \frac{\partial v}{\partial t} = a\,(T_0 - T) .$$

Geht die Ausdehnung sehr rasch vor sich, so ist $\frac{\partial v}{\partial t}$ sehr gross; da nun $(T_0 - T)$ einen endlichen Werth besitzt, so muss $\frac{\partial Q}{\partial v}$ sehr klein sein; demnach ist eine plötzliche Ausdehnung adiabatisch.

Nimmt dagegen die Ausdehnung nur langsam zu, so ist $\frac{\partial v}{\partial t}$ sehr klein; $\frac{\partial Q}{\partial v}$ ist endlich und die Differenz $(T_0 - T)$ bleibt sehr klein. Isotherm ist also die Ausdehnung, wenn sie nur sehr langsam vor sich geht.

72. Versuche von Clément und Desormes. Berechnung von $\frac{C}{c}$. — Wir wollen diese Resultate auf die Versuche von Clément und Desormes anwenden.

Der Apparat, den diese Physiker verwendeten, besteht aus einem grossen Glasballon, der oben durch einen Hahn geschlossen ist. Durch eine seitlich angebrachte Röhre lässt sich ein Theil der im Innern des Ballons enthaltenen Luft auspumpen, so dass der Druck darin sinkt; ein Manometer zeigt die Druckänderungen an. Bei Beginn eines jeden Versuches pumpt man einen Theil der Luft aus und liest den Ueberdruck der atmosphärischen Luft über die Luft im Innern ab. Sodann öffnet man den Hahn für eine ausserordentlich kurze Zeit; hierbei stürzt sich die äussere Luft in den Ballon und komprimirt die dort befindliche Luft, so dass eine Temperaturzunahme erfolgt. Wenn die Temperatur ihren ursprünglichen Werth wieder angenommen hat, liest man wiederum den Manometerstand ab.

Es möge nun p den atmosphärischen Druck und $(p - \delta p)$ den Druck der Luft im Ballon nach dem Auspumpen bezeichnen. Oeffnet man den Hahn, so nimmt der Druck fast augenblicklich den Werth p an; demnach ist die Transformation adiabatisch und die Druckvermehrung ist δp. Bezeichnen wir mit δv die Aenderung des specifischen Volumens, welche hierbei auftritt, so haben wir

$$dQ = C \frac{p}{R} \delta v + c \frac{v}{R} \delta p = 0$$

und für die Temperaturänderung

$$\delta T = \frac{p}{R} \delta v + \frac{v}{R} \delta p .$$

Wenn das Gas bei geschlossenem Hahn nach und nach seine anfängliche Temperatur wieder annimmt, so verändert sich sein Volumen nicht, vorausgesetzt, dass man die Erweiterung des Gefässes unberücksichtigt lässt; v bleibt also konstant und p nimmt um dp ab, wenn wir mit $(p - dp)$ den Enddruck bezeichnen. Demnach ist die Temperaturabnahme δT, welche bei dieser Phase des Experiments stattgefunden hat, gegeben durch

$$\delta T = \frac{v}{R} dp \cdot$$

Zwischen diesen beiden letzten Gleichungen eliminiren wir δT, dann erhalten wir

$$p\,\delta v + v\,\delta p = v\,dp .$$

Durch Elimination von δv aus dieser und der ersten Gleichung folgt aber

$$C\,(v\,dp - v\,\delta p) + c\,v\,\delta p = 0$$

oder

$$\frac{C}{c} = \frac{\delta p}{\delta p - dp} .$$

Die Messung von $\frac{C}{c}$ ist also sehr einfach, da sie sich auf zwei Manometerablesungen zurückführen lässt. In dem Augenblicke jedoch, wo man den Hahn des Ballons öffnet, entsteht in Folge der Elasticität der Luft eine Reihe von periodischen Schwingungen, welche bewirken, dass der Druck der eingeschlossenen Luft abwechselnd zu- und abnimmt. Man ist also nicht sicher, dass der Druck in dem Augenblicke, wo man den Hahn schliesst, wirklich p ist; hiergegen gibt es kein anderes Hülfsmittel, als dass man das Mittel aus einer grossen Anzahl von Versuchen nimmt.

Aus den Messungen von Clément und Desormes hatte Laplace für den Quotient $\frac{C}{c}$ die Zahl 1,354 abgeleitet; die sorgfältiger ausgeführten Versuche von Röntgen gaben 1,4053.

73. Berechnung von $\frac{C}{c}$ mittels der Schallgeschwindigkeit. — Der Versuch von Clément und Desormes ist nicht der einzige, welcher die Grösse $\frac{C}{c}$ zu messen gestattet, vielmehr kann man auch aus der Fortpflanzungsgeschwindigkeit des Schalls in einem Gase den Werth dieses Quotienten berechnen.

Das Molekül A einer im Gleichgewicht befindlichen Gasmasse habe die Koordinaten x, y, z. Sehen wir ab von der Wirkung der Schwere auf das Gas, dann besitzen p und v in jedem Punkte denselben Werth. Wenn wir nun dem Fluidum eine Erschütterung mittheilen, so werden die Koordinaten des Moleküls A: $x+\xi$, $y+\eta$, $z+\zeta$; der Druck in diesem Punkte wird $p+\pi$ und das specifische Volumen $v+\varphi$. In Folge dieser Erschütterung erleidet ein Volumenelement des Fluidum eine plötzliche Kompression oder Ausdehnung; die Transformation ist also adiabatisch, und wir haben

$$dQ = C\frac{p}{R}dv + c\frac{v}{R}dp = 0$$

oder, wenn wir dv und dp durch φ und π ersetzen und den Faktor $\frac{1}{R}$ weglassen

$$Cp\varphi + cv\pi = 0. \tag{1}$$

74. Wir wollen nun φ als Funktion der Verschiebungen ξ, η, ζ ausdrücken. Zu diesem Zwecke fassen wir ein rechtwinkeliges Parallelepipedon ABCDGH (Fig. 10) in's Auge, dessen einer Eckpunkt A von dem betrachteten Moleküle in der Gleichgewichtslage eingenommen wird und dessen Kanten dx, dy, dz den Koordinatenaxen parallel laufen. Das Volumen dieses Parallelepipedons ist $dx\,dy\,dz$;

bezeichnet andererseits dm die Masse des Gases im Innern desselben, so lässt sich dies Volumen auch ausdrücken durch $v\,dm$; wir haben also

$$dx\,dy\,dz = v\,dm\,. \tag{2}$$

Nach der Erschütterung geht das Volumen über in $(v+\varphi)\,dm$. Um dafür einen anderen Ausdruck zu finden, nehmen wir an, dass man das Volumenelement dann noch als schiefwinkeliges Parallelepipedon betrachten dürfe. Sein Volumen ist in diesem Falle durch

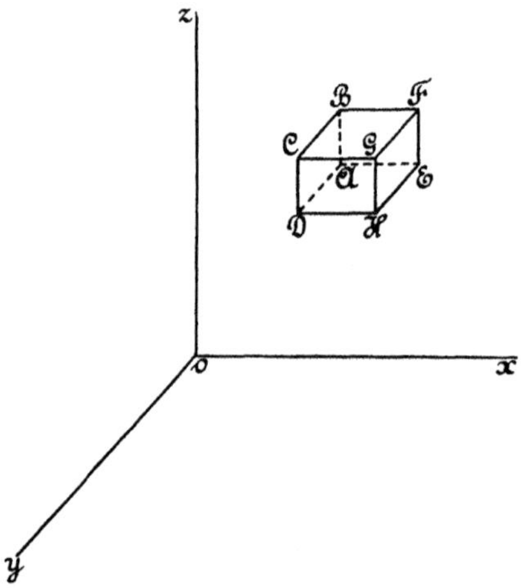

Fig. 10.

eine dreigliederige Determinante gegeben, und die Elemente dieser Glieder sind resp. die Projektionen einer jeden der Kanten AE, AD und AB auf die Axen.

Nun waren vor der Verschiebung die Koordinaten von A: x, y, z und diejenigen von E: $x+dx$, y, z. Nach der Verschiebung werden die Koordinaten von A: $x+\xi$, $y+\eta$, $z+\zeta$, diejenigen von E:

$$x+dx+\xi+\frac{\partial\xi}{\partial x}dx\,;\quad y+\eta+\frac{\partial\eta}{\partial x}dx\,;\quad z+\zeta+\frac{\partial\zeta}{\partial x}dx\,.$$

Demnach sind die Projektionen der Kante AE nach der Verschiebung

$$dx\left(1+\frac{\partial\xi}{\partial x}\right);\qquad dx\frac{\partial\eta}{\partial x};\qquad dx\,\frac{\partial\zeta}{\partial x}\,.$$

Schreiben wir die Projektionen der anderen Kanten analog, so erhalten wir für das Volumen des deformirten Parallelepipedons

$$(v+\varphi)\,dm = \begin{vmatrix} dx\left(1+\dfrac{\partial\xi}{dx}\right) & dy\,\dfrac{\partial\xi}{\partial y} & dz\,\dfrac{\partial\xi}{\partial z} \\ dx\,\dfrac{\partial\eta}{\partial x} & dy\left(1+\dfrac{\partial\eta}{\partial y}\right) & dz\,\dfrac{\partial\eta}{\partial z} \\ dx\,\dfrac{\partial\zeta}{\partial x} & dy\,\dfrac{\partial\zeta}{\partial y} & zd\left(1+\dfrac{\partial\zeta}{\partial z}\right) \end{vmatrix}$$

Wenn wir die Determinante auflösen und dann mit $v\,dm = dx\,dy\,dz$ dividiren, so erhalten wir unter Vernachlässigung der Quadrate und der Produkte von ξ, η, ζ und ihrer Differentialquotienten

$$\frac{\varphi}{v} = \xi'_x + \eta'_y + \zeta'_z .$$

Durch Einsetzen dieses Werthes in die Gleichung (1) ergibt sich dann

(3) $$\frac{\pi}{p} = -\frac{C}{c}\,(\xi'_x + \eta'_y + \zeta'_z) .$$

75. Diese neue Gleichung wollen wir umformen.

Sehen wir ab von den Deformationen der Winkel und der Seiten des rechtwinkeligen Parallelepipeds während der Verschiebung, so bleibt der Druck auf die Oberfläche ABCD parallel zur X-Axe und hat die Grösse

$$dy\,dz\,(p+\pi) .$$

Der auf die gegenüberliegende Seite wirkende Druck ist

$$-dy\,dz\left(p+\pi+\frac{\partial\pi}{\partial x}\,dx\right) .$$

Da die Drucke auf die anderen Seiten des Parallelepipeds normal zur X-Axe gerichtet sind und die Wirkung der Schwere vernachlässigt wird, so erhalten wir als Summe der Projektionen auf die X-Axe von denjenigen Kräften, welche auf das Parallelepipedon wirken, die algebraische Summe der beiden obigen Grössen

$$-\frac{\partial\pi}{\partial x}\,dx\,dy\,dz .$$

Auf dieselbe Weise finden wir für die Summe der Projektionen auf die Y- und Z-Achse

$$-\frac{\partial\pi}{\partial y}\,dx\,dy\,dz \quad \text{und} \quad -\frac{\partial\pi}{\partial z}\,dx\,dy\,dz .$$

Wir wollen nun das d'Alembert'sche Princip anwenden, d. h. ausdrücken, dass das Parallelepipedon unter der Wirkung der Trägheitskräfte und der wirklichen, auf den Körper wirkenden Kräfte im Gleichgewicht ist. Wir erhalten dann drei Bewegungsgleichungen, deren erste lautet

$$dm \frac{\partial^2 \xi}{\partial t^2} = - \frac{\partial \pi}{\partial x} dx dy dz .$$

Unter Berücksichtigung der Gleichung (2) finden wir somit

$$\frac{\partial^2 \xi}{\partial t^2} = - \frac{\partial \pi}{\partial x} v ,$$
$$\frac{\partial^2 \eta}{\partial t^2} = - \frac{\partial \pi}{\partial y} v ,$$
$$\frac{\partial^2 \zeta}{\partial t^2} = - \frac{\partial \pi}{\partial z} v .$$

Differentiren wir diese drei Gleichungen nach resp. x, y, z und addiren dieselben, so folgt

$$\frac{\partial^2}{\partial t^2} (\xi'_x + \eta'_y + \zeta'_z) = - v \Delta \pi .$$

Wenn wir darin die Summe $(\xi'_x + \eta'_y + \zeta'_z)$ durch ihren aus (3) folgenden Werth ersetzen, so ergibt sich

$$\text{(4)} \qquad \frac{\partial^2 \pi}{\partial t^2} = \frac{\mathrm{C}}{c} p v \Delta \pi .$$

76. Die Aenderung des Druckes π ist eine Funktion der Koordinaten x, y, z des betreffenden Punktes, sowie der Zeit t. Wir wollen nun den Ausdruck dafür suchen, wenn die Fortpflanzung der Erschütterung in kugelförmigen Wellen vor sich geht; in diesem Falle hängt π nur ab von t und von der Entfernung r zwischen dem betrachteten Punkte und dem Ursprung der Erschütterung. Setzen wir

$$\text{(5)} \qquad \pi = \frac{f}{r} ,$$

wobei f eine Funktion von r und t bedeutet, so wird die Summe $\Delta \pi$ der zweiten Differentialquotienten eine lineare Funktion von

$$f, \frac{\partial f}{\partial r}, \frac{\partial^2 f}{\partial r^2}$$

sein, die man direkt berechnen könnte; doch ist es leichter, sie mittels der Methode der unbestimmten Koefficienten zu bestimmen. Wir schreiben zu diesem Zwecke

$$\text{(6)} \qquad \Delta \pi = \mathrm{A} f + \mathrm{B} \frac{\partial f}{\partial r} + \mathrm{C} \frac{\partial^2 f}{\partial r^2} .$$

Setzt man $f = 1$, so erhält man

$$\Delta \pi = A$$

und andererseits

$$\pi = \frac{1}{r} .$$

Mittels dieses Ausdruckes für π berechnen wir $\Delta \pi$, indem wir annehmen, dass der Koordinatenanfangspunkt mit dem Erschütterungscentrum zusammenfällt, d. h. dass

$$r^2 = x^2 + y^2 + z^2 .$$

Wir erhalten dann

$$\frac{\partial \pi}{\partial x} = -\frac{1}{r^2} \frac{\partial r}{\partial x} = -\frac{x}{r^3}$$

$$\frac{\partial^2 \pi}{\partial x^2} = -\frac{1}{r^3} + \frac{3x^2}{r^5},$$

folglich

$$\Delta \pi = -\frac{3}{r^3} + \frac{3(x^2 + y^2 + z^2)}{r^3} = 0 .$$

Demnach muss sein

$$A = 0 .$$

Setzen wir ferner $f = r$, dann erhalten wir einerseits

$$\Delta \pi = B ,$$

andererseits

$$\pi = 1 , \Delta \pi = 0 ;$$

hieraus schliessen wir, dass B Null ist.

Endlich setzen wir $f = r^2$; dann folgt, wenn wir diesen Werth in den Ausdruck (6) einführen

$$\Delta \pi = 2C$$

und, indem wir die Differentialquotienten von $\pi = r$ berechnen

$$\Delta \pi = \frac{2}{r} ;$$

demnach ist

$$C = \frac{1}{r} .$$

Der Ausdruck (6) für $\Delta \pi$ reducirt sich also auf

$$\Delta \pi = \frac{1}{r} \cdot \frac{\partial^2 f}{\partial r^2} .$$

77. Ersetzen wir in der Gleichung (4) $\Delta \pi$ durch den soeben entwickelten Werth und $\frac{\partial^2 \pi}{\partial t^2}$ durch die aus (5) abgeleitete Grösse, dann erhalten wir

$$\frac{\partial^2 f}{\partial t^2} = \frac{C}{c} \, p v \, \frac{\partial^2 f}{\partial r^2}$$

oder

$$\frac{\partial^2 f}{\partial t^2} = a^2 \frac{\partial^2 f}{\partial r^2},$$

wobei

$$a^2 = \frac{C}{c} \, p v .$$

Für den Werth der Funktion f ergibt sich hieraus

$$f = f(r - at) + f_1 (r + at)$$

und demnach

$$\pi = \frac{1}{r} f(r - at) + \frac{1}{r} f_1 (r + at) .$$

Die Druckänderungen pflanzen sich also in zwei Wellen fort, von denen die eine mit der Geschwindigkeit a vom Erschütterungscentrum sich entfernt, die andere mit der Geschwindigkeit $-a$ diesem zustrebt. Diese letztere Welle hat in physikalischer Beziehung keine Realität, wir brauchen sie deshalb nicht zu berücksichtigen. Die erstere dagegen stellt eine Schallwelle dar, demnach ist unter a die Schallgeschwindigkeit zu verstehen, welche mit dem Verhältniss der specifischen Wärmen durch die Formel verbunden ist

$$\frac{C}{c} = \frac{a^2}{p v} . \tag{7}$$

78. Wir wollen diese Formel auf die Luft anwenden und das Meter, die Sekunde und das Kilogramm als Einheiten der Länge, der Zeit und der Masse wählen. Dann haben wir nach den Versuchen von Regnault für die Schallgeschwindigkeit bei 0^0 und Atmosphärendruck zu setzen

$$a = 331 \text{m} .$$

Der Atmosphärendruck auf einen Quadratmeter hat den Werth

$$p = 10330 \times 9{,}81$$

wenn wir für die Beschleunigung durch die Schwere 9,81 setzen.

Die Masse eines Kubikmeters Luft beträgt 1,293; demnach ist das specifische Volumen

$$v = \frac{1}{1,293}.$$

Führt man diese Werthe in die Formel (7) ein, so erhält man

$$\frac{C}{c} = \frac{(331)^2 \cdot 1,293}{10330 \cdot 9,8} = 1,41.$$

Das ist die Zahl, welche wir bei der Berechnung von E angewendet haben (cf. § 65); sie weicht von derjenigen Zahl, welche Röntgen nach der Methode von Clément und Desormes fand, nur wenig ab.

Kapitel VI.

Einige Bestätigungen des Princips von der Erhaltung der Energie.

79. Der Zustand eines Körpers lässt sich nicht immer durch zwei Variabele definiren. — Die obigen Bestätigungen des Princips von der Aequivalenz stellen ebensoviel Bestätigungen des Princips von der Erhaltung der Energie dar, aber nur unter der sehr speciellen Voraussetzung, dass sich der physikalische Zustand eines Körpers mittels zweier unabhängigen Variabeln p und T oder v und T definiren lässt.

Nun ist aber in einer grossen Zahl von Fällen diese Voraussetzung nicht erfüllt. Wenn beispielsweise der Druck oder das specifische Volumen des Wassers bei einer bestimmten, jedoch in gewisse Grenzen eingeschlossenen Temperatur gegeben sind, so weiss man noch nicht, ob sich das Wasser im festen, flüssigen oder gasförmigen Zustande befindet, da es unter gewissen Bedingungen bei derselben Temperatur in allen drei Aggregatzuständen vorkommen kann.

In anderen Fällen, z. B. bei den in Bewegung begriffenen Flüssigkeiten und den elastischen festen Körpern, hat die eine der Variabeln p oder v keine präcise Bedeutung mehr, denn Druck und specifisches Volumen ändern sich von einem Punkte zum andern; der Zustand eines solchen Körpers lässt sich also nicht mehr mittels der Variabeln p und T oder v und T allein charakterisiren.

Endlich kann der betreffende Körper mit statischer Elektricität geladen oder von einem Strome durchflossen sein; dann sind zur Bestimmung des Zustandes des Körpers neue Variabele nothwendig.

Es ist nun interessant, die Richtigkeit des Energieprincips in diesen einzelnen Fällen nachzuweisen. Zu diesem Zwecke hat man zu zeigen, dass

$$dW + dU = 0,$$

wenn man W die lebendige Kraft des Systems nennt und mit dem Namen **innere Energie** eine gewisse Funktion U von Grössen bezeichnet, die den physikalischen Zustand der Körper definiren.

Wenn das System eine äussere Arbeitsmenge $d\tau$ aufnimmt, so wird die zu bestätigende Gleichung

$$dW + dU = d\tau,$$

und falls dem System auch noch eine Wärmemenge dQ von Aussen zugeführt wird, so geht die betreffende Gleichung über in

$$dW + dU = d\tau + E\,dQ.$$

80. Anwendung des Princips auf ein System elektrisirter Körper. — Wir wollen ein System von elektrisirten Leitern mit den Ladungen $m_1, m_2 \ldots.$ in's Auge fassen; ihre Potentiale sind lineare Funktionen dieser Ladungen. Der Einfachheit halber nehmen wir an, dass nur zwei Leiter vorhanden seien; dann haben wir für ihre Potentiale die Ausdrücke

$$V_1 = A m_1 + B m_2$$
$$V_2 = B m_1 + C m_2.$$

Die Koefficienten A, B, C sind Funktionen von der Kapacität der Leiter und von den Koefficienten ihrer elektrostatischen Influenz; sie hängen also von der relativen Lage der Leiter ab, nicht aber von deren Ladungen.

Um die **elektrische Energie** des Systems zu erhalten, multipliciren wir die erste Gleichung mit m_1, die zweite mit m_2 und addiren, dann erhalten wir

$$U = \frac{1}{2}\sum mV = \frac{1}{2}(A m_1^2 + 2B m_1 m_2 + C m_2^2).$$

Wir betrachten zunächst den Fall, dass die Leiter bei ihrer Verschiebung isolirt bleiben, so dass die Ladungen m_1 und m_2 konstant sind. Nehmen wir dabei an, dass die Aenderung der kinetischen Energie Null ist oder vernachlässigt werden kann, dann reducirt sich die Variation der totalen Energie auf dU, und demnach ist, wenn das Princip von der Erhaltung der Energie hier Gültigkeit hat, die von dem System **geleistete** äussere Arbeit $-dU$, d. h.

$$-\frac{1}{2}(m_1^2\,dA + 2m_1 m_2\,dB + m_2^2\,dC).$$

Dies wird aber thatsächlich in allen Fällen durch das Experiment bestätigt.

81. Wir wollen jetzt annehmen, dass die Leiter ihre Lage nicht verändern mögen, aber unter einander in Verbindung gesetzt werden. Dann bleiben A, B und C konstant, und wir erhalten

$$dU = (Am_1 + Bm_2)\,dm_1 + (Bm_1 + Cm_2)\,dm_2$$

oder

$$dU = V_1\,dm_1 + V_2\,dm_2\,.$$

Nennen wir nun i die Intensität des Stromes, der in den Verbindungsdrähten entsteht, und setzen ausserdem voraus, dass $V_1 > V_2$, dann werden die Ladungen der beiden Körper nach Verlauf der Zeit dt sein

$$m_1 - i\,dt \text{ und } m_2 + i\,dt,$$

es ist also

$$dm_1 = -i\,dt \text{ und } dm_2 = +i\,dt.$$

Demnach wird

$$dU = i\,dt(V_2 - V_1)\,.$$

Andererseits gilt nach dem Ohm'schen Gesetze

$$V_1 - V_2 = Ri,$$

wobei R den Widerstand des Verbindungsdrahtes bezeichnet, folglich ist

$$dU = -Ri^2 dt\,.$$

Diese Aenderung der inneren Energie kann sich nicht in der Gestalt von äusserer Arbeit wiederfinden, da die Leiter, an welchen die Kräfte des Systems angreifen, sich nicht verschieben, wohl aber kann sie als Wärme auftreten. Dann muss das Produkt aus dem mechanischen Wärmeäquivalent und der in Kalorien ausgedrückten Wärme $E\,dQ$ gleich der Variation der Energie des Systems sein, wenn das Princip von der Erhaltung der Energie anwendbar ist. Da diese Energieänderung des Systems sich auf die Variation der inneren Energie reducirt, weil die Leiter in Ruhe bleiben, muss sich die Richtigkeit der Gleichung

$$-Ri^2 dt = E\,dQ$$

bestätigen lassen.

Nun ist aber nach dem Joule'schen Gesetze die Menge der in dem Verbindungsdrahte entwickelten Wärme in Kalorien ausgedrückt $= ARi^2 dt$; in Folge dessen ist die dem System während der betrachteten Umwandlung thatsächlich gelieferte Wärme

$$dQ = -ARi^2 dt$$

und die obige Gleichung ist in der That richtig.

82. Die hydro-elektrische Säule. — Wir wollen ferner ein System betrachten, das aus einer elektrischen Säule und aus einem Leiter besteht, welcher die Pole derselben verbindet.

In der Säule findet ein chemischer Vorgang statt, der eine gewisse Wärmemenge hervorbringen würde, wenn er ausserhalb des Stromkreises vor sich ginge. Sind die Pole aber durch einen Leiter verbunden, so ist die in der Säule auftretende Wärmemenge geringer als die oben erwähnte. Die chemische Energie der Säule theilt sich also in zwei Theile; der eine derselben dient zum Erwärmen der Flüssigkeiten, der andere zur Erzeugung des Stromes. Dieser letztere Theil heisst die Volta-Energie, und der Versuch lehrt, dass die während der Zeit dt auf diese Weise verbrauchte Volta-Energie $= \varepsilon i dt$ ist, wenn man mit ε die elektromotorische Kraft der Säule bezeichnet. Da sich die Körper des Systems in Ruhe befinden, so muss die Variation der Energie wie im vorigen Paragraphen $= \mathrm{E}\, dQ$ sein. Nun ist aber die dem System gelieferte Wärmemenge durch das Joule'sche Gesetz gegeben; sie ist also $= -\frac{1}{\mathrm{E}} \mathrm{R} i^2 dt$, und die Gleichung, um deren Bestätigung es sich handelt, wird somit

$$\varepsilon i dt = \mathrm{R} i^2 dt$$

oder

$$\varepsilon = \mathrm{R} i.$$

Diese Gleichung wird aber offenbar erfüllt, denn sie ist der Ausdruck für das Ohm'sche Gesetz.

83. Elektrodynamische Erscheinungen. — Die innere Energie eines von Strömen durchflossenen Leitersystems hängt nothwendiger Weise auch von der Intensität dieser Ströme ab; um ihren Werth zu erhalten, muss man zu dem Ausdrucke für die innere Energie, welch das System haben würde, wenn alle Intensitäten Null wären, noch ein Glied T hinzufügen, das Maxwell die elektrokinetische Energie des Systems nennt.

Wir wollen der Einfachheit halber den Fall wählen, wo das System nur aus zwei Strömen besteht; dann ist der Werth von T

$$(1) \qquad \mathrm{T} = \frac{1}{2} (\mathrm{L} i_1^2 + 2\mathrm{M} i_1 i_2 + \mathrm{N} i_2^2);$$

hierbei bedeutet M den Koefficient der gegenseitigen Induktion der beiden Stromkreise, L und N die Koefficienten der Selbstinduktion eines jeden derselben. Wenn die Stromstärken sich verändern und die Leiter sich verschieben, ändert sich die elektrokinetische Energie, und ihre Variation $d\mathrm{T}$ stellt die Aenderung der inneren Energie des

Systems dar. Um das Princip von der Erhaltung der Energie zu bestätigen, hat man also nachzuweisen, dass $d\mathrm{T}$ gleich der Summe aller Energien ist, welche das System aufnimmt.

Zunächst leisten die Leiter eine äussere Arbeit, deren Werth durch den Ausdruck

$$\frac{1}{2}(i_1^2 d\mathrm{L} + 2 i_1 i_2 d\mathrm{M} + i_2^2 d\mathrm{N}).$$

gegeben ist.

Ausserdem tritt in den Leitern eine gewisse Wärmemenge auf, die, in mechanischen Einheiten ausgedrückt, nach dem Joule'schen Gesetze den Werth hat

$$\mathrm{R}_1 i_1^2 dt + \mathrm{R}_2 i_2^2 dt.$$

Endlich ist noch Volta-Energie vorhanden, die dem System durch die Säulen geliefert wird; diese ist

$$\mathrm{E}_1 i_1 dt + \mathrm{E}_2 i_2 dt,$$

wenn man mit E_1 und E_2 die elektromotorischen Kräfte der beiden Säulen bezeichnet.

Wir haben also die Gültigkeit der Gleichung nachzuweisen:

$$d\mathrm{T} = -\frac{1}{2}(i_1^2 d\mathrm{L} + 2 i_1 i_2 d\mathrm{M} + i_2^2 d\mathrm{N}) - (\mathrm{R}_1 i_1^2 dt + \mathrm{R}_2 i_2^2 dt) + \mathrm{E}_1 i_1 dt + \\ + \mathrm{E}_2 i_2 dt.$$

Nun hat bekanntlich die in einem der Stromkreise entwickelte elektromotorische Induktionskraft die Grösse

$$-\frac{\partial}{\partial t}(\mathrm{L} i_1 + \mathrm{M} i_2).$$

Demnach erhalten wir für das Produkt $\mathrm{R}_1 i_1$, welches nach dem Ohm'schen Gesetze gleich der gesammten elektromotorischen Kraft ist,

$$\mathrm{R}_1 i_1 = \mathrm{E}_1 - \frac{\partial}{\partial t}(\mathrm{L} i_1 + \mathrm{M} i_2).$$

Hieraus leiten wir ab:

$$\mathrm{E}_1 i_1 dt - \mathrm{R}_1 i_1^2 dt = i_1 d(\mathrm{L} i_1 + \mathrm{M} i_2).$$

Für den anderen Stromkreis würden wir eine analoge Gleichung erhalten, und können demnach die Gleichung, um deren Bestätigung es sich handelt, schreiben

$$d\mathrm{T} = -\frac{1}{2}(i_1^2 d\mathrm{L} + 2 i_1 i_2 d\mathrm{M} + i_2^2 d\mathrm{N}) + i_1 d(\mathrm{L} i_1 + \mathrm{M} i_2) + i_2 d(\mathrm{M} i_1 + \mathrm{N} i_2)$$

oder, wenn wir die Differentiationen ausführen und zusammenziehen,

$$dT = \frac{1}{2}(i_1^2 dL + 2\, i_1 i_2 dM + i_2^2 dN) + L i_1 di_1 + M i_2 di_1 + M i_1 di_2 + N i_2 di_2 .$$

Nun ist aber die rechte Seite dieser Gleichung das Differential der durch die Formel (1) definirten elektrokinetischen Energie. Das Princip von der Erhaltung der Energie ist also auch auf die elektrodynamischen Erscheinungen anwendbar.

84. Die elastischen festen Körper. — Wir wollen ferner ein unendlich kleines rechtwinkeliges Parallelepipedon $dx dy dz$ in's Auge fassen, dessen Kanten den Koordinatenaxen parallel sind. Mit

$$\begin{matrix} P_{xx}, & P_{xy}, & P_{xz}, \\ P_{yx}, & P_{yy}, & P_{yz}, \\ P_{zx}, & P_{zy}, & P_{zz} \end{matrix}$$

bezeichnen wir die auf die Oberflächeneinheit bezogenen Druckkomponenten, welche auf drei in einer Ecke A zusammenstossende Seitenflächen wirken, die auf der X-, Y- und Z-Axe senkrecht stehen. Die Elasticitätstheorie lehrt uns, dass diese aus 9 Werthen bestehende Tabelle symmetrisch zur Diagonale ist, mit anderen Worten, dass die 9 Grössen sich auf 6 reduciren.

Wir nehmen nun an, das Parallelepipedon erleide eine Gestaltsänderung, und wollen die Arbeit berechnen, welche hierbei die auf alle Flächen wirkenden Drucke leisten.

Die Koordinaten x, y, z des Punktes A werden nach der Deformation

$$x + \xi, \; y + \eta, \; z + \zeta .$$

Demnach ist die Arbeit des Druckes, welcher auf der zur X-Axe normalen und durch A gehenden Seitenfläche lastet,

$$(P_{xx}\xi + P_{xy}\eta + P_{xz}\zeta)\, dy dz .$$

Die Koordinaten des dem Punkte A entsprechenden Punktes auf der entgegengesetzten Seite des Parallelepipedons sind vor der Deformation $x + dx, y, z$; nach derselben aber

$$\left(x + \xi + dx + \frac{\partial \xi}{\partial x} dx\right); \quad \left(y + \eta + \frac{\partial \eta}{\partial x} dx\right); \quad \left(z + \zeta + \frac{\partial \zeta}{\partial x} dx\right).$$

Die Arbeit, welche der auf dieser Fläche lastende Druck leistet, ist demnach

$$-\left[P_{xx}\left(\xi + \frac{\partial \xi}{\partial x} dx\right) + P_{xy}\left(\eta + \frac{\partial \eta}{\partial x} dx\right) + P_{xz}\left(\zeta + \frac{\partial \zeta}{\partial x} dx\right)\right] dy dz .$$

Die Summe der Arbeiten wird somit

$$-\left(P_{xx}\frac{\partial\xi}{\partial x}+P_{xy}\frac{\partial\eta}{\partial x}+P_{xz}\frac{\partial\zeta}{\partial x}\right)dx\,dy\,dz\,.$$

Für die auf den Y- und Z-Axen senkrecht stehenden Seitenpaare erhalten wir ganz analoge Ausdrücke.

Addiren wir diese drei Ausdrücke und ersetzen das Produkt $dxdydz$ durch vdm, wobei v das specifische Volumen im Punkte A und dm die Masse des Parallelepipedons bedeutet, dann erhalten wir

$$-\left[P_{xx}\frac{\partial\xi}{\partial x}+P_{yy}\frac{\partial\eta}{\partial y}+P_{zz}\frac{\partial\zeta}{\partial z}+P_{xy}\left(\frac{\partial\eta}{\partial x}+\frac{\partial\xi}{\partial y}\right)+P_{xz}\left(\frac{\partial\zeta}{\partial x}+\frac{\partial\xi}{\partial z}\right)+\right.$$
$$\left.+P_{yz}\left(\frac{\partial\zeta}{\partial y}+\frac{\partial\eta}{\partial z}\right)\right]v\,dm\,.$$

Das Integral dieses Ausdrucks, ausgedehnt über den vom Körper eingenommenen Raum, gibt die gesammte Arbeit der äusseren Kräfte während der Deformation.

Hierbei ist zu berücksichtigen, dass bei einem isotropen Körper

$$P_{xx}=P_{yy}=P_{zz}=p$$
$$P_{xy}=P_{xz}=P_{yz}=0\,.$$

Demnach geht der obige Ausdruck für die Arbeit der äusseren Kräfte über in

$$-p\left(\frac{\partial\xi}{\partial x}+\frac{\partial\eta}{\partial y}+\frac{\partial\zeta}{\partial z}\right)v\,dm$$

oder (cf. § 74)

$$-p\frac{dv}{v}v\,dm=-p\,dv\,dm\,.$$

Wir finden also, wie im § 64, wieder $-pdv$ als Arbeit der äusseren Kräfte, bezogen auf die Masseneinheit.

85. Wenn nun auch bei den festen Körpern der Ausdruck für die Arbeit verwickelter ist, als bei einer im Gleichgewichte befindlichen Flüssigkeit, so gilt doch das Princip von der Erhaltung der Energie darum hier nicht weniger. Das Experiment zeigt nämlich, dass, wenn der Körper sich in Folge der Deformation erwärmt, die Aenderung der inneren Energie, die sich aus dieser Erwärmung ergibt, gleich der Arbeit der äusseren Kräfte während der Deformation ist.

Als Beispiel wählen wir den Versuch von Edlund. Ein an seinem oberen Ende festgeklemmter Metalldraht wird zunächst durch eine am unteren Ende angreifende Kraft p ausgedehnt und sodann die Wirkung dieser Kraft wieder aufgehoben, so dass der Draht seine ursprüngliche Länge wieder annimmt. Bezeichnet ε die Verlängerung des Drahtes während der ersten Phase des Experiments, so ist die Arbeit der äusseren Kräfte $= p\varepsilon$. Während dieser Phase kühlt sich der Draht in Folge der Verlängerung ab; während der folgenden Phase erwärmt er sich; während einer dritten Phase kühlt er sich wieder ab, indem er durch Leitung nach Aussen Wärme abgibt, und kommt auf diese Weise zu seinem anfänglichen Zustand zurück, denn seine Temperatur wie seine Länge sind wieder dieselben geworden wie früher. Die Wärmemenge δQ, die er nach Aussen abgab, hat den Werth $a\,\delta T$, wobei a die Wärmekapacität des Drahtes bedeutet, die sich aus seinen Dimensionen und aus seiner specifischen Wärme berechnen lässt, und δT den Ueberschuss der Temperatur am Ende der zweiten Phase über die Anfangstemperatur, den man mit Hülfe eines thermoelektrischen Elements misst. Da der Draht einen geschlossenen Kreislauf durchgemacht hat, so muss gelten

$$E\,\delta Q = p\varepsilon\,.$$

Dies ist in der That der Fall, denn wenn man E aus dieser Gleichung berechnet, findet man Zahlen, welche den von Joule und Rowland ermittelten sehr nahe liegen; für Messing erhält man beispielsweise 428,3.

Bei diesem Versuche haben wir es übrigens mit einem Drucke zu thun, der nicht nach allen Richtungen derselbe ist. Ein Volumenelement des Drahtes wird nämlich einem beträchtlichen Zuge in vertikaler Richtung unterworfen, während der in horizontaler Richtung darauf wirkende Druck nahezu Null ist.

86. In Bewegung befindliche ponderabele Fluida. — In diesem Falle hat der Druck in einem bestimmten Punkte nach allen Richtungen den gleichen Werth, aber er hat nicht in jedem Punkte der Flüssigkeit dieselbe Grösse.

Wir bezeichnen mit p den Druck auf die Flächeneinheit eines Flüssigkeitselements, mit α, β, γ die Richtungskosinus der nach Aussen gerichteten Normalen eines Oberflächenelements $d\omega$, mit x, y, z die Schwerpunktskoordinaten des betrachteten Flüssigkeitselements zur Zeit t, mit $x + \xi$, $y + \eta$, $z + \zeta$ diejenigen desselben Elements zur Zeit $t + dt$, so dass

$$\xi = \frac{\partial x}{\partial t}\,dt \text{ etc.},$$

dann ist die Arbeit der auf diesem Element lastenden äusseren Drucke

$$-p\,d\omega\,(\alpha\xi + \beta\eta + \gamma\zeta)$$

und die Arbeit dieser Kräfte, bezogen auf die gesammte Oberfläche der Flüssigkeit

$$d\tau = -\int p\,(\alpha\xi + \beta\eta + \gamma\zeta)\,d\omega\,.$$

Nennt man die Wärmemenge, welche die Masseneinheit der Flüssigkeit durch Leitung oder Strahlung von Aussen aufnimmt, dq, und die entsprechende für die gesammte Flüssigkeit dQ, so ist

$$dQ = \int dq\,dm\,, \tag{1}$$

wobei dm die Masse eines Volumenelements bezeichnet.

Weiter sei u die auf die Masseneinheit bezogene innere Energie, dann ist die innere Energie der ganzen Flüssigkeit

$$U = \int u\,dm\,.$$

Von äusseren Kräften sind zwei Arten wirksam:

1. Die äusseren Drucke, deren Arbeit $d\tau$ oben berechnet wurde.

2. Die Schwere, deren Arbeit dV das Differential eines gewissen Potentials V darstellt, das wir zu bestimmen haben.

Wir erhalten diesen Werth bis auf eine Konstante, wenn wir das Gewicht dieser Flüssigkeit mit der Entfernung ihres Schwerpunktes von der als horizontal angenommenen XY-Ebene multipliciren, demnach ist

$$V = \int g z\,dm\,.$$

Endlich ist der Ausdruck für die kinetische Energie

$$W = \int \frac{dm}{2}\left[\left(\frac{\partial x}{\partial t}\right)^2 + \left(\frac{\partial y}{\partial t}\right)^2 + \left(\frac{\partial z}{\partial t}\right)^2\right].$$

87. Wir stellen nun die Bewegungsgleichungen der Flüssigkeit auf.

Wäre die Flüssigkeit in Ruhe, so hätten wir nach den Fundamentalgleichungen der Hydrostatik

$$\frac{\partial p}{\partial x} = \varrho X\,; \quad \frac{\partial p}{\partial y} = \varrho Y\,; \quad \frac{\partial p}{\partial z} = \varrho Z\,;$$

hierbei sind $X\,dm$, $Y\,dm$, $Z\,dm$ die Komponenten der äusseren Kräfte, welche auf das Element dm wirken. Demnach erhalten wir nach dem Princip von d'Alembert als Bewegungsgleichungen

$$\frac{\partial p}{\partial x} = \varrho X - \varrho\frac{\partial^2 x}{\partial t^2}$$

$$\frac{\partial p}{\partial y} = \varrho Y - \varrho\frac{\partial^2 y}{\partial t^2}$$

$$\frac{\partial p}{\partial z} = \varrho Z - \varrho\frac{\partial^2 z}{\partial t^2}$$

oder, wenn man ρ durch $\frac{1}{v}$ ersetzt und bedenkt, dass die Flüssigkeit nur der Wirkung der Schwere unterworfen und daher $X = Y = 0$, $Zdm = -gdm$ ist,

$$v\frac{\partial p}{\partial x} = -\frac{\partial^2 x}{\partial t^2}$$
$$v\frac{\partial p}{\partial y} = -\frac{\partial^2 y}{\partial t^2}$$
$$v\frac{\partial p}{\partial z} = -\frac{\partial^2 z}{\partial t^2} - g.$$

88. Mittels dieser Gleichungen wollen wir den Ausdruck für die Arbeit $d\tau$ der äusseren Kräfte umformen. Wir wenden hierzu die bekannte Beziehung an

$$\int \alpha F d\omega = \int \frac{\partial F}{\partial x} d\tau,$$

indem wir für F successive $p\xi, p\eta, p\zeta$ setzen; dann erhalten wir, wenn wir noch in den dreifachen Integralen gleichzeitig $d\tau$ durch vdm ersetzen

$$\int \alpha p\xi d\omega = \int \xi \frac{\partial p}{\partial x} vdm + \int p \frac{\partial \xi}{\partial x} vdm$$
$$\int \beta p\eta d\omega = \int \eta \frac{\partial p}{\partial y} vdm + \int p \frac{\partial \eta}{\partial y} vdm$$
$$\int \gamma p\zeta d\omega = \int \zeta \frac{\partial p}{\partial z} vdm + \int p \frac{\partial \zeta}{\partial z} vdm$$

und demnach

$$d\tau = -\int \left[\xi\frac{\partial p}{\partial x} + \eta\frac{\partial p}{\partial y} + \zeta\frac{\partial p}{\partial z} \right] vdm - \int \left(\frac{\partial \xi}{\partial x} + \frac{\partial \eta}{\partial y} + \frac{\partial \zeta}{\partial z} \right) pvdm$$

oder

$$d\tau = -\int \left[\xi\frac{\partial p}{\partial x} + \eta\frac{\partial p}{\partial y} + \zeta\frac{\partial p}{\partial z} \right] vdm - \int pdvdm,$$

da nach § 74

$$\left(\frac{\partial \xi}{\partial x} + \frac{\partial \eta}{\partial y} + \frac{\partial \zeta}{\partial z} \right) = \frac{dv}{v}.$$

Ersetzen wir jetzt die partiellen Differentialquotienten von p durch ihre aus den Bewegungsgleichungen abgeleiteten Werthe, dann ergibt sich

$$(2) \qquad d\tau = \int \left(\xi\frac{\partial^2 x}{\partial t^2} + \eta\frac{\partial^2 y}{\partial t^2} + \zeta\frac{\partial^2 z}{\partial t^2} \right) dm + \int g\zeta dm - \int pdvdm.$$

89. Wir berechnen nun dU, dV, dW. Die innere Energie u der Masseneinheit ist eine Funktion des Druckes und des specifischen

Volumens; für ein sehr kleines Volumenelement können diese beiden Grössen als konstant betrachtet werden, wir dürfen also für die Variation der inneren Energie, bezogen auf die Masseneinheit, wie bei einer ruhenden Flüssigkeit schreiben

$$du = dq - \mathrm{A}p\,dv\,,$$

und erhalten somit in Kalorien

$$(3)\qquad d\mathrm{U} = \int du\,dm = \int dq\,dm - \mathrm{A}\int p\,dv\,dm\,.$$

Die Aenderung von V ist

$$d\mathrm{V} = \int g\,dz\,dm$$

oder, da wir den Zuwachs der Z-Koordinate mit ζ bezeichnet haben

$$(4)\qquad d\mathrm{V} = \int g\,\zeta\,dm\,.$$

Die Aenderung der kinetischen Energie wird

$$d\mathrm{W} = \int dm\left(\frac{\partial x}{\partial t}\frac{\partial^2 x}{\partial t^2} + \frac{\partial y}{\partial t}\frac{\partial^2 y}{\partial t^2} + \frac{\partial z}{\partial t}\frac{\partial^2 z}{\partial t^2}\right)dt;$$

nun ist aber

$$\frac{\partial x}{\partial t}dt = \xi; \qquad \frac{\partial y}{\partial t}dt = \eta; \qquad \frac{\partial z}{\partial t}dt = \zeta,$$

demnach

$$(5)\qquad d\mathrm{W} = \int dm\left(\xi\frac{\partial^2 x}{\partial t^2} + \eta\frac{\partial^2 y}{\partial t^2} + \zeta\frac{\partial^2 z}{\partial t^2}\right).$$

90. Soll das Princip von der Erhaltung der Energie gelten, dann muss die Aenderung der Gesammtenergie $= d\tau + \mathrm{E}d\mathrm{Q}$ sein. Nun ist diese Aenderung der Gesammtenergie nach den Ausdrücken (3), (4), (5)

$$d\mathrm{W} + d\mathrm{V} + \mathrm{E}d\mathrm{U} = \int dm\left(\xi\frac{\partial^2 x}{\partial t^2} + \eta\frac{\partial^2 y}{\partial t^2} + \zeta\frac{\partial^2 z}{\partial t^2}\right) + \int g\zeta\,dm + \mathrm{E}\int dq\,dm - \\ - \int p\,dv\,dm\,.$$

Die Summe $d\tau + \mathrm{E}d\mathrm{Q}$ ergibt sich aber nach den Gleichungen (1) und (2) als

$$d\tau + \mathrm{E}d\mathrm{Q} = \int\left(\xi\frac{\partial^2 x}{\partial t^2} + \eta\frac{\partial^2 y}{\partial t^2} + \zeta\frac{\partial^2 z}{\partial t^2}\right)dm + \int g\zeta\,dm - \int p\,dv\,dm + \\ + \mathrm{E}\int dq\,dm\,.$$

Da die beiden rechten Seiten dieser Gleichungen identisch sind, so ist demnach das Princip von der Erhaltung der Energie auch in diesem Falle erfüllt.

Kapitel VII.

Das Princip von Carnot-Clausius.

91. Das Princip von Carnot. — Wir sahen im Kapitel III, auf welche Weise Carnot den Satz beweist, der seinen Namen trägt und den er folgendermaassen ausspricht:

Bei einer vollkommenen Maschine ist die motorische Kraft der Wärme unabhängig von der Natur der Substanzen, welche zur Hervorbringung dieser Kraft verwendet werden; die Grösse der letzteren wird vielmehr nur durch die Temperatur der Körper bestimmt, zwischen denen in letzter Instanz der Wärmeaustausch stattfindet.

Nach Carnot ist eine vollkommene Maschine eine solche, bei welcher der geschlossene Kreis der Transformationen sich umkehren lässt; die motorische Kraft wird durch den Nutzeffekt $\frac{\tau}{Q}$ dieses Kreises dargestellt. Demnach ist der Satz von Carnot gleichbedeutend mit folgendem, der auch bereits bewiesen wurde (42): *Der Nutzeffekt des Carnot'schen Kreises hängt nur von den Temperaturen der Isothermen ab.*

Der Beweis von Carnot gründete sich, wie bereits früher angegeben wurde, auf die beiden Annahmen, von der Unmöglichkeit eines Perpetuum mobile und von der Erhaltung des Wärmestoffs. Da diese letztere Annahme falsch ist, muss der Beweis von Carnot verworfen werden. Man hätte nun, nachdem das Princip von der Aequivalenz wohl begründet war, glauben können, dass das Carnot'sche Theorem definitiv abgethan sei. Clausius gebührt das Verdienst, dass er sich nicht zu diesem oberflächlichen Urtheil verleiten liess, sondern unablässig forschte, bis es ihm gelang, das Princip von Carnot, welches verschiedene experimentelle Thatsachen zu beweisen schienen, mit dem Princip von der Erhaltung der Kraft in Einklang zu bringen.

Hierzu genügte es, wie wir sehen werden, nur wenig in dem dem Carnot'schen Beweise zu ändern.

92. Wir wollen den Beweis von § 41 wieder aufnehmen und voraussetzen, dass, entgegen der früheren Annahme, bei zwei Maschinen M und M′, welche zwischen den gleichen Temperaturgrenzen nach zwei Carnot'schen Kreisen funktioniren, die Ungleichung gilt:

$$\frac{\tau'}{Q_1'} > \frac{\tau}{Q_1}. \tag{1}$$

Ferner denken wir uns wieder die beiden Maschinen so verbunden, dass M′ im direkten und M im umgekehrten Sinne funktionirt; dann wird die Arbeit dieser zusammengesetzten Maschine, wenn M und M′ einen vollständigen Kreis beschreiben,

$$m'\tau' - m\tau$$

sein, wobei m und m' die Massen der Körper bezeichnen, die sich in beiden Maschinen transformiren. Die der Wärmequelle entnommene Wärmemenge hat den Werth

$$m' Q_1' - m Q_1$$

und diejenige, welche an die Kältequelle abgegeben wird, ist

$$m' Q_2' - m Q_2.$$

Wir können nun die Massen m und m' so wählen, dass die der Wärmequelle entnommene Wärmemenge Null ist, also

$$m' Q_1' - m Q_1 = 0; \tag{2}$$

dann folgt aus dieser Gleichung und der Ungleichung (1)

$$m'\tau' - m\tau > 0$$

d. h. die aus M und M′ bestehende Doppelmaschine leistet eine positive Arbeit.

93. Bis hierher haben wir an der Carnot'schen Ableitung nichts geändert. Wir wollen nun das Princip von der Aequivalenz einführen.

Der Körper, der sich in M transformirt, indem er der Wärmequelle eine Wärmemenge Q_1 entnimmt und an die Kältequelle eine solche Q_2 abgibt, erhält also in Wahrheit von Aussen nur eine Wärmezufuhr von $Q_1 - Q_2$ pro Masseneinheit. Die entsprechende äussere Arbeit, welche während dieser Transformation geleistet wird, ist τ. Demnach gilt nach dem Princip von der Aequivalenz

$$Q_1 - Q_2 = A\tau$$

und ebenso

$$Q_1' - Q_2' = A\tau'.$$

Aus diesen beiden Gleichungen folgt unter Berücksichtigung der Gleichung (2)

$$m' Q_2' - m Q_2 = - A (m' \tau' - m \tau).$$

Es ist also hiernach die an die Kältequelle abgegebene Wärmemenge negativ, mit anderen Worten: Die Maschine entzieht der Kältequelle Wärme.

Da nun die Kältequelle nicht zu ihrem ursprünglichen Zustande zurückkommt, so können wir hier nicht, wie in § 41, sagen, dass die Erzeugung von positiver Arbeit mit dem Princip von der Unmöglichkeit eines Perpetuum mobile unvereinbar sei.

Aus dem obigen Resultate lässt sich also nur folgender Schluss ziehen: *Wenn das Carnot'sche Princip falsch ist, dann ist es möglich, unendlich viele Arbeit dadurch hervorzubringen, dass man der Kältequelle Wärme entnimmt.*

94. Wir könnten den Gedankengang auch noch anders durchführen und würden dabei zu einem Resultate gelangen, das ebenso wenig annehmbar wäre als das soeben entwickelte.

Zu diesem Zwecke denken wir uns m und m' so gewählt, dass

$$m' \tau' - m \tau = 0$$

d. h., dass die bei der Verkuppelung von M und M' geleistete Arbeit der Maschine gleich Null ist. Dann ergibt sich aus dieser Gleichung in Verbindung mit der Ungleichung (1)

$$m' Q_1' - m Q_1 < 0.$$

Ausserdem folgt aus der Anwendung des Princips von der Aequivalenz, da die producirte Arbeit Null ist:

$$m' Q_1' - m Q_1 = m' Q_2' - m Q_2.$$

Die der Wärmequelle entnommene Wärmemenge ist also negativ und, absolut genommen, gleich der Wärme, welche an die Kältequelle abgegeben wird; mit anderen Worten: Es wird in diesem Falle der Kältequelle eine gewisse Wärmemenge entnommen und an die Wärmequelle abgegeben.

Wir kommen somit zu folgendem Schlusse: *Wenn das Princip von Carnot falsch ist, so ist es möglich, Wärme von einem kälteren auf einen wärmeren Körper zu übertragen, und zwar ohne Arbeitsleistung und ohne jegliche Aenderung des Körpers, welcher sich transformirt.*

95. Das Princip von Clausius. — Das Princip von Clausius lautet nun, entsprechend den eben ausgeführten Entwickelungen: *Es ist unmöglich, direkt oder indirekt Wärme von einem kalten zu einem warmen Körper übergehen zu lassen, wenn nicht gleichzeitig ein Verbrauch von Arbeit oder ein Uebergang von Wärme von einem warmen zu einem kalten Körper stattfindet.*

Dies Princip scheint durch alle experimentellen Thatsachen bestätigt zu werden; nimmt man es als richtig an, so ergibt sich aus der obigen Ausführung, dass nicht gelten kann

$$\frac{\tau'}{Q_1'} > \frac{\tau}{Q_1}.$$

Ebenso wenig aber kann

$$\frac{\tau'}{Q_1'} < \frac{\tau}{Q_1}$$

sein, denn wenn man in einem analogen Beweise eine zusammengesetzte Maschine betrachtet, welche durch Verkuppelung der im direkten Sinne wirkenden Maschine M mit der im umgekehrten Sinne wirkenden Maschine M′ gebildet wird, so führt diese Ungleichung ebenfalls zu einem Schlusse, welcher mit dem Princip von Clausius im Widerspruche steht. Die Nutzeffekte beider Carnot'schen Kreise müssen also gleich sein, und wir gelangen auf diese Weise wieder zum Carnot'schen Theorem.

Dies ist das Princip von Clausius, das man heutzutage gewöhnlich als zweites Princip der Thermodynamik zu bezeichnen pflegt. Da das Carnot'sche Theorem fast eine unmittelbare Folge dieses Princips ist, so gab ihm Clausius mit einer Bescheidenheit, die ihm zur höchsten Ehre gereicht, den Namen: Carnotsches Princip, obgleich er es ausgesprochen hatte, ohne die Arbeiten von Sadi Carnot zu kennen.

96. Die Einwürfe von Hirn. — Wenn auch die ursprüngliche Fassung des Satzes im Grunde genommen mit derjenigen, die wir soeben angaben, identisch ist, so war sie doch weniger deutlich; Clausius drückte sich nämlich folgendermaassen aus: *Die Wärme kann nicht von selbst von einem kalten zu einem warmen Körper übergehen.* Hirn versuchte den Nachweis zu führen, dass dies Princip in gewissen Fällen falsch ist. Wir wollen die Einwürfe von Hirn auseinandersetzen und gleichzeitig widerlegen.

Zu diesem Zwecke fassen wir einen Cylinder ABCD in's Auge (Fig. 11), der einen Kolben EF enthält; zu beiden Seiten des letzteren sollen sich Gasmassen von den verschiedenen Temperaturen T_1 und T_2 befinden. Abgesehen von AB mögen sämmtliche Wände wie auch der Kolben für die Wärme undurchdringlich sein. Wenn nun die Wand AB mit einem Körper in Berührung steht, dessen Temperatur T_1' höher als T_1, aber niedriger als T_2 ist, dann wird dieser Körper an das in ABEF eingeschlossene Gas Wärme abgeben; in Folge dessen dehnt sich das Gas aus und treibt den Kolben EF vorwärts. Hierdurch wird das Gas, welches sich in dem für Wärme undurchdringlichen Raume EFCD befindet, adiabatisch komprimirt und erfährt demnach eine Temperaturerhöhung. So ist also Wärme von einem Körper mit der Temperatur T_1' auf ein Gas übertragen worden, dessen Temperatur T_2 höher ist als T_1'.

Trotzdem steht diese Wärmeübertragung nicht im Widerspruche mit dem Princip von Clausius. Die Wärme ist allerdings vom kälteren zum wärmeren Körper übergegangen, gleichzeitig aber fand ein Wärmeübergang von dem Körper mit der Temperatur T_1' zum Gas mit der Temperatur T_1 statt, d. h. von einem wärmeren zu einem kälteren Körper. Allerdings nahm Hirn an, dass T_1' nur unendlich wenig höher sei als T_1; ob aber die Differenz $T_1' - T_1$ unendlich klein oder endlich ist, das ist im Grunde nicht von Belang; wenn sie unendlich klein ist, wird die Wärmeabgabe und somit auch die Ausdehnung des einen Gases und die Kompression des

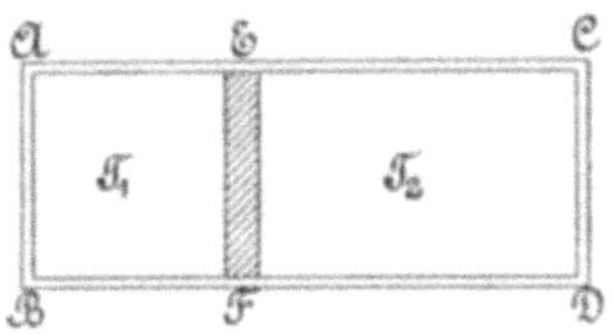

Fig. 11.

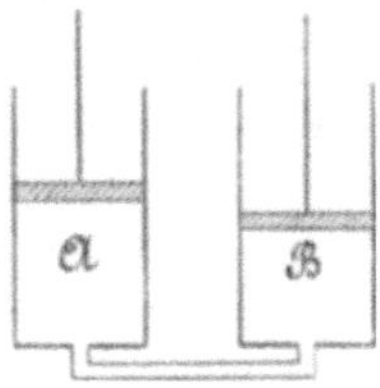

Fig. 12.

anderen aufhören, sobald $T_1 = T_1'$ geworden ist; dies wird aber nach Verlauf einer unendlich geringen Zeit der Fall sein. Die abgegebene Wärmemenge wird also von derselben Grössenordnung sein, wie die Differenz $T_1' - T_1$.

97. Wir kommen nun zum zweiten Einwurfe von Hirn, und denken uns zwei Cylinder A und B von gleichem Querschnitte, in welchen sich zwei Kolben bewegen (Fig. 12). Dieselben mögen so verbunden sein, dass sich der eine um das gleiche Stück senkt, wenn sich der andere um ein gewisses Stück hebt. Die beiden Cylinder sind für Wärme undurchdringlich, stehen dagegen durch einen Kanal mit einander in Verbindung, der die Wärme passiren lässt.

Wir nehmen zunächst an, der Kolben im Cylinder B befinde sich auf dem Boden, der Cylinder A dagegen sei mit Luft von 0^0 gefüllt und der Verbindungskanal auf 100^0 erhitzt. Heben wir nun den Kolben B, dann geht die in dem Verbindungsrohr befindliche Luft von 100^0 in den Cylinder B und wird durch einen Theil der kalten Luft in A ersetzt. Diese kalte Luft dehnt sich aus und komprimirt die in beiden Cylindern enthaltene Luft, in Folge dessen steigt die in A enthaltene Luft über 0^0, die in B enthaltene über 100^0. Heben wir den Kolben B nochmals, so tritt von Neuem eine Menge auf 100° erhitzte Luft in B ein und gleichzeitig erhitzt sich eine gewisse Menge kalter Luft aus A in dem Verbindungskanal bis auf 100°. Wiederum findet eine Kompression statt und die Temperatur der Luft in beiden Cylindern steigt. Die Rechnung ergibt, dass, wenn der Kolben A auf dem Boden angekommen ist, die Temperatur in B 120° beträgt. Auf diese Weise, sagt Hirn, ist es möglich, mit einer Wärmequelle von 100° Luft bis auf 120° zu erwärmen, ohne dass Arbeit aufgewendet wird, da der Kolben A um das gleiche Stück sinkt, um welches der Kolben B sich hebt.

Dieser Einwurf ist jedoch eben so leicht zu entkräften als der vorhergehende. Es geht nämlich auch noch Wärme von einem wärmeren zu einem kälteren Körper über, nämlich von der Wärmequelle, welche das Verbindungsrohr auf 100° erhält, zu der kalten Luft, die aus A ausströmt. Ein Theil dieser Wärme dient zur Erwärmung dieser Luft, ein anderer Theil zur Erhöhung der Temperatur der Luft, die schon in B eingetreten war. So findet also gleichzeitig ein Uebergang der Wärme von einem wärmeren zu einem kälteren Körper und andrerseits von einem kälteren zu einem wärmeren Körper statt; das widerspricht aber nicht dem Princip von Clausius.

98. Würde man den umgekehrten Versuch machen und die auf 120° erhitzte Luft aus dem Cylinder B durch das auf 100° erhitzte Verbindungsrohr in den Cylinder A übertreten lassen, so würde man finden, dass, wenn der Kolben in B unten angekommen ist, die Temperatur des Gases auf 0 Grad zurückgegangen ist. Auf den ersten Blick könnte es auch hier scheinen, als ob die Wärme von selbst von einem kälteren zu einem wärmeren Körper übergegangen wäre, nämlich von dem Gase mit der Endtemperatur 0° zu der Wärmequelle mit 100°. Thatsächlich findet jedoch gleichzeitig ein Uebergang der Wärme von dem im Cylinder B befindlichen Gase mit 120° auf die Wärmequelle statt, d. h. von einem wärmeren zu einem kälteren Körper.

Die Einwürfe von Hirn können also vor der Kritik nicht bestehen.

Hirn hätte ja vielleicht durch neue Versuche zeigen können, dass die Gesetze, welchen die Gase unterworfen sind, mit den allgemein als gültig angenommenen nicht übereinstimmen, und hätte vielleicht auf diese Weise das Princip von Clausius widerlegen können. Statt dessen philosophirte er vielmehr, ohne irgend ein neues Experiment anzustellen, über die vollkommenen Gase, indem er auf sie die klassischen Gesetze von Mariotte und Gay-Lussac sowie die Regnault'schen Gesetze von der Konstanz der specifischen Wärme anwandte. Wir werden nun sehen, dass das Carnot'sche Princip eine unmittelbare Folge der Gültigkeit dieser Gesetze ist. Es war also vergebliches Bemühen, auf diesem Wege zur Widerlegung des Carnot'schen Princips gelangen zu wollen.

99. Einwurfsfreie Fassung des Princips. — Wir wollen uns ein System denken, das jeglicher Einwirkung von Aussen entzogen ist und aus n Körpern A_1, $A_2 \ldots A_n$ besteht, deren Zustand nur von zwei unabhängigen Variabeln abhängt, nämlich der Temperatur T und dem specifischen Volumen v. Wir nehmen an, die Temperatur T_1 des Körpers A_1 sei höher als die Temperatur T_2 von A_2, und lassen das System eine Umwandlung durchmachen; am Ende derselben sollen sich alle Körper des Systems, bis auf A_1 und A_2, in ihrem ursprünglichen Zustande befinden, und die specifischen Volumina von A_1 und A_2 mögen den gleichen Werth besitzen wie vor der Transformation. Unter diesen Bedingungen ist es unmöglich, dass A_1 sich erwärmt und A_2 sich abgekühlt hat.

Diese Fassung muss das Clausius'sche Princip erhalten, um gegen jeden Einwurf geschützt zu sein.

Sie setzt also voraus, dass folgende drei Bedingungen erfüllt sind: 1. Das System ist isolirt, d. h. es nimmt weder von Aussen Wärme auf, noch auch gibt es nach Aussen Wärme ab, und leistet weder positive noch negative Arbeit. 2. Alle Körper des Systems, bis auf zwei, kommen zu ihrem ursprünglichen Zustande zurück, mit anderen Worten, sie beschreiben geschlossene Kreise. 3. Die beiden anderen Körper nehmen ihr anfängliches specifisches Volumen wieder an.

Diese dritte Bedingung ist weniger wichtig als die beiden ersten; trotzdem lässt sich ihre Einführung nicht umgehen. Ohne diese Einschränkung können wir nämlich den Körper A_1 adiabatisch comprimiren und den Körper A_2 sich adiabatisch ausdehnen lassen; benützt man dann die bei dieser Ausdehnung gewonnene Arbeit zur Kompression von A_1, so erhält das System keinerlei Arbeitsleistung von Aussen und auch keine Wärmezufuhr, da Kompression und Ausdehnung adiabatisch vor sich gehen. Die beiden ersten Bedingungen sind also erfüllt, gleichwohl hat sich der wärmere Körper A_1 durch Kompression erwärmt, der kältere A_2 durch Ausdehnung abgekühlt. Das Princip von Clausius könnte also in gewissen Fällen unrichtig sein, wenn man die dritte Bedingung ignorirte.

100. Die Nothwendigkeit der ersten Bedingung unterliegt keinem Zweifel. Nichtsdestoweniger wollen wir nachweisen, dass es möglich ist, Wärme von einem kälteren zu einem wärmeren Körper übergehen zu lassen, wenn man dem System Arbeit zuführt.

Wir fassen eine thermische Maschine in's Auge und bezeichnen mit p und v die Variabeln, welche den Zustand des zur Transformation verwendeten Körpers C definiren, dessen Masse 1 Kilogramm betragen möge. Wenn dieser Körper einen geschlossenen Kreis beschreibt, dann ist die geleistete äussere Arbeit $\tau = \int p\,d v$, wobei das Integral längs der Transformationskurve zu nehmen ist; diese Arbeit ist positiv, wenn der darstellende Punkt sich auf dieser Kurve im Sinne der Uhrzeiger bewegt, negativ dagegen im entgegengesetzten Falle. Nach dem Princip von der Aequivalenz ist diese Arbeit gleich dem Produkte von E in die dem Körper gelieferte Wärmemenge. Nennen wir also Q_1 die Wärmemenge, welche C der Wärmequelle der thermischen Maschine entnommen, Q_2 diejenige, welche C an die Kältequelle abgegeben hat, so gilt

$$Q_1 - Q_2 = A\,\tau\,. \tag{1}$$

Liegt der Kreis, den C beschreibt, zwischen den Isothermen, welche den Temperaturen T_1 und T_2 der Wärme- resp. Kältequelle entsprechen, dann ist die Temperatur von C stets tiefer als T_1, dieser Körper kann also keine Wärme an die Wärmequelle abgeben, sondern nur von ihr entnehmen; demnach ist Q_1 nothwendig positiv, in welcher Richtung auch der Kreisprocess durchlaufen sein mag; aus ganz analogen Gründen ist Q_2 positiv. Man kann also unter diesen Bedingungen nicht Wärme aus der Kältequelle entnehmen, um sie der Wärmequelle zuzuführen, auch nicht, wenn der Kreis im umgekehrten Sinne beschrieben, und dem System Arbeit zugeführt wird.

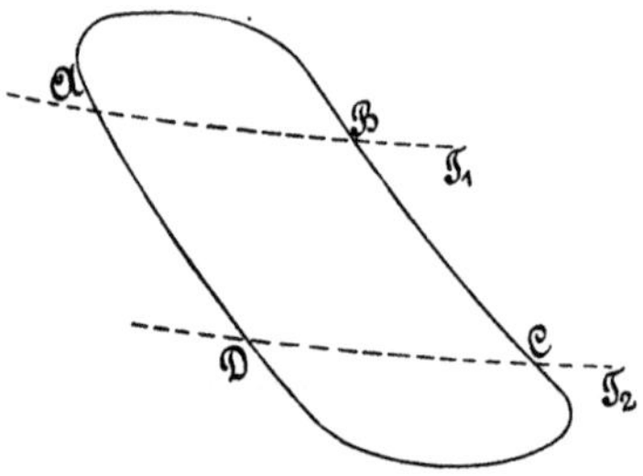

Fig. 13.

Dagegen wollen wir nun den Fall betrachten, dass die Kurve, welche die Transformationen des Körpers C darstellt, aus zwei Adiabaten AD und BC besteht (cf. Fig. 13), die durch beliebige Kurven verbunden sind, und zwar mögen die letzteren die Isothermen T_1 und T_2 einschliessen, welche der Wärmequelle resp. der Kältequelle entsprechen. Wird nun der Kreis im umgekehrten Sinne beschrieben, so kann man annehmen, dass die Wärmemenge, welche der Körper während der Transformation BA abgibt, an die Wärmequelle übergeht, da die Temperatur der letzteren tiefer ist als diejenige des Körpers; demnach ist die der Wärmequelle entnommene Wärmemenge Q_1 negativ. Die vom Körper während der Transformation

DC aufgenommene Wärmemenge Q_2 kann der Kältequelle entnommen werden, denn die Temperatur T_2 der letzteren ist höher als diejenige des Körpers, folglich ist Q_2 negativ. Unter diesen Bedingungen ist also Wärme von der Kältequelle genommen und auf die Wärmequelle übertragen worden. Da nun weiter τ negativ ist, so zeigt die Gleichung (1), dass Q_1 absolut genommen grösser ist als Q_2; die nach der Wärmequelle geschaffte Wärme ist also grösser, als die aus der Kältequelle genommene.

101. Andere Fassung des zweiten Wärmesatzes. — Man gibt bisweilen diesem Princip folgende Fassung: *Es ist unmöglich, eine thermische Maschine mit einer einzigen Wärmequelle im Gange zu erhalten.*

Aus dieser Fassung, sowie aus der Ausführung des § 93 ergibt sich, dass der ökonomische Koëfficient $\frac{\tau'}{Q_1'}$ eines Carnot'schen Kreises nicht grösser sein kann, als der Koëfficient $\frac{\tau}{Q_1}$ eines anderen Carnot-schen Kreises, der von denselben Temperaturgrenzen eingeschlossen ist. Andererseits kann der Koëfficient $\frac{\tau}{Q_1}$ des zweiten Carnot'schen Kreises aus denselben Gründen nicht grösser sein als $\frac{\tau'}{Q_1'}$. Beide Koëfficienten sind also gleich, demnach ist der Carnot'sche Lehrsatz eine Folgerung dieses Princips in der oben angegebenen Fassung. Ferner ist es klar, dass, wenn der Carnot'sche Satz richtig ist, dies auch für unser Princip gilt, die beiden Sätze sagen also dasselbe aus.

Nun ist aber der Satz von Carnot auch eine Folgerung aus dem Clausius'schen Princip und umgekehrt, demnach muss auch der Satz von Clausius dasselbe aussagen, wie die obige Fassung des Princips. Man kann also nach Belieben die eine oder die andere Fassung als zweites Princip der Thermodynamik wählen.

102. Uebrigens lässt sich noch auf andere Weise die Gleichwerthigkeit beider Fassungen nachweisen.

Wir wollen zuerst zeigen, dass man, wenn das Clausius'sche Princip falsch wäre, eine Maschine mit einer einzigen Wärmequelle im Gange erhalten könnte.

Mit A und B bezeichnen wir die beiden Wärmequellen der thermischen Maschine, deren Temperaturen T_1 und T_2 sein mögen. Lassen wir diese Maschine im direkten Sinne gehen, so liefert sie uns eine Arbeit τ, indem sie der Wärmequelle A eine Wärmemenge Q_1 entnimmt und an die Kältequelle B die Wärme Q_2 abgibt. Wenn aber das Princip von Clausius auf die Körper A und B keine Anwendung fände, so könnten wir dann der Kältequelle eine Wärmemenge

Q_1 entnehmen und dieselbe ohne Arbeitsaufwand an die Wärmequelle abgeben. Demnach würde nach Verlauf dieser beiden Operationen die Wärmequelle ihren ursprünglichen Zustand wieder annehmen, und wir hätten dadurch eine Arbeit τ erhalten, dass wir der Kältequelle eine Wärmemenge $Q_1 - Q_2$ entzogen haben.

103. Wäre es möglich, mit einer einzigen Wärmequelle Arbeit zu leisten, so könnte man umgekehrt auch Wärme ohne Arbeitsleistung von einem kälteren auf einen wärmeren Körper übertragen.

Die Arbeit τ nämlich, welche dadurch erzeugt wird, dass eine Wärmemenge Q einer Wärmequelle von der Temperatur T_2 entnommen wird, lässt sich in lebendige Kraft und diese wieder durch Reibung in Wärme umwandeln. Da uns nun nichts an der Annahme hindert, dass die Temperatur T_1 der Körper in Folge der Reibung höher ist als T_2, so würden wir in der That ohne Arbeitsleistung Wärme von einem kälteren auf einen wärmeren Körper übertragen haben.

Auch die folgende Ueberlegung führt zu dem gleichen Resultat. Wieder bezeichne τ die Arbeit, welche von einer Maschine M dadurch geleistet wird, dass eine Wärmemenge Q einer Wärmequelle von der Temperatur T_2 entzogen wird. Wir nehmen nun zu dieser ersten Wärmequelle noch eine zweite, welche die höhere Temperatur T_1 besitzen möge, und lassen zwischen beiden Wärmequellen eine thermische Maschine M' im umgekehrten Sinne funktioniren; dabei könnten wir eine Arbeit $-\tau$ erhalten, indem wir der wärmeren Quelle eine Wärmemenge $-Q_1$ entnehmen und an die kältere mit der Temperatur T_2 die Wärmemenge $-Q_2$ abgeben. Beide Maschinen M und M' zusammen werden dann die Arbeit Null liefern; dabei ist der Wärmequelle mit der Temperatur T_2 die positive Wärmemenge $Q + Q_2$ entnommen und der Wärmequelle mit der Temperatur T_1 eine positive Wärmemenge Q_1, welche offenbar gleich $Q + Q_2$ sein muss, abgegeben worden. Wir hätten somit eine Wärmeübertragung von der kälteren zu der wärmeren Quelle.

So ist also nachgewiesen, dass von den Fassungen in § 95 und § 101 die eine nicht falsch sein kann, ohne dass es gleichzeitig auch die andere ist; demnach sagen beide Fassungen vollständig das Gleiche aus.

104. In der Fassung des § 101 ist die Temperatur der Wärmequelle gar nicht erwähnt, sie kann also beliebig angenommen werden. Wir wollen in der That nachweisen, dass, wenn dieser Satz bei Anwendung einer Wärmequelle B mit der Temperatur T_2 richtig ist, er auch gilt, wenn die Wärme von einer Wärmequelle A mit der Temperatur T_1 genommen wird.

Der Beweis kann sich offenbar darauf beschränken, zu zeigen: Wenn es möglich wäre, mit der Wärmequelle A allein Arbeit zu leisten, so würde dies auch für die Wärmequelle B gelten, welche Temperatur diese auch besitzen mag.

Wir nehmen zuerst $T_2 > T_1$ an. Mit der Wärmequelle A lässt sich unserer Hypothese nach eine Arbeit τ leisten, indem wir dieser Wärmequelle eine Wärmemenge Q_1 entnehmen. Wir können nun aber zwischen den Wärmequellen B und A in direktem Sinne eine Maschine gehen lassen, so dass eine Arbeit τ' geleistet wird, dadurch, dass man der wärmeren Quelle B eine Wärmemenge Q_2 entnimmt und davon eine Wärmemenge Q_1 an die kältere Wärmequelle A abgibt. Durch beide Operationen zusammen würde eine positive Arbeit $\tau + \tau'$ geleistet werden. Dabei würde der Wärmequelle B die Wärme Q_2 entzogen worden sein, während die Wärmequelle A zu ihrem ursprünglichen Zustand wieder zurückgekehrt wäre. Es wäre also dadurch, dass man nur der Quelle B Wärme entzogen hätte, Arbeit geleistet worden.

Wir nehmen nun $T_2 < T_1$ an. Dann könnten wir zunächst auch wieder eine Arbeit τ dadurch leisten, dass wir der Quelle A die Wärme Q_1 entnehmen. Diese Quelle A können wir nun als Wärmequelle einer thermischen Maschine betrachten, während die zugehörige Kältequelle B sein würde. Ist nun der Kreis dieser Maschine beschaffen wie der in § 100 erwähnte, der aus zwei Adiabaten und aus zwei beliebigen Kurven bestand, welche die Isothermen T_1 und T_2 einschlossen, dann ist es möglich, dadurch, dass man der Maschine eine Arbeit τ' zuführt, der Kältequelle die Wärme Q_2 zu entnehmen und davon die Wärme Q_1 an die Wärmequelle abzugeben. Demnach würde am Schlusse dieser beiden Operationen A zu seinem ursprünglichen Zustande zurückkommen, und dabei wäre eine Arbeit $\tau - \tau'$ geleistet worden. Nun ist aber diese Arbeit positiv; nach dem Princip von der Aequivalenz gilt nämlich

$$Q_1 = A\tau; \qquad Q_2 - Q_1 = -A\tau'.$$

Demnach ist

$$Q_2 = A(\tau - \tau').$$

Da nun die Wärme Q_2, die dem sich umwandelnden Körper geliefert wird, positiv ist, so muss es die Arbeit $\tau - \tau'$ ebenfalls sein. Es würde also auch hier positive Arbeit dadurch geleistet sein, dass der Wärmequelle B Wärme entzogen wurde.

105. Wir können nun weiter noch Folgendes nachweisen: Wenn das in der Form des § 99 ausgesprochene Princip von Clausius für den Fall gilt, dass die beiden betrachteten Körper A' und B' die

Temperaturen T_1' und T_2' besitzen, so hat es auch für zwei andere Körper A und B mit den Temperaturen T_1 und T_2 Gültigkeit.

Nach unseren Ausführungen in § 102 würde es, wenn das Clausius'sche Princip sich nicht auf die Körper A und B anwenden liesse, möglich sein, dadurch Arbeit zu leisten, dass man einem einzigen dieser Körper Wärme entzieht. Aber nach dem vorhergehenden Paragraphen könnte diese Erzeugung von Arbeit eben so gut dadurch hervorgebracht werden, dass man die Wärme von einem der Körper A' und B' nimmt, z. B. von B', dessen Temperatur nach Voraussetzung tiefer sein sollte als die von A'. Dadurch, dass wir diese Arbeit durch Reibung in Wärme umsetzten, könnten wir den Körper A' erhitzen und würden damit ohne Arbeitsaufwand Wärme von einem kälteren Körper B' auf einen wärmeren A' übertragen haben. Wenn also das Clausius'sche Gesetz für die Körper A und B falsch ist, so ist es auch falsch für die Körper A' und B', deren Temperaturen beliebig sind. Es ist somit bewiesen, dass, wenn dies Princip für zwei Körper mit bestimmten Temperaturen gilt, es auch für Körper von jeder beliebigen anderen Temperatur gelten muss.

Als wichtige Folgerung aus diesem Beweise ergibt es sich, dass das Clausius'sche Princip bei sehr hohen Temperaturen nicht ungültig sein kann, wenn es für gewöhnliche Temperaturen gilt. Da nun im letzteren Falle das Princip niemals versagt hat, so können wir es unbedenklich auch auf Körper anwenden, deren Temperaturen sehr hoch oder sehr tief sind.

Wir nehmen also die Gültigkeit des Clausius'schen Princips als bewiesen an und suchen nach den unmittelbarsten Folgerungen desselben.

Kapitel VIII.

Einige Folgerungen aus dem Princip von Carnot. Entropie. — Charakteristische Funktionen.

106. Vorzeichen der Wärmemengen, welche bei einer thermischen Maschine in Frage kommen. — Wir haben bisher angenommen, dass, wenn eine thermische Maschine im direkten Sinne wirkt und somit eine positive Arbeit τ leistet, sowohl die Wärmemenge Q_1, welche der Wärmequelle entnommen wird, als auch die Wärme Q_2, welche an die Kältequelle abgegeben wird, positiv ist. Dies ist nicht a priori klar, aber das Carnot'sche Princip lässt einen Beweis hierfür zu.

Nach dem Satze von der Aequivalenz haben wir:

$$Q_1 - Q_2 = A\,\tau\,.$$

Da nun τ positiv ist, so gilt dies auch für die Differenz $Q_1 - Q_2$, und ist Q_2 positiv, so muss es auch Q_1 sein. Es genügt also nachzuweisen, dass Q_2 nicht negativ sein kann.

Wir nehmen einmal an, Q_2 wäre wirklich negativ und hätte den Werth $-Q_2'$. Dann nimmt also die Maschine, um die Arbeit τ leisten zu können, Wärme aus beiden Quellen auf, und zwar die Menge Q_1 aus der Wärmequelle und Q_2' aus der Kältequelle. Nun können wir aber die gleiche Wärmemenge Q_2' ohne Arbeitsaufwand von der Wärmequelle zur Kältequelle übergehen lassen und so die Kältequelle wieder zu ihrem ursprünglichen Zustand zurückführen. Durch beide Operationen zusammengenommen leisten wir also eine Arbeit τ, indem wir eine Wärmemenge $Q_1 + Q_2$ einzig der Wärmequelle entnehmen. Da aber diese Folgerung dem Princip von Clausius widerspricht, kann Q_2 nicht negativ sein.

107. Einige Eigenschaften der Isothermen und Adiabaten. — Das gleiche Princip gestattet auch den Beweis für einige Eigenschaften der Isothermen und Adiabaten.

1. *Eine Isotherme und eine Adiabate können sich nicht in zwei Punkten schneiden.*

Es mögen A C B und A D B eine Isotherme und eine Adiabate darstellen, die sich in den Punkten A und B schneiden. Beschreibt nun ein Körper den geschlossenen Kreis A C B D in dem durch die Buchstaben angezeigten Sinne, dann leistet er eine positive Arbeit τ, indem er eine positive Wärmemenge Q_1 aufnimmt. Diese Grösse Q_1 ist aber gleich dem Integral $\int dQ$, das nur längs der Isotherme zu nehmen sein würde, da für jedes Element der Adiabate dQ Null ist. Wenn nun für jedes Element der Isotherme dQ einen positiven Werth hat, dann müssen wir annehmen, dass die Wärme, welche von dem sich umwandelnden Körper aufgenommen wird, von einem Körper stammt, der eine höhere Temperatur besitzt als die Isotherme. Wir würden also eine Arbeitsleistung erhalten, obwohl wir nur einer einzigen Wärmequelle Wärme entnehmen; dies widerspricht aber dem Clausius'schen Gesetze.

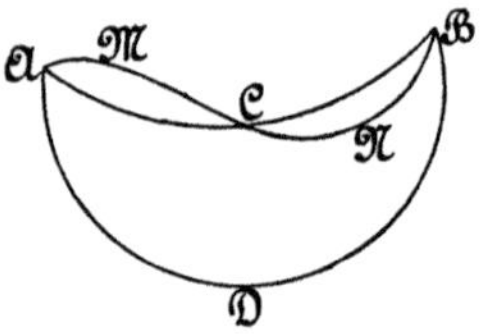

Fig. 14

Zu dem gleichen Schlusse würden wir gelangen, wenn wir annähmen, dass dQ nicht für alle Elemente der Isotherme das gleiche Vorzeichen besitzt. Wir setzen beispielsweise voraus, dQ sei zwischen A und C negativ und zwischen C und B positiv. Verbinden wir den Punkt C mit den Punkten A und B durch Kurvenbogen, die nur sehr wenig von der Isotherme abweichen, von denen jedoch der eine oberhalb, der andere unterhalb derselben liegt, dann wird dem oberhalb der Isotherme liegenden Kurvenstücke A M C eine höhere Temperatur entsprechen, als die Isotherme besitzt, dem unterhalb derselben liegenden Stücke C N B aber eine niedrigere.

Wenn nun der Körper den Kreis A M C N B D beschreibt, so wird die Arbeit, die er dabei leistet, bis auf sehr kleine Grössen $= \tau$ sein. Andererseits wird der Körper längs des Bogens A M C Wärme abgeben und längs des Bogens C N B solche aufnehmen, denn da diese Bogen der Isotherme unendlich nahe liegen, so werden sich die Grössen dQ, welche sich auf entsprechende Elemente beziehen, nur unendlich wenig von einander unterscheiden können und haben demnach das gleiche Zeichen.

Nun könnte aber die Wärme, welche längs A M C abgegeben wird, von einer Quelle aufgenommen werden, welche sich auf der Temperatur der Isotherme befindet, denn die letztere ist ja tiefer als die des Körpers, der sich längs der Kurve A M C transformirt; die Wärmeentnahme, die während der Transformation C N B stattfindet, kann aber aus derselben Quelle erfolgen, da sich der Körper dann auf einer tieferen Temperatur befindet als die Wärmequelle. Wir würden also auch in diesem Falle Arbeit mit einer einzigen Wärmequelle leisten, was unmöglich ist.

Was also auch das Vorzeichen von dQ sein möge, nie können sich adiabatische und isotherme Kurven in zwei Punkten schneiden.

108. 2. *Eine Adiabate und eine Isotherme können sich nicht berühren.*

Wäre nämlich die Adiabate D E (Fig. 15) Tangente an die Isotherme A B C, so würde sie eine unendlich nahe Isotherme A' B' C in zwei Punkten schneiden.

109. 3. *Zwei Adiabaten können sich nicht schneiden.*

Betrachten wir den Kreis, der durch die beiden im Punkte A sich schneidenden Adiabaten A B und A C sowie durch die Isotherme B C gebildet wird (cf. Fig. 16), so würden wir, wenn wir die Ueberlegung des § 107 auch hier durchführten, ebenfalls zu einer Folgerung kommen, die mit dem Princip von Clausius im Widerspruche stände.

110. 4. *Längs einer Adiabate ändert sich die Temperatur immer in demselben Sinne.*

Wäre dies nicht der Fall, so könnte an zwei Stellen der Adiabate dieselbe Temperatur herrschen und dann würde ein und dieselbe Isotherme die Adiabate in zwei Punkten schneiden.

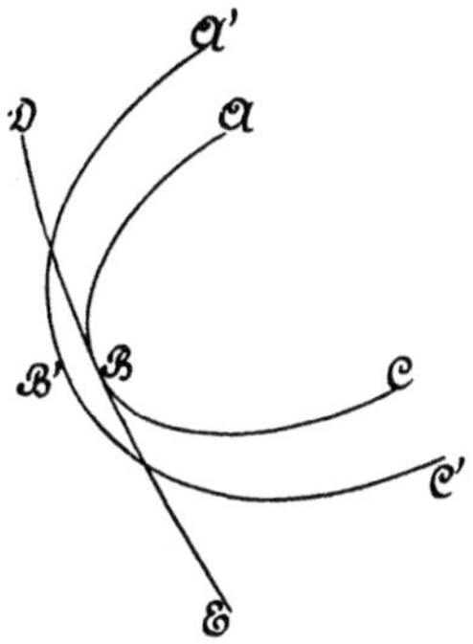

Fig. 15.

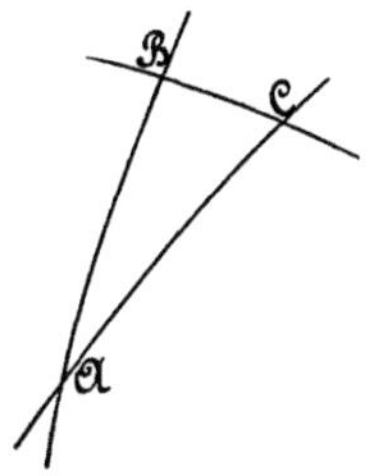

Fig. 16.

111. 5. *Längs einer Isotherme hat die Wärmemenge dQ, welche dem Körper geliefert wird und einem Elemente dieser Linie entspricht, immer dasselbe Vorzeichen.*

Die Wärmemenge dQ kann nur ihr Zeichen wechseln, wenn sie vorher Null wird; in dem Punkte aber, welcher der Grösse $dQ = 0$ entspräche, würde sie eine Adiabate berühren, was unmöglich ist.

112. Carnot'scher Kreis. — Aus diesen Eigenschaften ergibt es sich, dass zwei Isothermen und zwei Adiabaten sich nur in vier Punkten schneiden können; wir haben also einen Carnot'schen Kreis durch ein krummliniges Viereck A B C D darzustellen (Fig. 17.)

Uebrigens müssen wir hierbei noch die Hypothese einführen, dass sich zwei Isothermen nicht schneiden können. Im Allgemeinen ist diese Annahme richtig, nur bei gewissen Körpern, welche, wie das Wasser, ein Dichtemaximum besitzen, können bestimmten Werthen von p und v zwei Temperaturwerthe entsprechen; die beiden auf diese Temperaturen bezüglichen Isothermen schneiden sich also. Aber dies ist ein Ausnahmsfall, den wir unberücksichtigt lassen dürfen. Andererseits liegt darin auch keine besondere Schwierigkeit, denn wenn wir v und T an Stelle von v und p zu unabhängigen Variabeln wählten, so würden wir nur vier Schnittpunkte erhalten.

113. Wir fassen nun einen Körper in's Auge, dessen darstellender Punkt einen Carnot'schen Kreis beschreibt. Längs der Isotherme A B nimmt er eine Wärmemenge $Q_1 = \int_A^B dQ$ auf, längs der Isotherme C D gibt der Körper eine Wärmemenge $Q_2 = -\int_D^C dQ = \int_C^D dQ$ ab, wobei

$$dQ = C\frac{\partial T}{\partial v}dv + c\frac{\partial T}{\partial p}dp\,.$$

Wir wollen nun nachweisen, dass Q_1 und Q_2 positive Grössen sind.

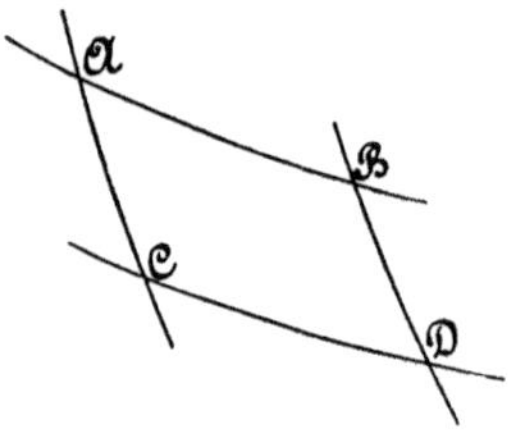

Fig. 17.

Da der Kreis in direkter Richtung durchlaufen wird, ist die geleistete Arbeit τ positiv; da nun ausserdem

$$A\,\tau = Q_1 - Q_2,$$

so ist die Differenz $Q_1 - Q_2$ ebenfalls positiv, und es kann nicht $Q_1 < 0$ und $Q_2 > 0$ sein.

Ebenso ist es unmöglich, dass Q_1 und Q_2 negativ sind, d. h. dass längs A B von dem Körper Wärme abgegeben und längs C D solche aufgenommen wird; die längs A B abgegebene Wärme Q_1 könnte nämlich in diesem Falle von einer Wärmequelle absorbirt werden, deren Temperatur T zwischen T_1 und T_2 liegt, und dieselbe Wärmequelle könnte auch die Wärmemenge Q_2 liefern, welche der Körper längs C D aufnimmt. Wir würden damit also eine thermische Maschine erhalten, die nur einer einzigen Wärmequelle bedürfte.

Es erübrigt nun noch, nachzuweisen, dass auch nicht $Q_1 > 0$ und $Q_2 < 0$ sein kann. In diesem Falle würde nämlich der Körper positive Wärmemengen längs A B und längs C D aufnehmen, diese könnten aber beide von einer Quelle geliefert werden, deren Temperatur T höher ist als T_1; wir hätten somit auch in diesem Falle eine Arbeitsleistung mit einer einzigen Wärmequelle.

Wird also der Carnot'sche Kreis in direktem Sinne beschrieben, so sind τ, Q_1 und Q_2 positive Grössen. Beschreiben wir ihn im umgekehrten Sinne, so ist τ negativ; dann wird sowohl die längs B A aufgenommene Wärme Q_1 als auch die längs D C abgegebene

Wärme Q_2 negativ sein. Wir haben übrigens schon früher (§ 39) nachgewiesen, dass man in diesem Falle annehmen darf, die Wärme Q_1 sei an die Wärmequelle von der Temperatur T_1 abgegeben und die Wärme Q_2 von der Quelle mit der Temperatur T_2 aufgenommen worden.

114. Der ökonomische Koefficient eines Carnot'schen Kreises hängt nur von den Temperaturen der Isothermen ab. — Wir wollen nochmals auf den Beweis des Carnot'schen Princips zurückkommen und uns von einem Einwurfe frei machen, der mehr scheinbare als wirkliche Bedeutung hat. Bei diesem Beweise nimmt man an, dass die Temperaturen T_1 und T_2 der beiden Isothermen dieselben sind, wie diejenigen der beiden Wärmequellen; thatsächlich kann aber ein Wärmeaustausch nur zwischen zwei Körpern von verschiedener Temperatur vor sich gehen.

Ein Carnot'scher Kreis ist vollkommen bestimmt, wenn man die Adiabaten und die Isothermen kennt, aus denen er besteht. Ist die Grundgleichung des Körpers, der sich transformirt, gegeben, so sind die Isothermen bestimmt durch ihre Temperaturen T_1 und T_2, die Adiabaten durch die entsprechenden Werthe einer der unabhängigen Variabeln, beispielsweise der specifischen Volumina v_1 und v_2. Der ökonomische Koefficient eines Carnot'schen Kreises ist also eine Funktion dieser vier Grössen T_1, T_2, v_1, v_2 und des Körpers C, der sich transformirt, da von der Natur dieses Körpers die Form der Fundamentalgleichung abhängt. Wir können daher setzen:

$$\frac{\tau}{Q_1} = f(T_1, T_2, v_1, v_2, C).$$

Diese Funktion f ist eine stetige Funktion der Grössen T_1, T_2, v_1, v_2, denn wenn man diese letzteren sich stetig ändern lässt, deformirt sich der Kreis ebenso, und demnach sind auch die Werthe von τ und Q stetig. Wir wollen nun nachweisen, dass diese Funktion nur von den Temperaturen der Isothermen abhängt.

115. Wir betrachten zwei Körper C und C', die sich zwischen denselben Wärmequellen transformiren; dieselben mögen die Kreise K und K' beschreiben und zwar den ersten im direkten, den zweiten im umgekehrten Sinne. Damit dies möglich ist, müssen die Temperaturen gewissen Ungleichungen genügen; bezeichnen wir mit T_1 und T_2 die Temperaturen der beiden Wärmequellen, mit T_1' und T_2' die Temperaturen der Isothermen des ersten Kreises, mit T_1'' und T_2'' diejenigen der Isothermen des zweiten Kreises, so muss gelten:

$$T_1'' > T_1 > T_1' > T_2' > T_2 > T_2''.$$

Wir nennen τ die vom ersten Körper geleistete Arbeit, Q_1 die Wärme, welche er der Wärmequelle entzieht, Q_2 diejenige, die er an die Kältequelle abgibt, und $-\tau', -Q_1', -Q_2'$ die Werthe der entsprechenden Grössen in dem zweiten Kreise; dann können wir zeigen, dass

$$\frac{\tau}{Q_1} \leqq \frac{\tau'}{Q_1'}.$$

Verbinden wir mit einer Maschine M, die in direktem Sinne nach dem Kreise K arbeitet, eine Maschine M', die in umgekehrtem Sinne funktionirt, und zwar nach dem Kreise K', bezeichnen wir ferner mit m und m' die Massen der Körper C und C', die sich in diesen Maschinen umformen, dann erhalten wir für die Wärme, welche von beiden Maschinen zusammengenommen der Wärmequelle entzogen wird, den Ausdruck:

$$m\,Q_1 - m'\,Q_1'.$$

Da die Wärmemengen Q_1 und Q_1' positiv sind (§ 106), so lassen sich m und m' so wählen, dass dieser Ausdruck Null wird. Dann kann aber die von beiden Maschinen geleistete Arbeit $(m\,\tau - m'\,\tau')$ nicht positiv sein, denn sonst würden wir mit einer einzigen Wärmequelle Arbeit leisten; es muss also sein:

$$m\,\tau - m'\,\tau' \leqq 0,$$

oder, wenn wir an Stelle von m und m' die Grössen $\frac{1}{Q_1}$ und $\frac{1}{Q_1'}$ setzen, welche nach der oben gemachten Annahme dieser proportional sind, dann folgt:

$$\frac{\tau}{Q_1} - \frac{\tau'}{Q_1'} \leqq 0.$$

Der ökonomische Koefficient eines im direkten Sinne beschriebenen Kreises ist also höchstens gleich dem eines Kreises, der im umgekehrten Sinne durchlaufen wird.

116. Wir wollen jetzt zwei Carnot'sche Kreise K und K' in's Auge fassen, die durch die Grössen T_1', T_2', v_1', v_2' resp. T_1'', T_2'', v_1'' v_2'' definirt sind. Der Körper C möge den ersten Kreis K in direkter Richtung durchlaufen, der Körper C' den zweiten Kreis K' in umgekehrter Richtung, während die beiden Wärmequellen wieder die Temperaturen T_1 und T_2 besitzen. Damit dies möglich ist, muss, wie bereits erwähnt

$$T_1' < T_1\,;\; T_2' > T_2\,;\; T_1'' > T_1\,;\; T_2'' < T_2$$

sein; dann aber gilt nach dem vorhergehenden Paragraphen

$$(1) \qquad f(T_1', T_2', v_1', v_2', C) \leqq f(T_1'', T_2'', v_1'', v_2'', C').$$

Nehmen wir hingegen an, dass die Temperaturen der Isothermen und der Wärmequellen folgenden Ungleichungen genügen:

$$T_1' > T_1; \quad T_2' < T_2; \quad T_1'' < T_1; \quad T_2'' > T_2,$$

dann können wir den Carnot'schen Kreis K im umgekehrten und den Kreis K' im direkten Sinne durchlaufen lassen; hierbei erhalten wir aber

$$(2) \qquad f(T_1', T_2', v_1', v_2', C) \geqq f(T_1'', T_2'', v_1'', v_2'', C').$$

Da die Funktion f stetig ist, dürfen wir T_1' und T_1'' sich T_1 nähern lassen, T_2' und T_2'' dagegen T_2, ohne dass sich dadurch die Vorzeichen der Ungleichungen (1) und (2) ändern; wir finden also im Grenzfalle

$$f(T_1, T_2, v_1', v_2', C) \leqq f(T_1, T_2, v_1'', v_2'', C')$$
$$f(T_1, T_2, v_1', v_2', C) \geqq f(T_1, T_2, v_1'', v_2'', C').$$

Diese Ungleichungen können aber nur zusammen bestehen, wenn

$$f(T_1, T_2, v_1', v_2', C) = f(T_1, T_2, v_1'', v_2'', C').$$

Der Werth der Funktion f wird demnach nicht durch die Werthe v_1 und v_2 bestimmt, und ebensowenig durch die Natur des Körpers C, d. h. die Carnot'sche Funktion hängt nur von den Temperaturen der Isothermen T_1 und T_2 ab. Wie wir bereits sahen, war auch Carnot schon zu diesem Schlusse gelangt, obgleich er sich dabei auf unrichtige Vorstellungen stützte.

117. Der ökonomische Koefficient eines beliebigen Kreises ist höchstens gleich dem eines Carnot'schen Kreises. — Es sei K ein beliebiger und K' ein Carnot'scher Kreis, die beide von denselben Wärmequellen abhängen, dann können wir den Kreis K' im umgekehrten Sinne durchlaufen lassen; hierzu genügt es, dass die Temperaturen T_1' und T_2' der Isothermen dieses Kreises die Temperaturen T_1 und T_2 der Wärmequellen einschliessen. Nach § 115 ist der ökonomische Koefficient $\frac{\tau}{Q_1}$ des Kreises K höchstens gleich dem Koefficient des Kreises K'. Dieser letztere ist aber gleich der Carnot'schen Funktion, die sich auf diesen Kreis bezieht, und die wir $f(T_1', T_2')$ schreiben dürfen, da dieselbe nur von T_1' und T_2' abhängt. Wir haben also

$$\frac{\tau}{Q_1} \leqq f(T_1', T_2').$$

Nun können wir aber die Temperaturen der Isothermen als nur unendlich wenig verschieden von denjenigen der Wärmequellen ansehen; da die Funktion f stetig ist, erhalten wir somit als Grenzwerth

$$\frac{\tau}{Q_1} \leqq f(T_1, T_2).$$

Der ökonomische Koefficient eines beliebigen Kreises ist also höchstens gleich demjenigen eines Carnot'schen Kreises, bei welchem die Temperaturen der Isothermen denen der Wärmequellen gleich sind.

118. Ausdruck für die Carnot'sche Funktion. — Wir sahen (cf. § 43), dass die Hypothese von der Erhaltung des Wärmestoffs dazu führte, die Carnot'sche Funktion als Differenz $f(T_1)-f(T_2)$ von zwei Funktionen einer Variabeln aufzufassen, und wir bemerkten bereits damals, dass diese Folgerung unrichtig sei. Wir wollen dies nun nachweisen und den Werth dieser Funktion bestimmen.

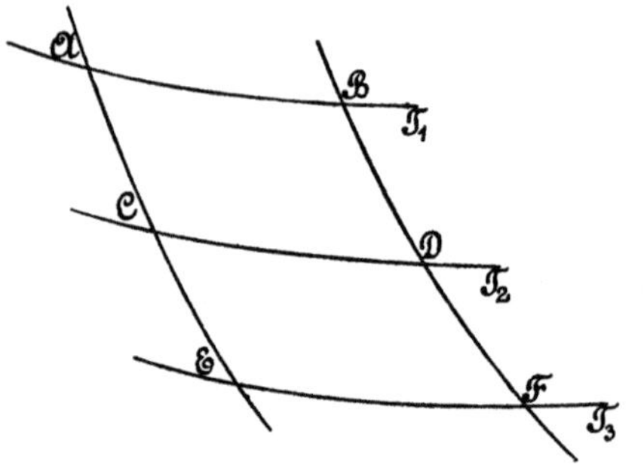

Fig. 18.

Die drei Isothermen AB, CD und EF (Fig. 18) mögen den Temperaturen T_1, T_2, T_3 entsprechen und durch die beiden Adiabaten AE und BF geschnitten werden. Ferner seien

$$Q_1 = \int_A^B dQ; \qquad Q_2 = \int_C^D dQ; \qquad Q_3 = \int_E^F dQ$$

die Wärmemengen, welche man dem sich transformirenden Körper liefern muss, wenn der darstellende Punkt die Bogen AB, CD und EF dieser Isothermen beschreibt. Für den Carnot'schen Kreis ABDC gilt nun

$$\frac{\tau}{Q_1} = f(T_1, T_2)$$

und nach dem Princip von der Aequivalenz

$$Q_1 - Q_2 = A\tau.$$

Aus diesen beiden Gleichungen erhalten wir

$$\frac{Q_2}{Q_1} = 1 - A\frac{\tau}{Q_1} = 1 - Af(T_1, T_2).$$

Wir können also schreiben

$$\frac{Q_2}{Q_1} = \varphi(T_1, T_2).$$

In gleicher Weise ergibt sich für die beiden Kreise CDFE und ABFE

$$\frac{Q_2}{Q_3} = \varphi(T_2, T_3)$$

$$\frac{Q_1}{Q_3} = \varphi(T_1, T_3).$$

Diese drei letzten Gleichungen liefern uns aber

$$\varphi(T_1, T_2) = \frac{\varphi(T_2, T_3)}{\varphi(T_1, T_3)},$$

oder, wenn wir T_3 als Konstante betrachten,

$$\varphi(T_1, T_2) = \frac{\varphi(T_2)}{\varphi(T_1)}.$$

In Folge des Werthes von φ erhalten wir demnach

$$1 - A f(T_1, T_2) = \frac{\varphi(T_2)}{\varphi(T_1)},$$

woraus sich ergibt

$$A f(T_1, T_2) = \frac{\varphi(T_1) - \varphi(T_2)}{\varphi(T_1)}.$$

In dieser Gleichung ist $f(T_1, T_2)$ positiv, denn dieser Ausdruck ist gleich $\frac{\tau}{Q_1}$ und Zähler und Nenner dieses Bruches sind gleichzeitig positiv oder negativ; demnach ist auch $\varphi(T_1) - \varphi(T_2)$ positiv, mit anderen Worten $\varphi(T)$ ist eine Funktion, die mit wachsendem T zunimmt. Nun bemerkten wir bereits früher (§ 17), dass die Temperatur eines Körpers ebenso gut definirt ist durch den Werth einer Funktion $\theta(t)$ dieser Temperatur, welche der einzigen Bedingung unterworfen ist, dass sie gleichzeitig mit t wächst, als durch die Messung der Temperatur t mittels eines Thermometers. Wir können also die Temperaturen durch die Werthe der Funktion $\varphi(T)$ bestimmen; bezeichnen wir die letzteren mit T, so erhalten wir

$$A f(T_1, T_2) = \frac{T_1 - T_2}{T_1}$$

und demnach

$$f(T_1, T_2) = E \frac{T_1 - T_2}{T_1}.$$

Dies ist der strenge Ausdruck für die Carnot'sche Funktion. Es folgt daraus für den ökonomischen Koefficient eines Carnot'schen Kreises

$$\frac{\tau}{Q_1} = E \frac{T_1 - T_2}{T_1}.$$

119. Führen wir diesen Werth der Carnot'schen Funktion in die Gleichung

$$Q_1 - Q_2 = A\tau$$

ein, die uns das Princip der Aequivalenz liefert, so erhalten wir

$$Q_1 - Q_2 = Q_1 \frac{T_1 - T_2}{T_1}$$

und demnach

$$\frac{Q_1}{T_1} - \frac{Q_2}{T_2} = 0.$$

Dies Resultat lässt sich folgendermaassen in Worte fassen: Der Werth des Integrals $\int \frac{dQ}{T}$ längs eines Carnot'schen Kreises genommen ist Null; hierbei bedeutet dQ die von dem Körper aufgenommene Wärme, wenn sein darstellender Punkt ein Element dieses Kreises durchläuft.

Da nämlich die Temperatur konstant bleibt, wenn der Punkt sich auf einer Isotherme bewegt, so erhalten wir für die Isotherme AB

$$\int \frac{dQ}{T} = \frac{1}{T_1} \int_A^B dQ = \frac{Q_1}{T_1}$$

und für die Isotherme DC

$$\int \frac{dQ}{T} = \frac{1}{T_2} \int_D^C dQ = -\frac{1}{T_2} \int_C^D dQ = -\frac{Q_2}{T_2}.$$

Längs der Adiabaten ist dQ Null; demnach reducirt sich der Werth des Integrals für den ganzen Carnot'schen Kreis auf die Summe der beiden obigen Werthe, und wir erhalten in der That

$$\int \frac{dQ}{T} = \frac{Q_1}{T_1} - \frac{Q_2}{T_2} = 0.$$

120. Theorem von Clausius. — Clausius wies nach, *dass das Integral* $\int \frac{dQ}{T}$ *auch dann Null ist, wenn ein Körper, dessen Zustand durch zwei Variabele vollkommen definirt ist, einen beliebigen geschlossenen Kreis beschreibt.*

Der Ausdruck für die Wärme, welche ein Körper bei einer elementaren Transformation verbraucht, ist (cf. § 25)

$$dQ = C \frac{\partial T}{\partial v} dv + c \frac{\partial T}{\partial p} dp.$$

Wir erhalten also für das betreffende Integral

$$\int \frac{dQ}{T} = \int \left[\frac{C}{T} \frac{\partial T}{\partial v} dv + \frac{c}{T} \frac{\partial T}{\partial p} dp \right]$$

oder

(1) $$\int \frac{dQ}{T} = \int \left[M dv + N dp \right],$$

wenn wir

$$M = \frac{C}{T} \frac{\partial T}{\partial v}, \quad N = \frac{c}{T} \frac{\partial T}{\partial p}$$

setzen.

Nun lässt sich aber das Linienintegral auf der rechten Seite unserer Gleichung (1) in ein Flächenintegral verwandeln, das sich über die von dem geschlossenen Kreise begrenzte Oberfläche erstreckt; führen wir diese Umformung aus, dann erhalten wir

$$\int \frac{dQ}{T} = \int \left(\frac{\partial M}{\partial p} - \frac{\partial N}{\partial v} \right) dp dv .$$

Zum Nachweise, dass das Integral $\int \frac{dQ}{T}$ Null ist, genügt es demnach, zu zeigen, dass für jeden Punkt innerhalb des geschlossenen Kreises gilt

(2) $$\frac{\partial M}{\partial p} - \frac{\partial N}{\partial v} = 0 .$$

Wir wollen zunächst annehmen, für ein bestimmtes Stück innerhalb dieses Kreises sei die Differenz (2) positiv; dann würden wir für einen geschlossenen Kreis, der vollständig innerhalb dieses Stückes läge, $\int \frac{dQ}{T} > 0$ erhalten, da alle Elemente des Integrals positiv wären. Nun hindert uns aber nichts, anzunehmen, dass dieser Kreis ein Carnot'scher ist, dessen zwei Adiabaten und zwei Isothermen sich so nahe sind, dass der ganze Kreis innerhalb eines beliebig kleinen Stückes der Ebene liegt. Wir kommen damit zu dem Schlusse, dass das Integral $\int \frac{dQ}{T}$ für einen Carnot'schen Kreis positiv sein kann. Dieser Schluss steht aber im Widerspruche mit dem Ergebnisse unseres letzten Paragraphen, es darf also die Differenz $\left(\frac{\partial M}{\partial p} - \frac{\partial N}{\partial v} \right)$ nicht positiv sein. Ebensowenig aber kann sie einen negativen Werth haben, denn dieselbe Ueberlegung zeigt, dass dann das Integral $\int \frac{dQ}{T}$ für einen Carnot'schen Kreis negativ sein würde. Die Gleichung (2) muss also an allen Stellen des Kreises erfüllt sein, so klein sie auch sein mögen, und das betrachtete Integral ist demnach Null.

121. Entropie. — Wir wollen stets voraussetzen, dass der Zustand des Körpers, der sich umformt, durch die beiden Variabeln p und v definirt ist, und betrachten zwei Zustände dieses Körpers, die durch die Punkte M und N (Fig. 19) bestimmt sein mögen. Mit a bezeichnen wir den Werth des Integrals $\int \frac{dQ}{T}$, wenn der darstellende Punkt auf dem Wege MPN von M nach N wandert, mit b den Werth desselben Integrals, wenn der Punkt auf dem Wege MQN dahin gelangt. Legt er diesen Weg in umgekehrter Richtung zurück, also von N nach M, dann wird der Werth des Integrals $\int \frac{dQ}{T} = -b$, da das Vorzeichen von dQ sich mit der Richtung ändert, in welcher das betreffende Element durchlaufen wird. Wir erhalten also für den geschlossenen Kreis MPNQM, der in dem durch die Buchstabenfolge angegebenen Sinne zurückgelegt wird,

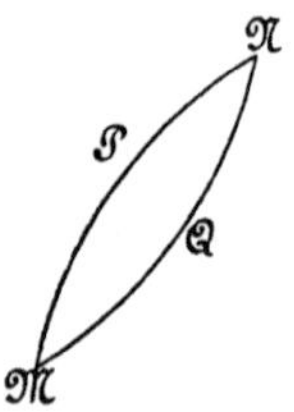

Fig. 19.

$$\int \frac{dQ}{T} = a - b.$$

Nun ist aber das Integral nach dem Satze von Clausius Null, und wir finden somit $a = b$; der Werth des Integrals $\int \frac{dQ}{T}$ hängt also nicht von den Umformungen ab, welche der Körper durchzumachen hat, um von einem zum anderen Zustande zu gelangen, sondern nur von diesen Endzuständen selbst. Mit anderen Worten: Das Integral ist eine Funktion von p und v, die nur von den Werthen abhängt, welche die Variabeln an den Grenzen besitzen.

Diese Funktion hat den Namen Entropie des Körpers erhalten; die Entropie S eines Körpers ist also bis auf eine Konstante bestimmt; ihr Differential ist

$$dS = \frac{dQ}{T}.$$

Führen wir diesen Begriff der Entropie in den Clausius'schen Satz ein, so erhält derselbe die Fassung: *Wenn ein Körper, dessen Zustand durch zwei Variabele vollständig bestimmt ist, einen geschlossenen Kreis durchläuft, so ist seine Entropie Null.*

122. Die Entropie eines isolirten Systems wächst fortwährend. Die Entropie S eines Systems ist die Summe

$$S = S_1 + S_2 + S_3 + \dots S_n$$

der Entropien der Körper A_1, A_2, $A_3 \ldots . A_n$, aus welchen das System besteht. Wir wollen nun nachweisen, dass, wenn ein isolirtes System sich transformirt, seine Entropie konstant wächst.

Bei einer beliebigen Umformung des Systems kann sich die Entropie eines der Körper nur dann ändern, wenn derselbe Wärme aufnimmt, gleichviel ob dieselbe nun durch Reibung auf Kosten der lebendigen Kraft des Systems entstanden ist, oder ob sie durch Leitung oder Strahlung anderen Körpern entnommen wird, die aber dem System selbst angehören müssen, da dasselbe nach unserer Voraussetzung isolirt sein sollte. Die Vernichtung von Arbeit durch Reibung vermehrt die Entropie der reibenden Körper, denn diese Körper erhalten dadurch eine Zufuhr von Wärme, und demnach ist für dieselben $dS_1 = \frac{dQ_1}{T_1}$ eine positive Grösse. Wenn andererseits ein dem System angehöriger Körper durch Leitung oder Strahlung Wärme aufnimmt, dann kann er dieselbe nur den anderen Körpern des Systems entnehmen, deren Temperatur höher ist, als die eigene, und nur an solche Wärme abgeben, die eine tiefere Temperatur besitzen. Es ist demnach noch nachzuweisen, dass die Entropie des Systems sich vermehrt, wenn ein Wärmeübergang von einem wärmeren zu einem kälteren Körper stattfindet.

Es möge T_1 die Temperatur des einen dieser beiden Körper sein, und dQ_1 die Wärmemenge, welche er erhält, T_2 und dQ_2 die entsprechenden Werthe für den anderen Körper; ferner sei $T_1 > T_2$, dann ist dQ_1 negativ und dQ_2 positiv, ausserdem

$$dQ_1 = -dQ_2,$$

da der Wärmeaustausch ohne Arbeitsleistung vor sich geht. Die Aenderung der Summe der Entropien beider Körper ist nun

$$dS_1 + dS_2 = \frac{dQ_1}{T_1} + \frac{dQ_2}{T_2},$$

oder wegen der Beziehung zwischen dQ_1 und dQ_2:

$$dS_1 + dS_2 = dQ_2\left(\frac{1}{T_2} - \frac{1}{T_1}\right).$$

Nun ist nach unserer Annahme dQ_2 positiv, der Faktor

$$\left(\frac{1}{T_2} - \frac{1}{T_1}\right)$$

ebenfalls, demnach findet thatsächlich eine Entropievermehrung des Systems statt.

123. Das Clausius'sche Theorem als zweiter Wärmesatz. — Das Theorem von Clausius kann auch mit dem zweiten Wärmesatze identificirt werden.

Wäre es nämlich möglich, mit einer einzigen Wärmequelle Arbeit zu leisten, dann würden nach einer Reihe von Umformungen alle Körper des Systems ihren ursprünglichen Zustand wieder annehmen können, bis auf die Wärmequelle, welcher die Wärme entnommen wurde. Die Entropie dieser letzteren müsste sich also vermindern, während die Entropien aller übrigen Körper ihre ursprünglichen Werthe wieder annehmen würden; demnach würde sich in diesem Falle die gesammte Entropie des Systems vermindern, was nach der Folgerung, die wir soeben aus dem Clausius'schen Satze abgeleitet haben, unmöglich ist. Man kann also Arbeit nicht mit einer einzigen Wärmequelle leisten.

Da wir nun nachgewiesen haben, dass die beiden Formen des Clausius'schen Axioms ganz dasselbe aussagen und der Lehrsatz von Carnot sich aus jeder dieser Formen ableiten lässt, so ergibt sich unmittelbar aus dem Vorhergehenden, dass ebensowohl der frühere Satz von Clausius wie die Carnot'sche Fassung desselben sich aus dem Clausius'schen Satze von der Entropie folgern lassen. Wir wollen nun direkt zeigen, dass der Satz von Carnot eine Folge des letzteren ist.

124. Wir fassen einen Carnot'schen Kreis in's Auge und bezeichnen mit Q_1 die Wärmemenge, welche der Wärmequelle entnommen wird, deren Temperatur T_1 mit der Temperatur einer Isotherme des Kreises übereinstimmt, mit Q_2 die an die Kältequelle abgegebene Wärmemenge; die Temperatur T_2 dieser Kältequelle möge auch die Temperatur der anderen Isotherme sein.

Nun haben wir nach dem Theorem von Clausius:

$$\int \frac{dQ}{T} = \frac{Q_1}{T_1} - \frac{Q_2}{T_2} = 0,$$

und demnach:

$$\frac{Q_1 - Q_2}{Q_1} = \frac{T_1 - T_2}{T_1}$$

oder

$$\frac{\tau}{Q_1} = \frac{1}{A} \cdot \frac{T_1 - T_2}{T_1};$$

der ökonomische Koefficient eines Carnot'schen Kreises hängt also nur von den Temperaturen der Isothermen ab, ein Resultat, das mit dem Carnot'schen Theorem übereinstimmt.

Um den Beweis dieses Theorems zu vervollständigen, müssen wir noch zeigen, dass der ökonomische Koefficient eines beliebigen geschlossenen Kreises nicht grösser sein kann als derjenige eines Carnot'schen Kreises.

Die Wärmemenge dQ, welche von dem sich transformirenden Körper während einer Elementarumwandlung verbraucht wird, kann aufgefasst werden als die Differenz

$$dQ = dQ_1 - dQ_2$$

zwischen der Wärmemenge dQ_1, welche der Wärmequelle entnommen wird, und der Wärme dQ_2, welche an die Kältequelle abgegeben wird. Nehmen wir dQ_1 als positiv an, dann muss die Temperatur T_1 der Wärmequelle höher sein als die Temperatur T des Körpers, welcher die Wärme entnimmt; wir haben also

$$dQ_1\left(\frac{1}{T} - \frac{1}{T_1}\right) > 0.$$

Setzen wir dQ_1 als negativ voraus, d. h., nehmen wir an, dass der sich transformirende Körper an die Wärmequelle Wärme abgibt, dann muss die Temperatur T_1 der Wärmequelle niedriger sein als die Temperatur T des Körpers; die Faktoren der linken Seite der Ungleichung sind also beide negativ und die Ungleichung wird auch dann noch erfüllt. Hieraus aber erhalten wir

$$\int \frac{dQ_1}{T} > \int \frac{dQ_1}{T_1},$$

oder, da die Temperatur T_1 der Wärmequelle konstant ist:

$$\int \frac{dQ_1}{T} > \frac{Q_1}{T_1}; \tag{1}$$

hierbei bezeichnet Q_1 die gesammte Wärmemenge, welche der Wärmequelle entnommen wird, wenn der Körper den ganzen Kreis beschreibt.

Auf ganz gleiche Weise lässt sich nachweisen, dass

$$dQ_2\left(\frac{1}{T} - \frac{1}{T_2}\right) < 0,$$

wie auch das Vorzeichen von dQ_2 sein möge.

Hieraus ergibt sich aber:

$$\int \frac{dQ_2}{T} < \frac{Q_2}{T_2}. \tag{2}$$

Ersetzen wir nun in der Gleichung, welche uns das Clausiussche Theorem liefert,

$$\int \frac{dQ}{T} = \int \frac{dQ_1}{T} - \int \frac{dQ_2}{T} = 0,$$

die Integrale durch die rechten Seiten der Ungleichungen (1) und (2), so erhalten wir

$$\frac{Q_1}{T_1} - \frac{Q_2}{T_2} < 0.$$

Aus dieser Ungleichung aber folgt:

$$\frac{Q_1 - Q_2}{Q_1} < \frac{T_1 - T_2}{T_1},$$

oder

$$\frac{\tau}{Q_1} < \frac{1}{A} \cdot \frac{T_1 - T_2}{T_1};$$

dies zeigt, dass der ökonomische Koefficient eines beliebigen geschlossenen Kreises kleiner ist als derjenige eines Carnot'schen Kreises.

125. Charakteristische Funktionen von Massieu. — Das Theorem von Clausius veranlasste uns zur Einführung einer neuen, vom Zustande des Systems abhängigen Funktion, nämlich seiner Entropie S.

Wählen wir also als unabhängige Variabele, welche den Zustand des Systems bestimmen, den Druck p und das specifische Volumen v, dann haben wir in den Anwendungen drei Funktionen dieser Variabeln zu betrachten: Die Temperatur T, die innere Energie U und die Entropie S.

Die beiden Fundamentalsätze der Wärmetheorie liefern nun zwei Gleichungen zwischen U, S und den Variabeln; es könnte also scheinen, als ob die Kenntniss einer der Funktionen T, U, S gestatten würde, die beiden anderen als Funktionen der Variabeln zu bestimmen. Da jedoch die beiden Fundamentalgleichungen partielle Differentialgleichungen sind, so ist eine solche Bestimmung unmöglich.

Nun hat Massieu nachgewiesen: Wenn man als unabhängige Variabele v und T oder p und T wählt, so gibt es eine im Uebrigen unbekannte Funktion, aus welcher sich die drei anderen Funktionen der Variabeln p, U, S resp. v, U, S leicht ableiten lassen. Massieu nannte diese Funktion, deren Form von der Wahl der Variabeln abhängt, charakteristische Funktion.

126. Wir wählen v und T als unabhängige Variabeln und suchen die entsprechende charakteristische Funktion.

Das Princip der Aequivalenz liefert uns die Gleichung

$$dQ = dU + Apdv,$$

das Clausius'sche Princip

$$\frac{dQ}{T} = dS;$$

hieraus ergibt sich:

$$T\,dS - dU = Apdv,$$

oder

$$d(T\,S) - dU = S\,dT + Apdv.$$

Setzen wir

$$H = TS - U,$$

so wird diese Gleichung

$$dH = S\,dT + Apdv.$$

Wir finden somit:

$$S = \frac{\partial H}{\partial T}$$

$$Ap = \frac{\partial H}{\partial v}$$

$$U = T\,S - H = T\frac{\partial H}{\partial T} - H.$$

Die Funktion H gestattet demnach, die Funktionen p, U, S der gewählten Variabeln zu bestimmen; es ist dies also wirklich die charakteristische Funktion von Massieu.

127. Nimmt man p und T zu unabhängigen Variabeln, dann ist die charakteristische Funktion

$$H' = H - Apv.$$

Wir erhalten nämlich:

$$dH' = dH - Apdv - Avdp,$$

oder, wenn wir dH durch seinen oben bestimmten Ausdruck ersetzen:

$$dH' = S\,dT - Avdp;$$

hieraus folgen für S und v die Werthe:

$$S = \frac{\partial H'}{\partial T}; \qquad Av = -\frac{\partial H'}{\partial p}.$$

Für die innere Energie U ergibt sich dann:

$$U = TS - H = T\,S - H' - Apv,$$

oder

$$U = T\frac{\partial H'}{\partial T} - H' + p\frac{\partial H'}{\partial p}.$$

Da man aus den Massieu'schen Funktionen die anderen Funktionen der unabhängigen Variabeln ableiten kann, so lassen sich alle Gleichungen der Wärmetheorie so schreiben, dass sie nur diese Funktionen und ihre Differentialquotienten enthalten; hieraus wird sich in gewissen Fällen eine bedeutende Vereinfachung ergeben. Wir werden bald von diesen Funktionen eine wichtige Anwendung machen.

Kapitel IX.

Untersuchung der Gase.

128. Die verschiedenen Arten der Ausdehnung von Gasen. — In dem Kapitel V, das die Bestätigung des Princips von der Aequivalenz mit Hülfe der Gase behandelt, haben wir bereits einige Eigenschaften dieser Fluida erwähnt, und gefunden, dass bei Anwendung des Mariotte'schen und Gay-Lussac'schen Gesetzes die isotherme Ausdehnung eines Gases durch die Kurve

$$pv = \text{Const.}$$

dargestellt wird, während die Gleichung für die darstellende Kurve einer adiabatischen Ausdehnung lautet

$$pv^{\frac{C}{c}} = \text{Const.}$$

Es soll hierbei hervorgehoben werden, dass bei einer adiabatischen Ausdehnung $\int \frac{dQ}{T}$ Null ist, da dQ für jede elementare Umwandlung Null ist. Die Entropie des Gases bleibt also während einer adiabatischen Transformation konstant; man bezeichnet daher eine solche Transformation auch als „isentropische Ausdehnung“.

Wir haben bereits auch eine dritte Art der Ausdehnung der Gase untersucht, nämlich die Ausdehnung, wie sie beim Joule'schen Versuche vor sich geht (cf. § 66). Bei der letzteren nimmt das Gas weder Wärme auf, noch gibt es nach Aussen Wärme ab; diese Ausdehnung nähert sich also der isentropischen. Gleichwohl sind beide nicht zu verwechseln, denn wir haben schon darauf aufmerksam gemacht (§ 68), dass der Joule'sche Versuch zwei Phasen umfasst: bei der einen kühlt sich das Gas ab, indem seine Moleküle einen Zuwachs an lebendiger Kraft erhalten, bei der zweiten wird diese Vermehrung der lebendigen Kraft unter Erzeugung von Wärme wieder zerstört. Ausserdem ist die isentropische Ausdehnung umkehrbar (cf. § 37), die Ausdehnung der Gase beim Joule'schen Versuche aber nicht, da bei dieser Ausdehnung das Gas keine Arbeit leistet, während man, um das Gas auf sein ursprüngliches Volumen zurückzuführen, dasselbe zusammendrücken und somit eine Arbeit leisten müsste. Dies liess sich übrigens voraussehen, denn bei der zweiten Phase des Versuches reiben die Moleküle aneinander, die Erzeugung der Wärme durch Reibung ist aber kein umkehrbarer Process. Diese besondere Art der Ausdehnung heisst isodynamische Ausdehnung. Da während der Zeit ihrer Wirksamkeit äussere Arbeit weder geleistet noch zerstört wird, so ändert sich die innere Energie des Gases nicht.

Somit sind die drei Arten der Ausdehnung, die wir soeben betrachtet haben, durch die drei Gleichungen charakterisirt

$$\mathrm{T} = \text{Const.}, \qquad \mathrm{S} = \text{Const.}, \qquad \mathrm{U} = \text{Const.},$$

d. h. man erhält ihre Gleichungen, wenn man ausdrückt, dass die Funktionen T, S, U der unabhängigen Variabeln p und v konstant sind.

129. Gesetze, welche die vollkommenen Gase charakterisiren. Die Gase gehorchen sehr angenähert den drei Gesetzen von Mariotte, Joule und Gay-Lussac. Als vollkommenes Gas fasst man eben ein solches hypothetisches Fluidum auf, das diesen Gesetzen vollständig unterworfen ist.

Es genügt aber auch zur Definition eines vollkommenen Gases, dass es den Gesetzen von Mariotte und Joule gehorcht; wir können nämlich nachweisen, dass, wenn diese beiden Gesetze erfüllt werden, dasjenige von Gay-Lussac ebenfalls gilt.

Die Wärmemenge, welche man einem Körper bei einer elementaren Umwandlung zuführen muss, ist nach dem Princip von der Aequivalenz

$$d\mathrm{Q} = d\mathrm{U} + \mathrm{A}p\,dv.$$

Wir erhalten also für die Aenderung der Entropie des Körpers

$$(1) \qquad d\mathrm{S} = \frac{d\mathrm{Q}}{\mathrm{T}} = \frac{d\mathrm{U}}{\mathrm{T}} + \frac{\mathrm{A}p}{\mathrm{T}}\,dv.$$

Nun ist nach dem Joule'schen Gesetze die innere Energie eines Gases nur eine Funktion seiner Temperatur, $\mathrm{U} = \varphi(\mathrm{T})$; demnach stellt der Ausdruck

$$\frac{d\mathrm{U}}{\mathrm{T}} = \frac{\varphi'(\mathrm{T})}{\mathrm{T}}\,d\mathrm{T}$$

ein vollständiges Differential dar; andererseits ist aber auch dS ein solches, demnach muss nach Gleichung (1) $\frac{Ap}{T}\,dv$ ebenfalls ein vollständiges Differential sein. Dies ist aber nur dann der Fall, wenn $\frac{p}{T}$ von v allein abhängt; wir setzen demnach

$$p\,\psi(v) = T. \tag{2}$$

Da wir ferner annehmen, dass das Gas das Mariotte'sche Gesetz befolgt, so haben wir

$$pv = \chi(T). \tag{3}$$

Die beiden Gleichungen (2) und (3) können aber nur unter der Voraussetzung zusammen bestehen, dass

$$\chi(T) = RT, \qquad \psi(v) = \frac{v}{R},$$

wobei R eine Konstante bezeichnet, die nur von der Natur des Gases abhängt. Ist dies der Fall, dann haben wir auch

$$pv = RT.$$

Wir finden also auf diese Weise die Grundgleichung wieder, zu der wir früher (§ 21) dadurch gelangten, dass wir die Gültigkeit des Mariotte'schen und Gay-Lussac'schen Gesetzes annahmen. Sie lehrt uns, dass bei konstantem Drucke das Volumen eines Gases seiner absoluten Temperatur proportional ist. Demnach muss der Ausdehnungskoefficient für alle idealen Gase die gleiche Grösse haben, und eben dies sagt das Gay-Lussac'sche Gesetz aus.

130. Es ist hierbei zu bemerken, dass es zur Definition eines vollkommenen Gases nicht genügen würde, wenn dasselbe die Gesetze von Mariotte und Gay-Lussac erfüllt, denn ein Gas, welches diesen beiden Gesetzen unterliegt, braucht deshalb noch nicht das Joule'sche Gesetz zu befolgen. Man muss vielmehr, um dies Gesetz aus den beiden anderen ableiten zu können, noch die weitere Annahme machen, dass die specifischen Wärmen von der Temperatur unabhängig sind (was für die natürlichen Gase bei den höheren Temperaturen nicht immer der Fall zu sein scheint, cf. § 66).

Wir wollen gleichwohl nachweisen, dass man mit Hilfe dieser Hypothese und des Princips von der Aequivalenz wieder zum Joule-schen Gesetz gelangt.

Das Princip von der Aequivalenz liefert uns

$$dU = dQ - A\,p\,dv$$

oder

$$dU = C\frac{\partial T}{\partial v}dv + c\frac{\partial T}{\partial p}dp - Apdv.$$

Ersetzen wir C durch seinen aus dem § 65 entnommenen Werth

$$C - c = AR,$$

dann erhalten wir

$$dU = c\frac{\partial T}{\partial v}dv + c\frac{\partial T}{\partial p}dp + AR\frac{\partial T}{\partial v}dv - Apdv.$$

Da nun das Gas den Gesetzen von Mariotte und Gay-Lussac unterworfen sein sollte, so ist

$$pv = RT$$

und demnach

$$pdv = R\frac{\partial T}{\partial v}dv.$$

Die beiden letzten Glieder des Ausdrucks für dU heben sich also auf und wir erhalten

$$dU = cdT.$$

Hieraus aber ergibt sich unter der Annahme, dass c von der Temperatur unabhängig ist.

$$U = cT.$$

Die innere Energie des Gases würde also nur von der Temperatur abhängen, wie es das Joule'sche Gesetz verlangt.

131. Das Joule'sche Gesetz ist nur annäherungsweise richtig. Da sich den Gesetzen von Mariotte und Gay-Lussac erfahrungsgemäss die natürlichen Gase nur mehr oder weniger nähern, so ist anzunehmen, dass auch das Joule'sche Gesetz nur angenäherte Gültigkeit besitzt.

Die Versuche von Regnault über die Kompressibilität der Gase bei verschiedenen Temperaturen beweisen, dass dies Gesetz auf die natürlichen Gase nicht strenge anwendbar ist.

Sehen wir das Joule'sche Gesetz als gültig an, dann muss nach § 129, wenn wir mit $\psi(v)$ eine Funktion des specifischen Volumens bezeichnen, die Gleichung gelten

$$p\psi(v) = T.$$

Demnach wird die Beziehung zwischen dem Druck und dem specifischen Volumen eines Gases bei konstant bleibender Temperatur gegeben durch

$$p\psi(v) = \text{Const.}$$

Nun lassen sich nach den Versuchen von Regnault alle Gase bis auf den Wasserstoff bei den gewöhnlichen Temperaturen stärker zusammendrücken, als es das Mariotte'sche Gesetz angibt, während sie bei wachsender Temperatur diesem Grenzwerthe immer mehr zustreben. Da nun das Mariotte'sche Gesetz durch die Gleichung $pv = \text{Const.}$ charakterisirt ist, so zeigen diese Versuche, dass sich bei gewöhnlichen Temperaturen $\psi(v)$ mit dem Drucke rascher ändert als v, und dass es bei höheren Temperaturen nahezu proportional v wird. Die Funktion $\psi(v)$ hängt also von der Temperatur ab, und diese Thatsache besagt, dass das Joule'sche Gesetz ungenau ist.

Uebrigens haben auch direkte Versuche von Joule und Sir W. Thomson gezeigt, dass die wirklichen Gase diesem Gesetze nicht genau folgen. Bevor wir jedoch diese Versuche beschreiben und deren Resultate angeben, wollen wir noch das Strömen der flüssigen oder gasförmigen Fluida in einem Kanal untersuchen.

132. Strömen der Flüssigkeit in einem Kanale. — Wir fassen eine Flüssigkeit in's Auge, die sich in einem Kanale bewegt, und

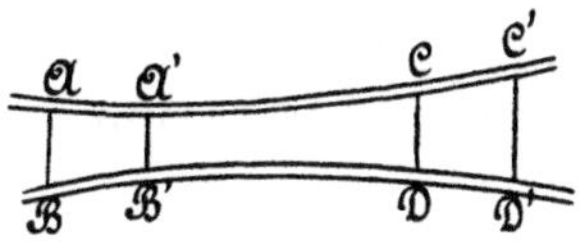

Fig. 20.

nehmen an, dass dieselbe einen stationären Zustand erreicht habe, d. h. dass die Variabeln, welche den Zustand der Flüssigkeit definiren, von der Zeit nicht abhängen. Es sei ABCD (Fig. 20) zur Zeit t die Lage einer gewissen Masse der Flüssigkeit, die wir gleich der Einheit setzen wollen; nach Verlauf eines unendlich kleinen Zeitintervalls dt möge diese Masse das Volumen A'B'C'D' einnehmen.

Da wir vorausgesetzt haben, dass der Zustand stationär geworden ist, so haben die Massen, die in den Volumina ABA'B' und CDC'D' enthalten sind, die gleiche Grösse dm. Bezeichnen wir mit φ_0 die Geschwindigkeit des Fluidum im Querschnitte AB und mit φ_1 den entsprechenden Werth für CD, dann ist die Entfernung der Ebenen AB und $A'B' = \varphi_0 dt$, diejenige der Ebenen CD und $C'D' = \varphi_1 dt$. Nennen wir ω_0 und ω_1 die Oberflächen der Querschnitte AB und CD, so finden wir für die Volumina ABA'B' und CDC'D'

$$\omega_0 \varphi_0 dt \quad \text{und} \quad \omega_1 \varphi_1 dt,$$

und, wenn v_0 und v_1 die Werthe des specifischen Volumens der Flüssigkeit in den betreffenden Punkten bedeuten, so erhalten wir für die entsprechenden Massen

$$dm = \frac{\omega_0 \varphi_0 dt}{v_0} \text{ und } dm = \frac{\omega_1 \varphi_1 dt}{v_1}.$$

Da nun diese Massen einander gleich sind, so folgt

$$\frac{\omega_0 \varphi_0}{v_0} = \frac{\omega_1 \varphi_1}{v_1}.$$

oder, wenn wir mit ω, φ, v den Querschnitt des Kanals, die Geschwindigkeit des Fluidum und das specifische Volumen desselben in einem beliebigen Punkte bezeichnen,

$$\frac{\omega \varphi}{v} = \text{Const.}$$

Diese Gleichung nennt man die Kontinuitätsgleichung.

133. Eine zweite Gleichung liefert uns das Princip von der Erhaltung der Energie. Die äusseren Kräfte reduciren sich auf den Druck, der auf den Oberflächen der Flüssigkeit ABCD lastet, und auf die Schwere. Wir nennen $d\tau$ die Arbeit, welche dieser Druck leistet, und $-d\mathrm{V}$ diejenige, welche von der Schwere herrührt; dann ist offenbar $d\mathrm{V}$ ein vollständiges Differential. Legen wir nun den Buchstaben E, Q, U, W dieselbe Bedeutung bei, wie in den früheren Kapiteln, dann erhalten wir

$$\text{(1)} \qquad \mathrm{E}d\mathrm{Q} + d\tau = \mathrm{E}d\mathrm{U} + d\mathrm{V} + d\mathrm{W}.$$

Wir wollen nun jede der Grössen bestimmen, die in dieser Gleichung auftreten.

Das Differential $d\mathrm{V}$ ist gleich der Variation der potentiellen Energie, die von der Schwere herrührt. Im Augenblicke t ist diese Energie gleich der Summe aus der Energie der Flüssigkeit im Volumen ABA'B' und der Flüssigkeit im Volumen A'B'CD; zur Zeit $t + dt$ setzt sie sich zusammen aus der Energie der Flüssigkeit im Volumen A'B'CD und derjenigen im Volumen CDC'D'. Nennen wir nun z_0 die Entfernung des Schwerpunktes der Masse ABA'B' über einer Horizontalebene, die wir zur XY-Ebene wählen, und z_1 die Entfernung des Schwerpunktes der Masse CDC'D' über derselben Ebene, dann ist

$$d\mathrm{V} = g\,dm\,(z_1 - z_0).$$

Die Variation $d\mathrm{W}$ der halben lebendigen Kraft wird

$$d\mathrm{W} = \frac{dm}{2}(\varphi_1^2 - \varphi_0^2).$$

Für die Variation der inneren Energie erhalten wir den Werth

$$d\mathrm{U} = dm\,(\mathrm{U}_1 - \mathrm{U}_0)$$

wenn wir mit U_0 die auf die Masseneinheit bezogene innere Energie der Flüssigkeit im Volumen $ABA'B'$ bezeichnen und mit U_1 den Werth derselben Grösse für die Flüssigkeit im Volumen $CDC'D'$.

134. Wir wollen nun die Arbeit $d\tau$ des äusseren Druckes berechnen. Die einzigen Drucke, welche Arbeit leisten, sind diejenigen, welche auf AB und CD ausgeübt werden. Bezeichnen wir mit p_0 und p_1 ihre Werthe in Bezug auf die Oberflächeneinheit, dann ist die Arbeit, welche durch die Verschiebung von AB geleistet wird

$$p_0 \omega_0 \varphi_0 dt = p_0 v_0 dm$$

und diejenige, welche sich bei der Verschiebung von CD ergibt

$$-p_1 \omega_1 \varphi_1 dt = -p_1 v_1 dm .$$

Wir erhalten also

$$d\tau = (p_0 v_0 - p_1 v_1)\, dm .$$

In diese Berechnung tritt die Arbeit, welche von der Reibung der Flüssigkeit an den Kanalwänden herrührt, nicht ein. Wir können sie jedoch ebenfalls berücksichtigen, und zwar genügt es zu diesem Zwecke, das System zu betrachten, welches aus der Flüssigkeit und dem Kanal besteht, in dem sich die Flüssigkeit bewegt. Die Reibung findet in diesem Falle noch innerhalb des betrachteten Systems statt, und man braucht sie bei dem Ausdruck für die Arbeit der äusseren Kräfte nicht besonders in Rechnung zu ziehen. Dann aber ist *unter dQ die Wärmemenge zu verstehen, welche an das aus der Flüssigkeit und dem Kanal gebildete System abgegeben wird, und nicht diejenige, welche die Flüssigkeit allein aufnimmt.*

Ersetzen wir in der Gleichung (1), die uns das Princip von der Aequivalenz liefert, $d\tau$, dU, dV und dW durch die eben gefundenen Werthe, dann erhalten wir nach Division mit dm

$$(2) \quad E\frac{dQ}{dm} = E(U_1 - U_0) + g(z_1 - z_0) + \frac{1}{2}(\varphi_1^2 - \varphi_0^2) + (p_1 v_1 - p_0 v_0) .$$

Es bleibt also nur noch der Ausdruck $\frac{dQ}{dm}$ zu bestimmen; diesen können wir schreiben

$$\frac{dQ}{dm} = \frac{\frac{\partial Q}{\partial t}}{\frac{\partial m}{\partial t}} .$$

Hieraus folgt, dass $\frac{dQ}{dm}$ in zwei Fällen zu vernachlässigen sein wird, nämlich, wenn $\frac{\partial Q}{\partial t}$ sehr klein ist, d. h. wenn die Wände des Kanals die Wärme schlecht leiten, oder, wenn $\frac{\partial m}{\partial t}$ sehr gross ist, d. h. wenn das Strömen der Flüssigkeit sehr rasch erfolgt.

135. Anwendung auf Flüssigkeiten. — Die Flüssigkeiten darf man als inkompressibel auffassen; demnach ist das specifische Volumen v konstant. Hieraus ergibt sich, dass die Formel

$$dQ = Ap\,dv + dU,$$

welche bei einer beliebigen Flüssigkeit die von der Masseneinheit aufgenommene Wärmemenge angibt, übergeht in

$$dQ = dU.$$

Nun wird diese Wärme zum Theil von Körpern ausserhalb des Systems geliefert, zum Theil durch die Reibung der Flüssigkeit an den Wänden. Wir wollen den ersten Theil mit dQ_0, den zweiten mit dQ_1 bezeichnen. Dann erhalten wir, wenn wir die Variation dU der inneren Energie durch ihren Werth $dm\,(U_1 - U_0)$ ersetzen,

$$dQ_0 + dQ_1 = dm\,(U_1 - U_0).$$

Die Wärme dQ, welche in der Gleichung (1) auftritt, wird aber dem System durch die ausserhalb befindlichen Körper zugeführt, es ist also dieselbe Grösse, welche wir in der obigen Gleichung mit dQ_0 bezeichneten. Bestimmen wir also aus der letzteren $\frac{\partial Q}{\partial m}$ und führen den so gefundenen Werth in die Gleichung (2) ein, dann erhalten wir nach einer kleinen Vereinfachung

$$-E\frac{\partial Q_1}{\partial m} = g\,(z_1 - z_0) + \frac{1}{2}\,(\varphi_1^2 - \varphi_0^2) + v\,(p_1 - p_0).$$

Dies ist die Gleichung von Bernoulli. Die Grösse $E\frac{\partial Q_1}{\partial m}$ bezeichnet man als den durch Reibung hervorgerufenen Energieverlust.

136. Anwendung auf Gase. — Bei den Gasen können wir die Wirkung der Schwere vernachlässigen, deshalb verschwindet das Glied $g\,(z_1 - z_0)$ aus der Gleichung (2). Wir wollen nun einen isothermen Gasstrom untersuchen und dabei voraussetzen, dass wir es mit einem vollkommenen Gase zu thun haben, und dass die Reibung Null ist.

Wenn wir das Fluidum, welches das Volumen ABCD einnimmt, in gleiche Abschnitte von der Masse dm zerlegen, so wird am Ende eines jeden Zeitintervalls dt jeder dieser Abschnitte an die Stelle des folgenden gerückt sein. Die Wärmemenge, welche während dieser Zeit jedem Abschnitte zugeführt wird, ist gegeben durch

$$dQ = dm\,(Ap\,dv + dU).$$

Da der Strom isotherm verläuft, ist dU Null, denn nach dem Joule'schen Gesetze ist U nur eine Funktion der Temperatur und behält demnach denselben Werth, wenn die Temperatur konstant bleibt. Andererseits erhalten wir aus der Fundamentalgleichung

$$pv = \mathrm{RT}$$

die Gleichung

$$p\,dv = \mathrm{RT}\,\frac{dv}{v}.$$

Demnach wird

$$dQ = dm\,\mathrm{ART}\,\frac{dv}{v},$$

und durch Integration über das Volumen ABCD erhalten wir für die der Masseneinheit des Gases zugeführte Wärmemenge

$$dQ = \int dm\,\mathrm{ART}\,\frac{dv}{v}.$$

Nun ist dm konstant, ebenso T, wir können also schreiben

$$\frac{dQ}{dm} = \mathrm{ART}\int\frac{dv}{v} = \mathrm{ART}\,[\ln v_1 - \ln v_2].$$

Führen wir diesen Werth von $\frac{dQ}{dm}$ in die Gleichung (2) ein und berücksichtigen dabei, dass nach dem Joule'schen Gesetze $\mathrm{U}_1 - \mathrm{U}_0 = 0$ und nach dem Mariotte'schen Gesetze $p_1 v_1 - p_0 v_0 = 0$, so folgt

$$\mathrm{RT}\,[\ln v_1 - \ln v_2] = \frac{1}{2}(\varphi_1^2 - \varphi_0^2).$$

Dies ist die Gleichung zwischen dem specifischen Volumen und der Geschwindigkeit beim isothermen Strömen der Gase.

137. Wir gehen nun zu dem Falle über, wo dem Gase von Aussen keine Wärme zugeführt wird, wo also das Strömen adiabatisch vor sich geht. Die Formel (2) gibt dann, wenn man die Grössen mit gleichem Index auf dieselbe Seite der Gleichung bringt:

$$\mathrm{EU}_1 + \frac{\varphi_1^2}{2} + p_1 v_1 = \mathrm{EU}_0 + \frac{\varphi_0^2}{2} + p_0 v_0$$

oder

$$\mathrm{EU} + \frac{\varphi^2}{2} + pv = \mathrm{Const.} \tag{3}$$

Diese Formel setzt weder voraus, dass die Reibung des Gases an den Wänden Null sei, noch auch, dass wir es mit einem vollkommenen Gase zu thun haben. Wir wollen nun diese beiden Annahmen noch einführen.

Das Gas kann dann keine Wärme absorbiren, weil es weder von Aussen noch auch durch Reibung solche aufnimmt; demnach geht die Transformation des Gases adiabatisch vor sich und wir haben (§ 70)

$$p v^{\frac{C}{c}} = \text{Const.}$$

Aus dieser Gleichung, sowie aus der Fundamentalgleichung für die vollkommenen Gase

$$p v = R T$$

erhalten wir

$$\frac{p T^{\frac{C}{c}}}{p^{\frac{C}{c}}} = \text{Const.}$$

und demnach

$$T = B p^{\frac{C - c}{C}},$$

wobei B eine Konstante bedeutet.

In der Gleichung (3) ersetzen wir U durch seinen aus dem Joule'schen Gesetze (§ 130) abgeleiteten Werth cT, und pv durch RT; dann erhalten wir

$$E c T + \frac{q^2}{2} + R T = \text{Const.},$$

oder, wenn wir den für T gefundenen Werth einführen,

$$(E c + R) B p^{\frac{C - c}{C}} + \frac{q^2}{2} = \text{Const.}$$

Nun ist aber $A R = C - c$ (cf. § 130). Eliminiren wir mit Hülfe dieser Gleichung R, so erhalten wir

$$E C B p^{\frac{C - c}{C}} + \frac{q^2}{2} = \text{Const.}$$

Dies ist die Formel von Zeuner.

138. Versuche von Joule und Sir W. Thomson. — Bei diesen Versuchen wird dadurch eine sehr beträchtliche Reibung erzeugt, dass man das Gas durch einen Wattepfropfen C streichen lässt, der zwischen zwei Metallkreisen *a*, *a* zusammengepresst wird. Die Röhre, die an dieser Stelle von einem Buchsbaumcylinder gebildet wird, ist gegen jede thermische Einwirkung von Aussen durch einen Mantel *hh* geschützt, der mit Watte gefüllt und in Wasser von konstanter Temperatur getaucht ist. Unter diesen Bedingungen ist die Wärmemenge, welche dem System von Aussen zugeführt wird, Null, und man kann die Formel (3) anwenden. Ausserdem kann in Folge der beträchtlichen Reibung, welche das Gas erfährt, das Strömen nur sehr langsam vor sich gehen, auch wenn zu beiden Seiten des Pfropfens ein beträchtlicher Druckunterschied herrscht. Man darf also das Quadrat der Geschwindigkeit φ vernachlässigen, und unsere Formel reducirt sich auf

$$\mathrm{EU} + pv = \mathrm{Const.}$$

oder

$$\text{(4)} \qquad \mathrm{U} + \mathrm{A}\,pv = \mathrm{Const.}$$

Haben wir es mit einem vollkommenen Gase zu thun, so hängen U und pv nur von der Temperatur T ab, also auch die ganze linke Seite unserer Gleichung. Da diese aber gleich einer Konstanten sein soll, so darf sich die Temperatur eines vollkommenen Gases bei den Versuchen von Joule und Thomson nicht ändern.

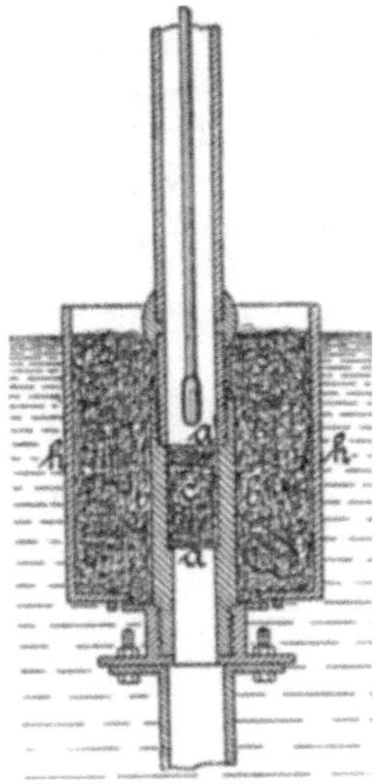

Fig. 21.

Nun hat aber der Versuch gezeigt, dass bei jedem der zur Verwendung gelangten Gase die Temperatur, welche ein über dem Pfropfen angebrachtes Thermometer angibt, immer tiefer ist als die Temperatur, die das Gas vor seinem Durchgang durch den Pfropfen besass. Wir müssen daraus den Schluss ziehen, dass zum Mindesten das eine der beiden Gesetze, welche ein vollkommenes Gas definiren, von den existirenden Gasen nicht strenge erfüllt wird.

Allerdings wissen wir ja durch die Versuche von Regnault, dass dies beim Mariotte-schen Gesetze der Fall ist, aber dieselben Versuche zeigten auch, dass die Abweichung zwischen diesem und dem thatsächlich gültigen Gesetze über die Kompressibilität für Wasserstoff nicht dasselbe Vorzeichen hat, wie für die übrigen Gase. Wäre also die bei den Versuchen von Joule und von Thomson auftretende Temperaturänderung allein darauf zurückzuführen, dass das Produkt pv nicht allein eine Funktion der Temperatur ist, dann müsste diese Aenderung für das Wasserstoffgas ein anderes Vorzeichen aufweisen, wie für die übrigen Gase. Dasselbe ist jedoch stets negativ, auch beim Wasserstoff, und deshalb müssen wir es zum Theil dem Glied U zur Last legen. Die innere Energie eines Gases ist also nicht eine Funktion der Temperatur allein, d. h. die natürlichen Gase befolgen nicht strenge das Joule'sche Gesetz. Dies ist der wichtige Schluss, der sich aus den Versuchen von Joule und Thomson ziehen lässt; die ersten Versuche von Joule (§ 66) waren zu wenig genau, als dass sie dies Resultat hätten sicher erkennen lassen können.

139. Ausdruck für die innere Energie eines Gases. — Joule und Sir W. Thomson fanden, dass die von dem Thermometer angegebene Temperaturabnahme direkt proportional der Druckdifferenz zu beiden Seiten des Pfropfens ist, und umgekehrt proportional dem Quadrate der absoluten Temperatur des Gases. Bezeichnen wir also mit dT die Temperaturänderung und mit dp die Druckänderung, so erhalten wir

$$dT = \frac{K\,dp}{T^2}, \tag{5}$$

wobei K eine positive Konstante bedeutet, die von der Natur des Gases abhängt. Mit Hülfe dieses Resultats lässt sich für die innere Energie des Gases ein sehr angenäherter Ausdruck finden.

Wir wollen p und T als unabhängige Variabele wählen und die Gleichung (4) differentiiren; dann folgt

$$\frac{\partial(U + Apv)}{\partial p}\,dp + \frac{\partial(U + Apv)}{\partial T}\,dT = 0. \tag{6}$$

Nehmen wir an, wir hätten es mit einem vollkommenen Gase zu thun, dann ist nach dem Joule'schen Gesetz $U = cT$, nach dem Gesetze von Mariotte und Gay-Lussac $pv = RT$, endlich nach dem Princip von der Aequivalenz $AR = C - c$; demnach wird

$$U + Apv = CT$$

und

$$\frac{\partial(U + Apv)}{\partial T} = C.$$

Dieser Ausdruck lässt sich zwar, streng genommen, auf die natürlichen Gase nicht anwenden; wir wollen ihn aber trotzdem in Gleichung (6) einsetzen, dann erhalten wir

$$\frac{\partial(U + Apv)}{\partial p}\,dp = -C\,dT;$$

ersetzen wir hierin dT durch seinen Werth (5), wie er sich aus den Versuchen von Joule und Thomson ergibt, so folgt

$$\frac{\partial(U + Apv)}{\partial p} = -\frac{KC}{T^2},$$

und durch Integration

$$U + Apv = -\frac{KCp}{T^2} + f(T).$$

Diese Gleichung gestattet, U zu bestimmen. Wählen wir v und T als unabhängige Variabele, dann erhalten wir den angenäherten

Ausdruck für $(U + Apv)$, wenn wir p durch seinen aus der Fundamentalgleichung $pv = RT$ folgenden Werth ersetzen, also

$$U + Apv = -\frac{KCR}{Tv} + f(T). \tag{7}$$

140. Bestimmung des mechanischen Wärmeäquivalents. — Durch Differentiation der Gleichung (4) nach den unabhängigen Variabeln p und v finden wir

$$dU + Apdv + Avdp = 0.$$

Nun ist aber nach dem Princip von der Aequivalenz

$$dU + Apdv = dQ,$$

demnach

$$dQ + Avdp = 0. \tag{8}$$

Die zu einer elementaren Transformation nöthige Wärmemenge ist

$$dQ = C\frac{\partial T}{\partial v}dv + c\frac{\partial T}{\partial p}dp$$

oder, wenn man auf der rechten Seite dieser Gleichung das Glied $C\frac{\partial T}{\partial p}dp$ addirt und subtrahirt

$$dQ = CdT - (C - c)\frac{\partial T}{\partial p}dp.$$

Bezeichnen wir mit β den Ausdehnungskoefficient des Gases bei konstantem Volumen, dann erhalten wir für die Druckänderung dp, welche eintritt, wenn die Temperatur um dT wächst, ohne dass das Volumen sich ändert,

$$dp = \beta p dT,$$

und demnach für den partiellen Differentialquotient der Temperatur nach dem Drucke

$$\frac{\partial T}{\partial p} = \frac{1}{\beta p}.$$

Führen wir diesen Werth in den Ausdruck für dQ ein, dann ergibt sich

$$dQ = CdT - \frac{C - c}{\beta p}dp,$$

und wenn man dQ in der Formel (8) durch die rechte Seite dieser Gleichung ersetzt, so folgt

$$CdT - \frac{C - c}{\beta p}dp + Avdp = 0.$$

Nun ist nach den Versuchen von Joule und Thomson

$$dT = m\,dp,$$

wenn wir der Einfachheit halber den in Gleichung (5) auftretenden Faktor $\frac{K}{T^2}$ mit m bezeichnen. Die vorhergehende Gleichung lässt sich demnach schreiben

$$Cm - \frac{C-c}{\beta p} + Av = 0.$$

Hieraus folgt

$$A = \frac{C-c}{\beta p v} - \frac{Cm}{v}.$$

Dieser Ausdruck weicht von dem in § 65 erhaltenen ab, bei welchem wir voraussetzten, dass wir es mit einem vollkommenen Gase zu thun hätten.

141. Bestimmung der absoluten Temperaturen mit Hülfe der Gase. — Wenn ein Gas das Joule-Gesetz befolgte, nicht aber gleichzeitig das Mariotte'sche, dann würde zwischen den Grössen p, v, T die Gleichung gelten (§ 129)

$$p\psi(v) = T.$$

Die Spannung des Gases würde bei konstantem Volumen der absoluten Temperatur proportional sein. Da jedoch das Joule'sche Gesetz nur angenäherte Gültigkeit hat, so ist die Bestimmung der absoluten Temperatur nicht ganz so einfach; immerhin lässt sich nachweisen, dass es möglich ist, diese Bestimmung mit Hülfe der Gase auszuführen.

Die Wärmemenge, welche von einem Gase bei einer elementaren Umwandlung aufgenommen wird, ist

$$dQ = dU + A p\,dv$$

oder, wenn man v und T zu unabhängigen Variabeln wählt,

$$dQ = \left(\frac{\partial U}{\partial v} + Ap\right) dv + \frac{\partial U}{\partial T} dT. \tag{9}$$

Nach dem Carnot'schen Princip muss $\frac{dQ}{T}$ ein vollständiges Differential sein; wenden wir dies an, so folgt

$$\frac{\partial}{\partial T}\left(\frac{1}{T}\cdot\frac{\partial U}{\partial v} + \frac{Ap}{T}\right) = \frac{\partial}{\partial v}\left(\frac{1}{T}\cdot\frac{\partial U}{\partial T}\right).$$

Aus dieser Gleichung erhalten wir

$$\frac{A}{T}\frac{\partial p}{\partial T} - \frac{Ap}{T^2} = \frac{1}{T^2}\frac{\partial U}{\partial v}.$$

Nun gilt für die Vergrösserung des Druckes dp, die aus einer Temperaturzunahme dT bei konstantem Volumen folgt:

$$dp = \beta p dT,$$

und demnach für den partiellen Differentialquotient des Druckes nach der Temperatur

$$\frac{\partial p}{\partial T} = \beta p .$$

Durch Einführung dieses Werthes in die vorige Gleichung erhalten wir

(10) $$A\beta p - \frac{Ap}{T} = \frac{1}{T}\frac{\partial U}{\partial v}.$$

Zur Bestimmung von T mit Hülfe dieser Gleichung haben wir noch $\frac{\partial U}{\partial v}$ zu berechnen. Zu diesem Zwecke berücksichtigen wir, dass

$$dQ = C\frac{\partial T}{\partial v}dv + c\frac{\partial T}{\partial p}dp$$

ist, und, wenn man auf der rechten Seite $c\frac{\partial T}{\partial v}dv$ addirt und subtrahirt, so wird

$$dQ = (C - c)\frac{\partial T}{\partial v}dv + c\,dT.$$

Dieser Ausdruck muss mit der Gleichung (9) identisch sein, da beide die gleichen Variabeln haben; demnach ist

$$\frac{\partial U}{\partial v} + Ap = (C - c)\frac{\partial T}{\partial v}.$$

Bezeichnen wir mit α den Ausdehnungskoefficienten bei konstantem Drucke, so erhalten wir für die Volumenänderung dv, welche einer Temperaturzunahme dT bei konstantem Drucke entspricht:

$$dv = \alpha v dT,$$

und demnach für den partiellen Differentialquotient der Temperatur nach dem Volumen

$$\frac{\partial T}{\partial v} = \frac{1}{\alpha v}.$$

Es wird somit

$$\frac{\partial U}{\partial v} + Ap = \frac{C - c}{\alpha v}.$$

Führen wir diesen Werth von $\frac{\partial U}{\partial v}$ in Gleichung (10) ein, dann erhalten wir

$$A\beta p T = \frac{C - c}{\alpha v}$$

und daraus

$$T = \frac{E(C-c)}{\alpha\beta p v}.$$

Dies ist der Ausdruck für die absolute Temperatur.

142. Neue Ausdrücke für die innere Energie der Gase. — Man kann die innere Energie eines Gases auch noch auf einem anderen Wege bestimmen, als es in § 139 geschehen ist. Wenn nun auch die Schlüsse recht unsicher sind, die man aus solchen Berechnungen zieht, welchen empirische Formeln zu Grunde liegen, so ist es doch interessant, den in obigem Paragraphen für die innere Energie erhaltenen Ausdruck mit demjenigen zu vergleichen, welchen wir auf Grund folgender Betrachtungen ermitteln werden.

Amagat stellte eine grosse Anzahl von Experimenten an, bei welchen er das Volumen ein und derselben Gasmasse bei verschiedenen Temperaturen und verschiedenen Drucken maass. Zur Darstellung seiner Resultate schlug er verschiedene Gleichungen von der Form vor

$$p = T f(v) + \varphi(v).$$

Van der Waals gelang es, die Resultate seiner Versuche durch die Formel

$$p = \frac{RT}{v-\alpha} + \frac{\mu}{v^2}$$

zu verbinden, welche zu dem von Amagat vorgeschlagenen Typus gehört.

Ferner zeigte Sarreau, dass sich die Formel von Clausius

$$p = \frac{RT}{v-\alpha} - \frac{\mu}{T(v+\beta)^2}$$

ebenso gut zur Darstellung der Versuche von Amagat eignet, obgleich dieselbe von den durch Amagat und van der Waals vorgeschlagenen durch Einführung der absoluten Temperatur im zweiten Gliede der rechten Seite abweicht. Bei diesen Formeln bedeuten α, β, μ sehr kleine Grössen.

143. Wir wollen nun zunächst den Typus der von Amagat vorgeschlagenen Formeln näher betrachten. Durch Aenderung der Bezeichnungen können wir zur Vereinfachung des Folgenden schreiben

$$Ap = T f'(v) + \varphi'(v).$$

Nun sahen wir (§ 126), dass, wenn man als Variabele v und T wählt, der nach v genommene partielle Differentialquotient der charakteristischen Funktion H von Massieu gegeben ist durch

$$\frac{\partial H}{\partial v} = Ap.$$

Die Amagat'sche Formel liefert uns also

$$\frac{\partial H}{\partial v} = T f'(v) + \varphi'(v),$$

und demnach

$$H = T f(v) + \varphi(v) + \psi(T),$$

wobei ψ eine willkürliche Funktion bedeutet. Hieraus erhalten wir

$$S = \frac{\partial H}{\partial T} = f(v) + \psi'(T),$$

und demnach

$$U = TS - H = T\psi'(T) - \psi(T) - \varphi(v).$$

Wir wollen hierzu die Gleichung addiren

$$Apv = Tvf'(v) + v\varphi'(v),$$

dann ergibt sich

$$U + Apv = T\psi'(T) - \psi(T) - \varphi(v) + v\varphi'(v) + Tvf'(v).$$

Vergleichen wir die rechte Seite dieser Gleichung mit der rechten Seite der Gleichung (7)

$$U + Apv = -\frac{KCR}{Tv} + f(T),$$

die aus den Versuchen von Joule und Thomson abgeleitet wurde, dann ergibt sich zwischen beiden absolut keine Analogie, da die erstere Gleichung Funktionen enthält, welche einzig von v abhängen, die zweite aber nicht. Uebrigens braucht man diesem Widerspruche nicht allzuviel Gewicht beizumessen und etwa die Genauigkeit der Versuche von Joule und Thomson oder derjenigen von Amagat in Zweifel zu ziehen, denn die von dem Letzteren vorgeschlagenen Formeln zur Darstellung seiner Experimente können sich nur zwischen hinreichend nahen Grenzen bestätigen, ausserhalb deren sie aber unzureichend sind und deshalb die allgemeine Beziehung zwischen p, v und T nicht darstellen.

144. Wir wollen nun eine analoge Rechnung für die Clausius'sche Formel

$$p = \frac{RT}{v - \alpha} - \frac{\mu}{T(v + \beta)^2}$$

durchführen.

Bei den Versuchen von Joule und Thomson war das Volumen v relativ gross, während der Druck des Gases niemals bedeutend wurde, wir dürfen also α und β gegen v vernachlässigen, so dass die obige Formel übergeht in

$$p = \frac{RT}{v} - \frac{\mu}{Tv^2}.$$

Durch Einführung der charakteristischen Funktion von Massieu erhalten wir nun

$$\frac{\partial H}{\partial v} = A p = \frac{A R T}{v} - \frac{A \mu}{T v^2}$$

und demnach

$$H = A R T \ln v + \frac{A \mu}{T v} + \psi(T) .$$

Hieraus folgt

$$S = \frac{\partial H}{\partial T} = A R \ln v - \frac{A \mu}{T^2 v} + \psi'(T)$$

und

$$U = T S - H = -\frac{2 A \mu}{T v} + T \psi'(T) - \psi(T) .$$

Hierzu addiren wir

$$A p v = A R T - \frac{A \mu}{T v},$$

und erhalten damit

$$U + A p v = -\frac{3 A \mu}{T v} + T \psi'(T) - \psi(T) + A R T .$$

Eine Vergleichung dieser Formel mit der Gleichung (7) zeigt, dass beide identisch werden, wenn

$$3 A \mu = K C R ;$$

dies ist aber möglich. Die Formel von Clausius stimmt also mit den Schlüssen überein, die sich aus den Resultaten von Joule und W. Thomson ziehen lassen. Immerhin darf man hierin bis auf Weiteres nichts als eine interessante theoretische Betrachtung sehen.

Kapitel X.

Flüssigkeiten und feste Körper.

145. Die Entropie und die innere Energie einer vollkommenen Flüssigkeit. — Bei einer vollkommenen Flüssigkeit kann die Kompressibilität gleich Null angenommen werden. Dann ist das specifische Volumen nur eine Funktion der Temperatur, und wir dürfen setzen

$$v = f(\mathrm{T}).$$

Wählen wir p und T als unabhängige Variabele, so ist die charakteristische Funktion von Massieu (§ 127)

$$\mathrm{H}' = \mathrm{TS} - \mathrm{U} - \mathrm{A}pv,$$

und wir erhalten

$$\frac{\partial \mathrm{H}'}{\partial p} = -\mathrm{A}v \text{ und } \frac{\partial \mathrm{H}'}{\partial \mathrm{T}} = \mathrm{S}.$$

Demnach gilt für eine vollständige Flüssigkeit

$$\frac{\partial \mathrm{H}'}{\partial p} = -\mathrm{A}f(\mathrm{T}).$$

Hieraus folgt

$$\mathrm{H}' = -\mathrm{A}pf(\mathrm{T}) + \psi(\mathrm{T}),$$

wobei ψ eine willkürliche Funktion bedeutet. Es ergibt sich also

$$\mathrm{S} = \frac{\partial \mathrm{H}'}{\partial \mathrm{T}} = -\mathrm{A}pf'(\mathrm{T}) + \psi'(\mathrm{T}) \tag{1}$$

und damit

$$\mathrm{U} = \mathrm{TS} - \mathrm{H}' - \mathrm{A}pv = -\mathrm{A}p\mathrm{T}f'(\mathrm{T}) + \mathrm{T}\psi'(\mathrm{T}) - \psi(\mathrm{T}). \tag{2}$$

146. Nehmen wir den Ausdehnungskoefficient α der Flüssigkeit als konstant an, dann ist

$$v = v_0[1 + \alpha(\mathrm{T} - \mathrm{T}_0)],$$

wobei $\mathrm{T}_0 = 273^0$; demnach wird

$$f'(\mathrm{T}) = \alpha v_0.$$

Hieraus folgt als Ausdruck für die Entropie

$$S = -Ap\alpha v_0 + \psi'(T).$$

In einer Transformation bei konstantem Druck hat die Variation dS der Entropie den Werth

$$dS = \psi''(T)\, dT.$$

Nun ist aber nach der Definition

$$dS = \frac{dQ}{T},$$

und, wenn wir mit C die specifische Wärme der Flüssigkeit bei konstantem Drucke bezeichnen

$$dQ = C\, dT.$$

Wir erhalten also

$$\psi''(T) = \frac{C}{T}.$$

Nehmen wir an, dass C nicht von der Temperatur abhänge, dann finden wir durch Integration der letzten Gleichung

$$\psi'(T) = C \ln T.$$

Es ergibt sich demnach für die Entropie einer inkompressibeln Flüssigkeit, deren Ausdehnungskoefficient und specifische Wärme nicht von der Temperatur abhängen,

$$S = -Ap\alpha v_0 + C \ln T. \tag{3}$$

147. Wir wollen nun unter denselben Annahmen den Ausdruck für die innere Energie bestimmen.

Der in § 145 für U gefundene Ausdruck (2) lässt sich schreiben

$$U = -ApT\alpha v_0 + T\psi'(T) - \psi(T). \tag{4}$$

Ist der Druck Null, dann reducirt sich derselbe auf

$$U = T\psi'(T) - \psi(T). \tag{5}$$

Nun gilt aber ganz allgemein

$$dU = dQ - Ap\, dv;$$

für $p = 0$ erhalten wir daraus

$$dU = dQ.$$

Ist aber der Druck $= 0$ und demnach auch konstant, so wird andererseits der Ausdruck für die Wärmemenge dQ

$$dQ = C\, dT.$$

Demnach erhalten wir

$$dU = C\,dT\,.$$

Integrirt man diese Gleichung und setzt den hierbei erhaltenen Werth für U gleich demjenigen, der sich aus Gleichung (5) ergibt, so folgt

$$CT = T\psi'(T) - \psi(T)\,.$$

Benützen wir dies, so geht die Gleichung (4) für U über in

$$U = -ApT\alpha v_0 + CT\,.$$

148. Adiabatische Transformation einer kompressibeln Flüssigkeit. — Wir wollen annehmen, eine kompressibele Flüssigkeit erleide eine adiabatische Transformation, beispielsweise eine plötzliche Kompression oder eine Ausdehnung.

Da die Transformation adiabatisch vor sich gehen soll, so ist dQ für jedes Element der darstellenden Kurve Null und demnach bleibt die Entropie S konstant; wir erhalten also

$$dS = \frac{\partial S}{\partial p}\,dp + \frac{\partial S}{\partial T}\,dT = 0\,. \tag{1}$$

Wir wollen nun den Ausdruck für die beiden partiellen Differentialquotienten bestimmen, welche in dieser Gleichung auftreten. Nehmen wir den Druck als konstant an, dann ist

$$dS = \frac{dQ}{T} = \frac{C\,dT}{T}\,,$$

und demnach

$$\frac{\partial S}{\partial T} = \frac{C}{T}\,.$$

Wählt man p und T als unabhängige Variabele, so liefert uns die charakteristische Funktion von Massieu

$$\frac{\partial H'}{\partial T} = S \quad \text{und} \quad \frac{\partial H'}{\partial p} = -Av\,.$$

Differentiiren wir von diesen Gleichungen die erste nach p, die zweite nach T, so erhalten wir, da die linken Seiten gleich werden,

$$\frac{\partial S}{\partial p} = -A\frac{\partial v}{\partial T}\,.$$

Wenn wir die für die partiellen Differentialquotienten gefundenen Werthe in (1) einsetzen, so ergibt sich die Gleichung

$$A\frac{\partial v}{\partial T}\,dp - \frac{C}{T}\,dT = 0\,.$$

149. Formel von Clapeyron. — Diese Gleichung wird auch noch richtig sein, wenn die Aenderungen des Druckes und der Temperatur zwar endlich, aber klein sind; bezeichnen wir diese Aenderungen mit δp und δT, dann erhalten wir die Formel von Clapeyron

$$A \frac{\partial v}{\partial T} \delta p - \frac{C}{T} \delta T = 0 .$$

Dieselbe sagt aus: Wenn $\frac{\partial v}{\partial T}$ positiv ist, d. h. wenn die Flüssigkeit sich durch die Wärme ausdehnt, so wird durch eine Kompression eine Temperaturerhöhung hervorgebracht, bei den Flüssigkeiten dagegen, bei welchen eine Temperaturerhöhung einer Volumenverminderung entspricht, tritt bei einer Kompression eine Abkühlung ein.

Diese Formel ist für eine gewisse Anzahl von Flüssigkeiten experimentell geprüft worden. Joule stellte Versuche mit Wasser an und fand, dass sich in Uebereinstimmung mit dieser Formel das Wasser durch Kompression erwärmt, wenn seine Temperatur höher ist als 4^0, dass es sich dagegen abkühlt, wenn die Temperatur niedriger ist. Die Temperaturänderungen wurden mit Hülfe eines Thermoelements gemessen, dessen eine Löthstelle sich in dem Wasser befand, während die andere auf konstanter Temperatur gehalten wurde. Die so erhaltenen Zahlen kommen denjenigen, welche man durch Rechnung aus der Formel erhält, sehr nahe, die Bestätigung ist also eine gute. Joule zog auch noch den Walfischthran in den Bereich seiner Versuche; hier war der Unterschied zwischen der beobachteten und der berechneten Temperaturänderung etwas grösser, nichtsdestoweniger genügte die Uebereinstimmung noch vollständig zur Bestätigung der Formel von Clapeyron.

Wir wollen übrigens noch speciell betonen, dass diese Formel auch für die festen Körper gültig ist, denn bei ihrer Ableitung machten wir keinerlei einschränkende Annahmen. Auch auf die festen Körper erstreckten sich einige Versuche zur Bestätigung der Formel, doch bieten dieselben grosse Schwierigkeiten dar, da die Formel voraussetzt, dass der Druck im ganzen Körper gleichmässig wirkt, eine Bedingung, deren Verwirklichung bei den festen Körpern fast unmöglich ist.

150. Bemerkungen über die Körper, die ein Dichtigkeitsmaximum besitzen. — Im Allgemeinen nimmt das Volumen eines Körpers gleichzeitig mit der Temperatur stetig zu, nur einzelne wenige Körper machen hiervon eine Ausnahme. Es war also natürlich, diese bei Seite zu lassen, wie wir es gethan, und nur den allgemeinen

Fall zu betrachten. Bei den Flüssigkeiten jedoch gewinnen die Körper mit einem Dichtigkeitsmaximum deshalb eine ausnahmsweise Bedeutung, weil die verbreitetste Flüssigkeit, das Wasser, diese Eigenthümlichkeit aufweist. Wir wollen nun untersuchen, welche Folgerungen sich aus dem Vorhandensein eines Dichtigkeitsmaximums ergeben.

Zunächst ist der Zustand eines solchen Körpers nicht mehr durch die Variabeln p und v vollständig definirt, da bestimmten Werthen dieser beiden Variabeln zwei Werthe der Temperatur entsprechen können. Die graphische Methode von Clapeyron ist also zur Darstellung der Transformationen dieses Körpers nicht mehr geeignet.

Trotzdem kann man auch hier den Zustand eines Körpers graphisch darstellen, und zwar durch einen Punkt im Raume, der, dem betreffenden Zustand entsprechend, die Koordinaten p, v, T besitzt. Wenn

$$f(p, v, \mathrm{T}) = 0 \tag{1}$$

die Fundamentalgleichung des Körpers bedeutet, so liegt der darstellende Punkt auf der durch diese Gleichung bestimmten Fläche Σ. Transformirt sich der Körper und kommt dann zu seinem Anfangszustande zurück, so beschreibt der darstellende Punkt auf dieser Fläche eine geschlossene Kurve. Die Projektion dieser Kurve auf die Ebene der pv, beispielsweise die Horizontalebene, ist offenbar identisch mit der Kurve, welche man erhalten würde, wenn man die Darstellungsweise von Clapeyron anwendete.

151. Wenn der Körper durch sein Dichtemaximum geht, ist der Differentialquotient des Volumens in Bezug auf die Temperatur Null:

$$\frac{\partial v}{\partial \mathrm{T}} = 0.$$

Durch Differentiation der Fundamentalgleichung (1) nach der Temperatur ergibt sich aber

$$\frac{\partial f}{\partial \mathrm{T}} + \frac{\partial f}{\partial v} \cdot \frac{\partial v}{\partial \mathrm{T}} = 0.$$

An dem Punkte, welcher dem Dichtemaximum entspricht, ist also auch

$$\frac{\partial f}{\partial \mathrm{T}} = 0,$$

d. h. die Tangentialebene, welche die Oberfläche Σ in diesem Punkte berührt, ist parallel zur Axe der T, also vertikal. Der geometrische Ort MN der Berührungspunkte dieser zu den verschiedenen Werthen von p und v gehörigen Tangentialebenen trennt somit die Oberfläche Σ in zwei Theile R und R' (Fig. 22), welche in der Projektion auf die Ebene pv über einander fallen. Es kann daher vorkommen, dass die Projektionen zweier Isothermen sich schneiden, obgleich sich diese Isothermen auf der Oberfläche Σ nicht schneiden.

Weiter können sich gewisse Isothermen und gewisse Adiabaten berühren. Jede Linie nämlich, welche wie APB die Kurve MN schneidet, scheint dieselbe in der Projektion zu berühren. Demnach erscheinen die Adiabaten und Isothermen, welche durch den Punkt P gehen, als Tangenten an denselben Punkt der Projektion von MN und berühren sich also in der Darstellungsweise von Clapeyron unter einander.

152. Wir können in diesem Falle auch nicht mehr beweisen, dass eine Adiabate und eine Isotherme sich nur in einem einzigen

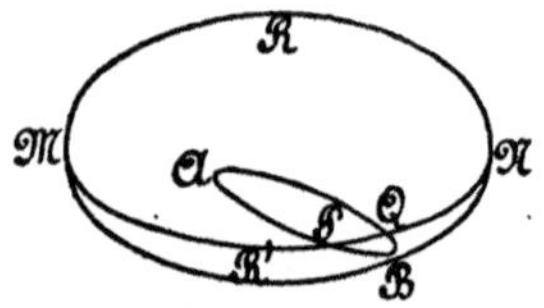

Fig. 22.

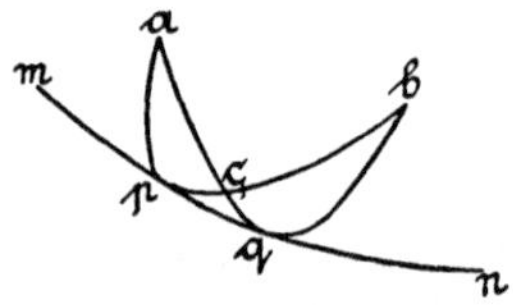

Fig. 23.

Punkte schneiden. Der Beweis für diese in § 107 aufgestellte Behauptung steht im Widerspruche mit dem Falle, der uns soeben beschäftigt.

Da die einer elementaren Transformation entsprechende Arbeit $= pdv$ ist, so wird die Arbeit, welche der Körper leistet, wenn sein darstellender Punkt eine geschlossene Kurve AQBP auf der Fläche Σ beschreibt, durch den Flächeninhalt der Projektion dieser Kurve repräsentirt und zwar besitzt sie das positive oder negative Zeichen, je nachdem sich der darstellende Punkt auf dieser Projektion im Sinne des Uhrzeigers bewegt, oder umgekehrt. Wenn nun die geschlossene Kurve von der Linie MN geschnitten wird, so liefert die Projektion zwei geschlossene Kurven *apca* und *cbqc* (Fig. 23), von denen die eine in direktem Sinne, die andere im umgekehrten Sinne durchlaufen wird. Die von dem Körper während der Transformation geleistete Arbeit ist dann gleich der Differenz der von diesen Kurven begrenzten Flächen; diese kann Null sein und die in § 107 gegebene Ausführung, nach welcher diese Arbeit positiv wäre, ist dann nicht mehr anwendbar. Eine Adiabate und eine Isotherme können sich also in gewissen Fällen in mehreren Punkten schneiden.

153. Da die in § 107 und den folgenden Paragraphen bewiesenen Eigenschaften in den Fällen, wo der betreffende Körper ein Dichtigkeitsmaximum besitzt, nicht immer richtig sind, so gilt auch die Ableitung des Clausius'schen Theorems in Kapitel VII für diesen Fall nicht mehr; wir haben nun noch nachzuweisen, dass das Theorem auch hier noch anwendbar ist.

Nehmen wir an, dass der betrachtete Körper eine Umwandlung erleidet, für welche die darstellende Kurve ganz in dem Theile R oder ganz in dem Theile R' der Fläche Σ liegt, so weist die Projektion dieser Kurve auf die Ebene pv keinerlei singuläre Punkte auf. Die Eigenschaften der Isothermen und Adiabaten sind dann dieselben wie in dem Falle, wo die graphische Darstellung von Clapeyron möglich ist, und demnach lässt sich das Theorem von Clausius auch auf einen geschlossenen Kreis anwenden, der ganz in R oder R' liegt.

Wenn der geschlossene Kreis AQBP (Fig. 22) die Linie MN schneidet, dann kann man ihn sich aus den Kreisen AQPA und BPQB zusammengesetzt denken; der erstere liegt ganz in dem Theile R der Oberfläche Σ, der zweite in dem Theil R'; demnach wird das Integral $\int \frac{dQ}{T}$ Null, wenn man es längs eines jeden dieser Kreise nimmt; es muss also auch noch Null bleiben, wenn es längs des geschlossenen Kreises AQBP genommen wird.

154. Die festen Körper. — Diese Ausdehnung des Clausius'schen Theorems zeigt, dass sich dasselbe auf alle Körper anwenden lässt, welche die folgende Bedingung erfüllen:

1. Es gibt eine Gleichung

$$f(p, v, T) = 0$$

zwischen den drei Variabeln, die den Zustand des Körpers bestimmen. T stellt hier die absolute Temperatur dar, p und v dagegen können, entgegen dem gewöhnlichen Gebrauche, andere Variabele bezeichnen als den Druck und das Volumen. Die einzige Annahme, die wir machen müssen, ist, dass diese beiden Variabeln in Verbindung mit T den Zustand des Körpers vollständig definiren.

2. Der Ausdruck für die von der Masseneinheit des Körpers geleistete äussere elementare Arbeit ist $p\,dv$.

Diese Bedingungen werden beispielsweise durch einen Draht erfüllt, der an einem seiner Enden befestigt ist und einem Zuge unterworfen wird.

Es möge m die Masse des Drahtes bezeichnen und mv seine Länge, wenn wir unter v die Länge eines Drahtstückes von der Masseneinheit verstehen; v kann somit etwa die specifische Länge des Drahtes genannt werden; ferner möge $-p$ den auf den Draht ausgeübten Zug bedeuten. Dann existirt offenbar eine Beziehung zwischen der Temperatur des Drahtes, seiner Länge und dem spannenden Gewichte, also zwischen T, v und p; die erste Bedingung ist demnach erfüllt.

Andererseits ist bei einer Verlängerung des Drahtes um mdv die Arbeit, welche das spannende Gewicht leistet, $= -pmdv$; demnach ist die Arbeit der Gegenkraft des Fadens $= +pmdv$. Die von der Masseneinheit geleistete äussere Arbeit ist also pdv und somit wird auch die zweite Bedingung erfüllt.

155. Anwendung der Formel von Clapeyron. — Da nun das Theorem von Clausius angewendet werden kann, so sind auch die Folgerungen dieses Theorems gültig.

Wir wollen beispielsweise die Formel von Clapeyron

$$A \frac{\partial v}{\partial T} \delta p - \frac{C}{T} \delta T = 0.$$

in's Auge fassen.

Die meisten Substanzen dehnen sich aus, wenn man sie erwärmt, $\frac{\partial v}{\partial T}$ ist also im Allgemeinen positiv. Aus der obigen Formel folgt also allgemein

$$\frac{\delta T}{\delta p} > 0.$$

Spannt man einen Draht stark an, so ist die Aenderung von p negativ, da wir uns den Zug als eine negative Grösse vorstellen, demnach muss auch δT negativ sein, d. h. der Draht muss sich abkühlen, wenn man ihn ausreckt. Dies lässt sich an einem Metalldrahte leicht bestätigen.

Wenn sich dagegen ein Faden in Folge einer plötzlichen Spannung erwärmt, so folgt aus der Formel von Clapeyron

$$\frac{\partial v}{\partial T} < 0;$$

dann muss sich der Faden auch bei einer Erwärmung zusammenziehen, die Länge des Fadens muss also abnehmen.

So beobachtete Gough um 1810, dass die Temperatur eines stark gespannten Schlauches aus schwarzem Kautschuk zunimmt, wenn man denselben noch weiter ausdehnt. In Uebereinstimmung mit dem Schlusse, den wir oben zogen, fand denn auch Joule, dass ein Faden aus dieser Kautschukart sich beim Erwärmen verkürzt. Diese Eigenthümlichkeit lässt sich leicht folgendermaassen nachweisen: Man befestigt das eine Ende eines Schlauches aus schwarzem Kautschuk in A, das andere an einem Punkte B eines Hebels OC, (Fig. 24) und hält den Schlauch durch ein Gewicht P gespannt. Erwärmt man nun den Schlauch, dann sieht man den Zeiger in der Richtung wandern, die eine Verminderung der Länge anzeigt.

156. Darstellung des Kreises beim Edlund'schen Versuche. — Wählt man als unabhängige Variabele das spannende Gewicht $-p$ und die specifische Länge v, dann lassen sich die Transformationen eines festen Drahtes, der einem Zuge unterworfen wird, graphisch darstellen. Als Anwendung behandeln wir den Versuch von Edlund (§ 85).

Während der ersten Phase des Versuchs, wo man den Draht spannt, beschreibt der darstellende Punkt des Drahtes die Kurve AB (Fig. 25), die in dem Theile der Ebene liegt, welcher negativen Werthen von p und positiven Werthen von v entspricht. Entfernt man plötzlich das spannende Gewicht, dann beschreibt der darstel-

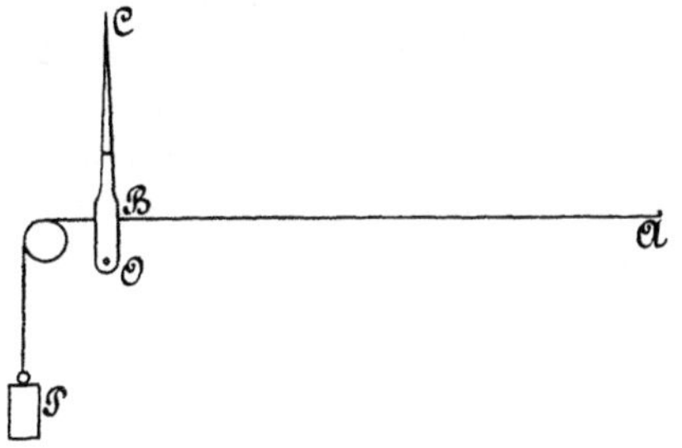

Fig. 24.

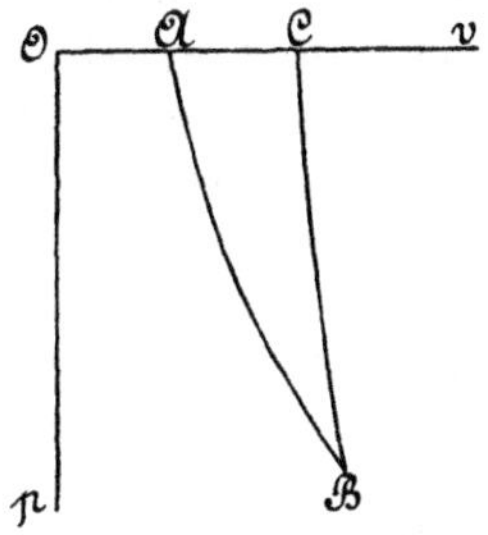

Fig. 25.

lende Punkt eine Kurve BC. Diese schneidet die Axe der v in einem Punkte C, der weiter vom Koordinatenanfang entfernt ist als O; da nämlich die Endtemperatur höher ist als die Anfangstemperatur, so hat die specifische Länge des Drahtes sich vergrössert. Nimmt dann der Draht seine ursprüngliche Länge wieder an, so verschiebt sich der darstellende Punkt von C nach A, und der Kreis ist geschlossen.

Da der Draht zu seinem ursprünglichen Zustande wieder zurückgelangt, so ist die Aenderung seiner Energie Null. Demnach folgt aus der Gleichung des § 60

$$dW + dU = d\tau + E\,dQ\,,$$

welche das Princip der Aequivalenz ausdrückt,

$$\int d\tau + E \int dQ = 0\,.$$

Die beiden ersten Phasen des Versuchs, die durch die Kurven AB und BC dargestellt werden, sind sehr kurz, daher nimmt der

Faden keine Wärme von Aussen auf und gibt auch keine dahin ab; trotzdem ist zwischen beiden Phasen ein wesentlicher Unterschied vorhanden. Während der Phase AB wirkt das spannende Gewicht, und es wird äussere Arbeit geleistet; die Kurve AB ist also eine adiabatische; während der Phase BC dagegen tritt keine äussere Arbeit auf, es herrschen somit ganz ähnliche Verhältnisse wie bei dem Versuche von Joule, bei dem die Gase sich ausdehnen, ohne äussere Arbeit zu leisten und ohne Wärme mit dem Kalorimeter auszutauschen, mit anderen Worten, BC ist eine isodynamische Kurve. Entfernt man das spannende Gewicht, dann verkürzt sich der Draht plötzlich, seine verschiedenen Moleküle nehmen sehr rasche Bewegungen an, die plötzlich gehemmt und durch eine Art von innerer Reibung von Neuem in Wärme umgesetzt werden.

Der Ausdruck für die Arbeit, welche durch die äusseren Kräfte während der Phase AB geleistet wird, ist $-\int p\,dv$, und da p negativ ist, hat diese Arbeit einen positiven Werth τ. Längs CA gibt der Draht nach Aussen die Wärmemenge $C\delta T$ ab, wobei C die specifische Wärme des Drahtes bei konstantem Drucke bedeutet und δT die Temperaturabnahme, wenn der darstellende Punkt von C nach A wandert. Wir erhalten also für die dem Drahte gelieferte Wärmemenge $-C\delta T$, und die vorhergehende Gleichung wird

$$\tau - EC\delta T = 0 .$$

Diese Gleichung ist identisch mit der durch die Masse m des Drahtes dividirten Gleichung des § 85; es stellt $m\tau$ die gesammte, von den äusseren Kräften geleistete Arbeit dar, d. h. $p\varepsilon$, wenn ε die Verlängerung des Drahtes bedeutet, und mC repräsentirt die Wärmekapacität a des Drahtes.

Kapitel XI.

Gesättigte Dämpfe.

157. Gesättigte Dämpfe. — Wir wollen die Masseneinheit einer Flüssigkeit betrachten, die sich in einem durch einen Stempel geschlossenen Raum befindet. Heben wir diesen Stempel, so verwandelt sich ein Theil der Flüssigkeit in Dampf, und bei konstant bleibender Temperatur übt dieser Dampf fortdauernd den gleichen Druck aus, vorausgesetzt, dass die Flüssigkeit nicht vollständig in Dampf verwandelt ist, mit anderen Worten, dass der Dampf gesättigt bleibt. Bei wechselnder Temperatur ändert sich auch der Druck, aber für jede Temperatur hat derselbe einen konstanten Werth, welches Volumen auch das aus Flüssigkeit und Dampf bestehende System einnehmen mag. Dieser Druck, den man Maximalspannung nennt, ist also nur eine Funktion der Temperatur. Lässt man die Wirkung der Schwere unberücksichtigt, so wird diese Spannung in jedem Punkte der Flüssigkeit und des Dampfes dieselbe Grösse besitzen, und die Fundamentalgleichung des Systems reducirt sich auf

$$p = f(\mathrm{T}).$$

Diese Beziehung gestattet den Zustand des Systems mittels zweier der Variabeln p, v, T vollständig darzustellen. Andererseits ist die von dem System geleistete äussere Arbeit bei einer Volumenvergrösserung um dv offenbar $= -p\,dv$. Demnach lassen sich die Fundamentalsätze der Thermodynamik und die Beziehungen, welche sich daraus ergeben, auch auf das aus einer Flüssigkeit und deren Dampf bestehende System anwenden.

158. Ausdruck für die Entropie eines Systems, das aus einer Flüssigkeit und deren Dampf gebildet wird. — Wir betrachten immer die Masseneinheit des Systems; nennen wir dann die Masse des gebildeten Dampfes m, so ist diejenige der Flüssigkeit $1-m$; das specifische Volumen der letzteren bezeichnen wir mit λ, dasjenige des Dampfes mit σ, dann gilt zwischen diesen Grössen und dem von der Masseneinheit des Systems eingenommenen Volumen die Gleichung

$$v = m\sigma + (1 - m)\lambda;$$

hieraus folgt

(1) $$(v - \lambda) = m(\sigma - \lambda).$$

Wir wollen v und T als unabhängige Variabele wählen; dann ist der Ausdruck für die charakteristische Funktion von Massieu (126)

$$H = TS - U$$

und

$$\frac{\partial H}{\partial v} = Ap.$$

Nun hängt aber in dem betrachteten Falle p nur von der Temperatur ab; deshalb gibt die Integration der obigen Gleichung

$$H = Apv + \psi(T).$$

Da im Uebrigen die durch diese Integration eingeführte Funktion $\psi(T)$ vollständig willkürlich ist, so dürfen wir zur rechten Seite des obigen Ausdrucks eine beliebige Funktion der Temperatur, z. B. $-Ap\lambda$, hinzufügen, da das specifische Volumen λ der Flüssigkeit nur eine Funktion von T und nicht auch von v ist; wir können also schreiben

$$H = Apv + \psi(T) - Ap\lambda$$

oder

$$H = Ap(v - \lambda) + \psi(T).$$

Aus diesem Ausdrucke erhalten wir leicht denjenigen für die Entropie S, da diese letztere Funktion der Differentialquotient von H nach T ist; wir finden also

$$S = \frac{\partial H}{\partial T} = Ap'(v - \lambda) - Ap\lambda' + \psi'(T),$$

oder mit Berücksichtigung der Gleichung (1)

(2) $$S = Ap'm(\sigma - \lambda) - Ap\lambda' + \psi'(T);$$

hierin bedeuten die gestrichelten Buchstaben die nach der Temperatur genommenen Differentialquotienten der entsprechenden Grössen.

159. Latente Verdampfungswärme einer Flüssigkeit. — Wenn $dQ = L\,dm$ die Wärmemenge bedeutet, welche nöthig ist, um eine Flüssigkeitsmasse dm in Dampf zu verwandeln (wobei der Dampf gesättigt und die Temperatur konstant bleiben soll), dann bezeichnet der Faktor L definitionsmässig die latente Verdampfungswärme der Flüssigkeit. Den Werth derselben gestattet der Ausdruck für die Entropie zu berechnen, obwohl der letztere eine willkürliche Funktion enthält.

Wir finden nämlich für die Aenderung der Entropie, welche während der Umformung vor sich geht

$$dS = \frac{dQ}{T} = \frac{L\,dm}{T}.$$

Da die Temperatur konstant bleibt, so bezeichnet dS die Aenderung der Entropie, welche einer Variation dv der Variabeln v entspricht. Nun ist von den Grössen, welche im Ausdrucke (2) vorkommen, m die einzige, welche nicht allein von der Temperatur abhängt; sie allein ändert sich also auch, wenn die Temperatur konstant bleibt. Demnach erhalten wir

$$dS = Ap'(\sigma - \lambda)\,dm$$

und, wenn wir beide Ausdrücke für dS einander gleich setzen

(3) $$L = Ap'T(\sigma - \lambda).$$

Diese Formel wird oft als Formel von Clapeyron bezeichnet.

160. Experimentelle Bestätigungen der Formel von Clapeyron. Die experimentelle Bestätigung dieser Formel bildet eine allerdings indirekte, aber trotzdem beweiskräftige Bestätigung der Grundprincipien der Thermodynamik, auf denen sie beruht; aus diesem Grunde haben diese Bestätigungen eine besondere Wichtigkeit.

Die einfachste derselben besteht darin, dass man jede der Grössen L, A, T, σ, λ und p einzeln misst; kennt man die Werthe von p für verschiedene Temperaturen, so lässt sich daraus die Funktion zwischen p und T und damit auch der Differentialquotient p' bestimmen; man hat dann nur noch die Gleichheit der numerischen Werthe beider Seiten der Formel nachzuweisen.

Am schwierigsten ist hierbei die Messung des specifischen Volumens σ des gesättigten Dampfes. Im Jahre 1861 bestimmten Fairbain und Tate[1]) dasselbe für das Wasser; neuerdings hat Perot[2]) dieselben Messungen nach zwei vortrefflichen Methoden für Wasser und Aether durchgeführt. Der letztere Gelehrte bediente sich dabei der Formel (3) zur Berechnung des mechanischen Wärmeäquivalents; er erhielt für das Wasser Zahlen, die nahe an 424 liegen, für Aether den Werth 424,67. Der geringe Unterschied zwischen diesen Zahlen

---

[1]) Annales de chimie et de physique (3), *62*, pag. 249.

[2]) Annales de chimie et de physique (6), *13*, pag. 145; 1888.

und denjenigen, welche sich aus den letzten Versuchen von Joule und Rowland ergeben, ist ein Beweis für die Richtigkeit der Formel von Clapeyron.

Durch die von Cailletet und Mathias[1]) ausgeführten Bestimmungen der Dichten von Aethylen, Stickoxydul, Kohlensäure und schweflige Säure im flüssigen und gasförmigen Zustande waren λ und σ bekannt. Mathias[2]) vervollständigte diese Untersuchung durch Bestimmung der latenten Verdampfungswärme der letzten drei Flüssigkeiten und fand die vollständigste Uebereinstimmung zwischen den Resultaten dieser Messungen und den durch die Formel von Clapeyron gelieferten Werthen.

161. Bertrand schlug zur Bestätigung dieser Gleichung einen anderen Weg ein, den wir hier skizziren wollen.

Vernachlässigen wir in der Formel von Clapeyron das specifische Volumen λ der Flüssigkeit gegenüber dem specifischen Volumen σ des gesättigten Dampfes, welch' letzteres immer weit grösser ist als λ, wenn sich die Flüssigkeit nicht in der Nähe des kritischen Punktes befindet, dann erhalten wir

$$\mathrm{L} = \mathrm{A} p' \mathrm{T} \sigma$$

und daraus

$$\frac{p'}{p} = \frac{1}{\mathrm{AT}} \frac{\mathrm{L}}{p\sigma}. \tag{4}$$

Kennen wir also L und $p\sigma$ als Funktion von T, so liefert uns die Integration der obigen Gleichung den Werth von $\ln p$ als Funktion von T. Eine einfache Rechnung gestattet dann, die Werthe für den Druck zu finden, die den verschiedenen Temperaturen entsprechen. Ihre Vergleichung mit den Resultaten, welche die direkte Messung der Dampfspannungen liefert, dient zur Bestätigung der Formel von Clapeyron.

162. Bertrand fand, dass für den Wasserdampf[3]) der Quotient

$$\frac{p\sigma}{\mathrm{T} + 127}$$

ziemlich konstant und $= 2{,}47$ ist; für diesen Dampf lässt sich also schreiben

$$p\sigma = \mathrm{R}(\mathrm{T} + \mu),$$

wobei R und μ Konstanten bezeichnen.

Andrerseits ist nach den Versuchen von Regnault die Wärmemenge, welche man einem Kilogramm Wasser von der Temperatur

---

[1]) Journal de physique (2), *5*, pag. 549; 1886, und *6*, pag. 414; 1887.

[2]) Annales de chimie et de physique (6), *21*, pag. 69; 1890.

[3]) Bertrand, Thermodynamique pag. 155.

des schmelzenden Eises zuführen muss, um dasselbe vollständig in Dampf von t Grad zu verwandeln.

$$606{,}5 + 0{,}305\,t\,.$$

Ziehen wir von dieser Grösse diejenige ab, welche dazu gedient hat, das Wasser selbst von 0^0 auf t^0 zu erwärmen, so erhalten wir

$$L = 606{,}5 - 0{,}695\,t\,,$$

oder durch Einführung der absoluten Temperatur

$$L = 606{,}5 - 0{,}695\,(T - 273)\,;$$

bezeichnen wir die numerischen Konstanten durch Buchstaben, so wird

$$L = \alpha - \beta T\,.$$

Diese Ausdrücke für $p\sigma$ und für L führen wir in die Gleichung (4) ein; dann folgt

$$\frac{p'}{p} = \frac{\alpha - \beta T}{ART\,(T + \mu)}\,.$$

Da die rechte Seite dieser Gleichung einen rationellen Bruch darstellt, lässt sie sich in eine Summe von Partialbrüchen zerlegen; wir erhalten

$$\frac{p'}{p} = \frac{\gamma}{T} - \frac{\delta}{T + \mu}\,.$$

Hieraus folgt durch Integration

$$\ln p = \gamma \ln T - \delta \ln (T + \mu) + \ln G$$

oder, wenn wir vom Logarithmus zum Numerus übergehen

$$p = \frac{G\,T^{\gamma}}{(T + \mu)^{\delta}}\,;$$

hierbei bedeutet G eine Konstante.

Die Werthe von p, welche diese Formel liefert, stimmen mit den von Regnault gefundenen vollständig überein.

163. Bertrand[1]) fand ebenfalls, dass bei allen Körpern, für welche Bestimmungen ausgeführt wurden, der Quotient $\frac{p\sigma}{L}$ eine lineare Funktion von T ist, also

$$\frac{p\sigma}{L} = R\,(T - \mu)\,.$$

---

[1]) Bertrand, loc. cit. pag. 163.

Die Gleichung (4) wird dann

$$\frac{p'}{p} = \frac{1}{\mathrm{ART}(\mathrm{T}-\mu)} = \frac{\delta}{\mathrm{T}-\mu} - \frac{\delta}{\mathrm{T}},$$

wo

$$\delta = \frac{1}{\mathrm{AR}\mu}.$$

Hieraus folgt

$$\ln p = \delta \ln(\mathrm{T}-\mu) - \delta \ln \mathrm{T} + \ln \mathrm{G}$$

und

(5) $$p = \mathrm{G}\left(\frac{\mathrm{T}-\mu}{\mathrm{T}}\right)^{\delta}.$$

Die aus dieser Formel abgeleiteten Werthe zeigen ebenfalls mit den durch direkte Messung gefundenen eine sehr befriedigende Uebereinstimmung.

164. Bei ein und demselben Körper kann man δ sehr verschiedene Werthe beilegen, ohne dass die obige Formel aufhört, mit dem Experiment in Einklang zu stehen. Für diese eigenthümliche Thatsache gab Bertrand die Erklärung.

Bekanntlich erhält der Ausdruck

$$\left(1 - \frac{x}{m}\right)^{m}$$

für lim. $m = \infty$ den Werth e^{-x}. Von einem hinreichend grossen Werthe von m an werden sich also die Werthe dieses Ausdrucks nur sehr wenig von einander unterscheiden, wenn man m zunehmen lässt. Nun kann aber die rechte Seite der Formel (5)

$$\mathrm{G}\left(1 - \frac{\frac{\mu\delta}{\mathrm{T}}}{\delta}\right)^{\delta}$$

geschrieben werden oder in Folge der Definition von δ

$$\mathrm{G}\left(1 - \frac{\frac{1}{\mathrm{ART}}}{\delta}\right)^{\delta}.$$

Da nun A und R klein sind, muss δ gross sein. Wenn man also für δ zwei sehr verschiedene Werthe setzt, vorausgesetzt nur, dass sie beide gross sind, so wird man doch für die entsprechenden Werthe von p Zahlen erhalten, bei welchen eine grosse Anzahl von Decimalen übereinstimmt und die deshalb beide mit dem Experiment in Einklang stehen.

165. Für Kohlensäure, Alkohol und Quecksilber ist der Quotient $\frac{p\sigma}{L}$ zwischen bestimmten Temperaturgrenzen nahezu konstant; in diesem Falle ist (cf. (4) § 161)

$$\frac{p'}{p} = \frac{\delta}{T},$$

wobei δ eine Konstante bedeutet, und man erhält somit

$$p = G T^{\delta}.$$

Bertrand fand, dass diese Formel innerhalb der Temperaturgrenzen, für welche sie aufgestellt wurde, mit dem Experiment übereinstimmt.

166. Bestimmung der willkürlichen Funktion in dem Ausdrucke für die Entropie. — Das Studium der gesättigten Dämpfe führt noch zu anderen Bestätigungen der Fundamentalprincipien der Thermodynamik. Da diese Bestätigungen jedoch die Kenntniss der Funktion ψ erfordern, welche im Ausdrucke (2) für die Entropie vorkommt, wollen wir zunächst diese Funktion bestimmen.

Wir denken uns die Einheit einer Flüssigkeitsmasse, die unter demselben Drucke steht, wie ihn der für die gleiche Temperatur T gesättigte Dampf ausüben würde; nun lassen wir die Temperatur um dT wachsen und gleichzeitig das von der Flüssigkeit eingenommene Volumen so variiren, dass der Druck gleich demjenigen des gesättigten Dampfes bei der Temperatur $T + dT$ wird. Unter dieser Bedingung verdampft nichts von der Flüssigkeit.

Die Wärmemenge, welche der Flüssigkeit während dieses Vorgangs zugeführt wird, ist

$$dQ = T\,ds,$$

wobei ds die Aenderung der Entropie der Flüssigkeit bezeichnet. s werden wir offenbar finden, wenn wir in dem Ausdrucke (2) für die Entropie S eines Systems, das aus der Masse m von gesättigtem Dampf und der Flüssigkeitsmasse $(1-m)$ gebildet wird, $m=0$ setzen; dann erhalten wir also

$$s = -Ap\lambda' + \psi'(T),$$

und da p und ψ' nur Funktionen von T sind,

$$ds = -Ap'\lambda'\,dT + \psi''(T)\,dT - Ap\,d\lambda'.$$

Nun sind aber die Flüssigkeiten nur wenig kompressibel; demnach lässt sich die bei gleichzeitiger Variation der Temperatur und des Drucks eintretende Volumenänderung durch eine solche ersetzen, welche durch alleinige Aenderung der Temperatur hervorgerufen würde. Man kann also annehmen, dass λ', d. h. der Differentialquotient des specifischen Volumens λ nach T bei veränderlichem Drucke, dem Ausdehnungskoefficient der Flüssigkeit bei konstantem Drucke proportional ist. Da nun dieser Koefficient sich nur sehr wenig mit der Temperatur ändert, so gilt das Gleiche auch für λ'; wir dürfen somit in dem Ausdrucke für ds das Glied vernachlässigen, welches als Faktor das Differential $d\lambda'$ enthält. Hieraus folgt

$$ds = -Ap'\lambda' dT + \psi''(T)\, dT.$$

Durch Einführung dieses Ausdruckes in dQ ergibt sich

$$dQ = -Ap'\lambda' T dT + \psi''(T)\, T dT.$$

Setzen wir nun

$$dQ = k\, dT,$$

so bedeutet k die specifische Wärme der Flüssigkeit unter dem Drucke des gesättigten Dampfes, und wir erhalten

$$k = -Ap'\lambda' T + T\psi''(T). \tag{6}$$

167. Wir suchen nun noch einen anderen Ausdruck für k. Wählen wir p und T zu Variabeln, so gilt allgemein

$$ds = \frac{\partial s}{\partial T} dT + \frac{\partial s}{\partial p} dp,$$

und demnach

$$k dT = dQ = T ds = T\frac{\partial s}{\partial T} dT + T\frac{\partial s}{\partial p} dp.$$

Aus diesem Ausdrucke für dQ ergibt sich, dass $T\frac{\partial s}{\partial T} dT$ diejenige Wärmemenge bezeichnet, welche erforderlich ist, um bei konstantem Drucke die Temperatur der Masseneinheit der Flüssigkeit um dT zu erhöhen; es bezeichnet also $T\frac{\partial s}{\partial T}$ die specifische Wärme C der Flüssigkeit bei konstantem Drucke, und wir dürfen schreiben

$$k dT = C dT + T\frac{\partial s}{\partial p} dp.$$

In § 148 wiesen wir nach, dass die Eigenschaften der Massieu'schen Funktion H zu der Gleichung führen:

$$\frac{\partial S}{\partial p} = -A\frac{\partial v}{\partial T};$$

wir erhalten also in unserem Falle, wo die Entropie mit s und das specifische Volumen mit λ bezeichnet ist

$$\frac{\partial s}{\partial p} = -A \frac{\partial \lambda}{\partial T}.$$

Nun darf man aus den im vorigen Paragraphen angegebenen Gründen den Differentialquotient $\frac{\partial \lambda}{\partial T}$, welcher streng proportional dem Ausdehnungskoefficient der Flüssigkeit bei konstantem Drucke ist, durch λ' ersetzen; es wird also

$$\frac{\partial s}{\partial p} = -A\lambda',$$

und demnach

$$k\,dT = C\,dT - AT\lambda'\,dp.$$

Wir wollen zunächst als Variabele wieder v und T wählen. dp ist ein totales Differential; da jedoch in unserem Falle der Druck nur von der Temperatur abhängt, so haben wir einfach

$$dp = \frac{\partial p}{\partial T}\,dT = p'\,dT.$$

Setzen wir diesen Werth in die Gleichung für $k\,dT$ ein und dividiren beide Seiten durch dT, so ergibt sich

$$k = C - ATp'\lambda'.$$

168. Um nun die Gleichung zu erhalten, die zur Bestimmung von ψ dient, haben wir diesen Werth dem oben (6) für k gefundenen Werth gleich zu setzen; dann finden wir

$$C = T\psi''(T)$$

und somit

$$\psi''(T) = \frac{C}{T}.$$

Nehmen wir an, dass C von der Temperatur nicht abhänge, was bei den Flüssigkeiten nahezu der Fall ist, so erhalten wir durch Integration aus der oberen Gleichung

$$\psi' = C \ln T,$$

und

$$\psi = C(T \ln T - T).$$

169. Angenäherte Ausdrücke für die Funktionen H, H′, S und U. — Ersetzen wir bei dem in § 158 für die Funktion H gefundenen Ausdrucke ψ durch den obigen Werth, dann erhalten wir

$$H = Ap(v - \lambda) + C(T \ln T - T),$$

oder bei Berücksichtigung der Gleichung (1)

(7) $$H = Apm(\sigma - \lambda) + C(T \ln T - T).$$

Für die Entropie finden wir (cf. (2) § 158)

$$S = Ap'm(\sigma - \lambda) - Ap\lambda' + C \ln T.$$

Nun ist λ' immer klein, in Folge dessen kann das damit behaftete Glied gegenüber den übrigen häufig vernachlässigt werden; begnügen wir uns mit dieser Annäherung, so erhalten wir

$$S = Ap'm(\sigma - \lambda) + C \ln T$$

oder endlich, da nach der Formel von Clapeyron

$$\frac{L}{T} = Ap'(\sigma - \lambda),$$

(8) $$S = \frac{L}{T} m + C \ln T.$$

Wenn die Funktionen H und S bekannt sind, erhält man die innere Energie des Systems aus der Definitionsgleichung für die charakteristische Funktion H (§ 126)

$$H = TS - U;$$

es wird demnach

$$U = Lm + CT \ln T - Apm(\sigma - \lambda) - C(T \ln T - T)$$

oder

$$U = Lm + CT - Apm(\sigma - \lambda).$$

Bei gewissen Anwendungen empfiehlt sich die Wahl der Variabeln p und T; in diesem Falle ist es von Vortheil, die charakteristische Funktion

$$H' = H - Apv$$

zu kennen.

Nun gilt nach der Gleichung (1) des § 158

$$v = m(\sigma - \lambda) + \lambda;$$

ersetzt man also v durch diesen Werth, und H durch den Ausdruck (7), so erhält man

$$H' = Apm(\sigma - \lambda) + C(T \ln T - T) - Apm(\sigma - \lambda) - Apv\lambda$$

oder

$$H' = -Apv\lambda + C(T \ln T - T).$$

170. Adiabatische Ausdehnung eines gesättigten Dampfes. — Wenn man plötzlich das Volumen eines Raumes vergrössert, der eine Flüssigkeit und deren gesättigten Dampf enthält, so nimmt der Druck ab. Dies ist eine experimentell nachgewiesene Thatsache, denn a priori ist es nicht undenkbar, dass der Druck zunehmen könnte; jedenfalls aber ist für keinen Dampf eine Zunahme des Druckes beobachtet worden.

Da der Druck eines Dampfes eine wachsende Funktion der Temperatur ist, so muss die Temperatur gleichzeitig mit dem Drucke abnehmen. Diese Temperaturabnahme hat zur Folge, dass der Dampf sich zu kondensiren strebt, in Folge der Druckverminderung dagegen wird sich neuer Dampf zu bilden suchen. Welcher dieser beiden entgegengesetzten Vorgänge wird die Oberhand gewinnen? Wird Kondensation oder Verdampfung eintreten? Mit Hülfe der oben entwickelten Gleichungen lässt sich diese Frage entscheiden.

Da die Volumenzunahme plötzlich vor sich gehen sollte, darf man die Transformation als adiabatisch auffassen; dann aber bleibt die Entropie des Systems konstant, und wir erhalten nach dem Ausdrucke (8) für diese Funktion

$$\frac{L}{T} m + C \ln T = \text{Const.}$$

Aus dieser Gleichung folgt durch Differentiation

$$\frac{L}{T} dm + m \frac{\partial}{\partial T}\left(\frac{L}{T}\right) dT + C \frac{dT}{T} = 0 .$$

Nach unserer obigen Bemerkung ist die Temperaturänderung dT negativ; der Koefficient $\frac{L}{T}$ von dm ist positiv; demnach muss dm dasselbe Zeichen haben wie der Koefficient von dT. Mit anderen Worten, es wird Verdampfung oder Kondensation eintreten, je nachdem

$$\frac{C}{T} + m \frac{\partial}{\partial T}\left(\frac{L}{T}\right)$$

positiv oder negativ ist.

Das erste Glied dieser Summe ist positiv. Die latente Verdampfungswärme lässt sich allgemein darstellen durch eine Gleichung von der Form

$$L = \alpha - \beta T ,$$

wobei α eine positive und β eine positive oder negative Konstante bedeutet. Aus dieser Formel folgt

$$\frac{L}{T} = \frac{\alpha}{T} - \beta$$

und somit

$$\frac{\partial}{\partial T}\left(\frac{L}{T}\right) = -\frac{\alpha}{T^2} .$$

Die betrachtete Summe ist also die Differenz

$$\text{(9)} \qquad \frac{C}{T} - \frac{\alpha m}{T^2}$$

zweier positiven Grössen und kann somit je nach der Natur der Flüssigkeit positiv oder negativ sein.

171. Für den Fall, dass sich die Masseneinheit des betreffenden Körpers im Zustande des gesättigten Dampfes befindet, hat man in unseren Formeln $m = 1$ zu setzen; dann wird die obige Differenz

$$\frac{C}{T} - \frac{\alpha}{T^2}.$$

Für Wasserdampf ergibt die Rechnung einen negativen Werth; der Wasserdampf im Zustande der Sättigung muss sich also bei der Ausdehnung kondensiren, und dies hat auch Hirn[1]) experimentell nachgewiesen.

Für Aetherdampf hingegen ist diese Differenz positiv; wenn man also das von gesättigtem Aetherdampf eingenommene Volumen vergrössert, so hört dieser Dampf auf gesättigt zu sein, er ist vielmehr überhitzt.

Diese Folgerung experimentell zu prüfen, würde in dieser Form schwierig sein. Nun erkennt man aber leicht an der Hand der im vorigen Paragraphen gegebenen Ausführungen, dass, wenn sich ein Dampf durch Ausdehnung überhitzt, er sich durch Kompression verdichten muss, und Hirn[2]) wies dies in der That nach.

Wenn der gesättigte Dampf mit der Flüssigkeit, aus welcher er entstanden, in Berührung steht, so kommt der Werth von m bei dem Vorzeichen der Differenz (9) in Betracht. Bei Körpern, welche sich, wie das Wasser, bei der Ausdehnung kondensiren, falls $m = 1$ ist, würde es also auch möglich sein durch Kompression eine Kondensation zu erreichen, vorausgesetzt, dass der Werth von m kleiner ist als

$$m = \frac{CT}{\alpha},$$

für welch' letzteren die betrachtete Differenz gerade Null wird.

Aus analogen Gründen muss auch die Temperatur einen Einfluss haben auf die Art und Weise, wie die Kondensation vor sich geht. Für einige Dämpfe liess sich die Temperatur berechnen, bei welcher in den Erscheinungen, die in einer Kompression oder Aus-

---

[1]) Bulletin de la Société industrielle de Mulhouse No. 133.

[2]) Cosmos vom 10. April 1863.

dehnung ihren Grund haben, ein Wechsel eintreten muss, doch ist bisher über diesen Gegenstand noch keine experimentelle Untersuchung ausgeführt worden.

Wie es nun auch mit der Genauigkeit dieser letzteren Konsequenzen stehen mag, jedenfalls haben die Versuche von Hirn über den Wasserdampf und den Aetherdampf von Neuem die Richtigkeit der Principien bestätigt, welche uns gestatteten, die Resultate dieser Experimente schon zum Voraus anzugeben.

Kapitel XII.

Erweiterung des Satzes von Clausius.

172. Zwei Definitionen der Umkehrbarkeit. — Wenn ein System Σ mit Wärmequellen in Verbindung steht, so ist eine Umformung, welche dies System von einem Zustande A in einen Zustand B überführt, umkehrbar, falls folgende Bedingungen erfüllt sind:

1. Das System kann von B nach A zurückkehren, indem es alle Zwischenzustände passirt, welche es durchlaufen hat, um von A nach B zu gelangen.

2. Bei dieser umgekehrten Transformation ist die Wärmemenge, welche das System einer jeden der Quellen entnimmt, gleich derjenigen, welche ihr bei der direkten Transformation von denselben Wärmequellen geliefert wurde, besitzt aber das entgegengesetzte Vorzeichen.

Wie wir in § 37 sahen, sind die adiabatischen und die isothermischen Umwandlungen, bei welchen die Temperatur derjenigen von einer der Wärmequellen entspricht, die einzigen, welche dieser Bedingung genügen; dies sind also die einzigen umkehrbaren Transformationen.

Nun werden aber bei einer grossen Anzahl von Umwandlungen die Wärmequellen, mit denen das System in Wärmeaustausch steht, gar nicht berücksichtigt, und man nennt jede Transformation umkehrbar, welche der ersten Bedingung genügt; es ist also praktisch, diese beiden Arten der Umkehrbarkeit auseinander zu halten.

Wir wollen diejenige Transformation, welche beide angegebenen Bedingungen erfüllt, vollkommen umkehrbar nennen; genügt sie dagegen nur der ersten Bedingung, dann sagen wir, die Transformation sei umkehrbar in Bezug auf das System selbst.

173. Neue Fassung des Clausius'schen Satzes. — In allen Fällen, die in den vorhergehenden Kapiteln behandelt wurden, ist der Zustand des Systems vollkommen definirt, wenn man den Druck p und das specifische Volumen v (oder zwei analoge Variabele) kennt. Irgend eine Umformung, welche einer beliebigen Aenderung von p und v entspricht, ist immer möglich, wenn das System einer Wärmequelle Wärme entnehmen und dieselbe an eine Kältequelle abgeben kann; es wird also ein beliebiger Kreis in dem einen oder anderen Sinne durchlaufen werden können, vorausgesetzt, dass ein Wärmeaustausch mit zwei Wärmequellen von passender Temperatur vor sich gehen kann. Unter diesen Bedingungen ist ein beliebiger Kreis umkehrbar in Bezug auf das System selbst; die Carnot'schen Kreise dagegen sind die einzigen vollkommen umkehrbaren (d. h. umkehrbar in dem Sinne, den wir bisher dieser Bezeichnung beigelegt haben).

Wir sprachen früher (§ 120) den Satz von Clausius so aus, dass das Integral

$$\int \frac{dQ}{T},$$

über einen beliebigen geschlossenen Kreis ausgedehnt, Null sein muss; aber wir haben, nach meiner obigen Bemerkung, bis jetzt nur umkehrbare Kreise berücksichtigt.

Man fasst nun auch häufig das Theorem von Clausius so: *Für jeden geschlossenen umkehrbaren Kreis ist das Integral* $\int \frac{dQ}{T}$ *Null.*

174. Erweiterung des Theorems von Clausius. — Bei einer grossen Anzahl von Erscheinungen, wie bei der Dissociation, bei elektrischen Vorgängen etc., genügen indessen zwei unabhängige Variabele nicht, um den Zustand des Systems zu definiren. Bei gewissen Körpern, wie den in Bewegung begriffenen Flüssigkeiten, sowie bei den festen Körpern, besitzt der Druck p nicht in allen Punkten dieselbe Grösse, und sein Werth in einem bestimmten Punkte hängt von der Richtung ab, welche in Frage kommt. In anderen Fällen ist die Temperatur T des Systems nicht gleichförmig, und das im Clausius'schen Satze auftretende Integral hat keine bestimmte Bedeutung mehr. Endlich kommen auch Vorgänge vor, die in Bezug auf das System selbst nicht umkehrbar sind: Wenn man z. B. geschmolzenen Schwefel, der unter den Schmelzpunkt abgekühlt ist, durch das Hineinwerfen eines Schwefelkrystalls zum Erstarren bringt, so ist das offenbar ein nicht umkehrbarer Process, denn es ist unmöglich, den Schwefel bei der Temperatur zum Schmelzen zu bringen, bei welcher man sein Erstarren veranlasst hat, und ihn dadurch, dass man ihn seine Zwischenzustände durchlaufen lässt, wieder zu seinem Anfangszustand zurückzubringen.

Was wird nun aus dem Theorem von Clausius in diesen verschiedenen Fällen, auf welche sich der Inhalt des Kapitel VIII nicht anwenden lässt? Clausius hat den Satz bewiesen: *Für jeden geschlossenen umkehrbaren Kreis ist das Integral* $\int \frac{dQ}{T}$ *Null, für jeden geschlossenen, nicht umkehrbaren Kreis ist dies Integral negativ.* Hierbei ist die im zweiten Theile des Satzes erwähnte Thatsache, dass der Kreis nicht umkehrbar ist, sowohl in dem Wärmeaustausch mit den Wärmequellen als auch im Systeme selbst begründet.

175. Schwierigkeiten, die bei der Erweiterung des Theorems von Clausius auftreten. — Die Beweisführung von Clausius, wie auch diejenige der übrigen Gelehrten, welche dieser schwierigen Frage näher getreten sind, gibt Veranlassung zu Einwürfen, welche Bertrand in seiner Thermodynamik[1]) genau formulirt hat.

Der gewichtigste dieser Einwürfe bezieht sich auf die Temperatur, denn wenn die Temperatur des Systems ungleichmässig ist, so hat das Integral von Clausius, wie wir schon früher bemerkten, keine genau angebbare Bedeutung mehr.

Der zweite gründet sich darauf, dass die mit p bezeichnete Grösse — im Allgemeinen also der Druck — keine bestimmte Bedeutung mehr hat, wenn dieselbe nicht in allen Punkten des Systems und ausserdem um einen bestimmten Punkt herum nach jeder Richtung hin den gleichen Werth besitzt.

Gleichwohl ist es möglich, trotz dieser Einwürfe den Satz von Clausius ganz allgemein zu beweisen. Um den ersten Einwurf zu entkräften, müssen wir zunächst genau definiren, was man unter $\int \frac{dQ}{T}$ zu verstehen hat. Auch dem zweiten Einwurfe wird unser Beweis Stand halten können, denn wir werden keinerlei einschränkende Annahme in Betreff der Variabeln p zu machen brauchen, da diese in dem Beweise überhaupt nicht auftreten wird.

176. Bedeutung des Integrals von Clausius. — Wir nehmen zunächst an, das betreffende System Σ bestehe aus n Systemen Σ_1, $\Sigma_2, \ldots \Sigma_n$, und für jedes der letzteren sei die Temperatur gleichförmig. Bezeichnen wir mit $T_1, T_2, \ldots T_n$ die zugehörigen Temperaturen und mit $dQ_1, dQ_2, \ldots dQ_n$ die Wärmemengen, welche sie während einer Elementartransformation aufnehmen, dann ist es das Natürlichste, zur Verallgemeinerung des Clausius'schen Theorems das Integral $\int \frac{dQ}{T}$ als die Summe

$$\int \frac{dQ_1}{T_1} + \int \frac{dQ_2}{T_2} + \ldots \int \frac{dQ_n}{T_n}$$

---

[1]) Kap. 12, pag. 265.

aufzufassen; hierbei beziehen sich die Theilintegrale auf die Systeme Σ_1, Σ_2, ... Σ_n, deren Gesammtheit das System Σ bildet.

Nun lässt sich diese Summe auf zwei verschiedene Arten erklären. Die ganze vom System Σ_1 absorbirte Wärmemenge kann nämlich von äusseren Wärmequellen an das Gesammtsystem Σ abgegeben werden, oder nur zum Theil von derartigen Wärmequellen, zum Theil aber von den anderen Partialsystemen Σ_2, ... Σ_n herrühren. In diesem letzteren Falle hat man also anzugeben, ob dQ_1 die gesammte, vom System Σ_1 absorbirte Wärmemenge bedeutet oder nur denjenigen Theil dieser Wärme, welche dem System Σ durch die äusseren Körper geliefert wird. Wir werden jedoch sehen, dass der Satz von Clausius unabhängig von der angenommenen Definition gilt.

Wir wollen nun zu dem Falle übergehen, dass sich in einem Systeme die Temperatur stetig von Punkt zu Punkt ändert. Zerlegen wir dies System in eine unendlich grosse Anzahl unendlich kleiner Systeme, so dürfen wir die Temperatur in jedem dieser Theilsysteme als gleichmässig betrachten und kommen damit wieder auf den früheren Fall zurück. Wir haben dann bei jedem dieser Elementarsysteme das Integral $\int \frac{dQ}{T}$ über den geschlossenen Kreis zu erstrecken, den dasselbe beschreibt, und ausserdem die Summation aller dieser Integrale vorzunehmen. In diesem Falle lässt sich also das Clausius'sche Integral darstellen als

$$\iint \frac{dQ}{T},$$

wodurch angedeutet werden soll, dass eine doppelte Integration auszuführen ist; die eine derselben erstreckt sich über alle Elemente des Kreises, welchen ein Partialsystem beschreibt, das andere über alle Elemente des Total-Systems.

Für den Werth von dQ sind, wie wir bereits erwähnten, noch zwei Erklärungen möglich; bei beiden bleibt das Resultat das gleiche.

177. Hülfssatz. — Für den Beweis, den wir geben wollen, haben wir einen Hülfssatz nöthig.

Wir fassen ein System Σ in's Auge, das in thermischer Beziehung isolirt ist und aus $n + p$ verschiedenen Partialsystemen besteht.

Der Zustand von n derselben, A_1, A_2, A_3 ... A_n, soll nur von den beiden Variabeln p und v abhängen, demnach sind diese Systeme von derselben Natur, wie die bisher betrachteten. Die bewiesenen Sätze lassen sich also auf sie anwenden und jedes dieser Systeme besitzt eine Entropie. Die p übrigen Systeme B_1, B_2 ... B_p dagegen mögen eine abweichende Beschaffenheit besitzen; wir können deshalb nicht von einer Entropie bei ihnen reden.

Wir bezeichnen mit S_1, $S_2 \ldots S_n$ die Werthe der Entropie der Systeme A in einem bestimmten Augenblicke t, lassen dann das System sich so transformiren, dass zur Zeit t' die Systeme B wieder denselben Zustand annehmen, den sie zur Zeit t besassen, und bezeichnen die entsprechenden Entropien der Systeme A mit S'_1, $S'_2 \ldots S'_n$.

Es lässt sich dann nachweisen, dass

$$S'_1 + S'_2 + \cdots S'_n \geqq S_1 + S_2 + \cdots S_n.$$

Die Richtigkeit der Ungleichung wäre von vornherein klar, wenn die Systeme B keine Transformation erführen, denn man brauchte dann nur das von den Systemen A gebildete System Σ zu betrachten, und es ist ja bereits früher nachgewiesen worden (cf. § 122), dass für ein solches System die Entropie beständig wächst. Wir können nun zeigen, dass auch in unserem allgemeinen Falle die Richtigkeit dieses Satzes keine Einschränkung erleidet.

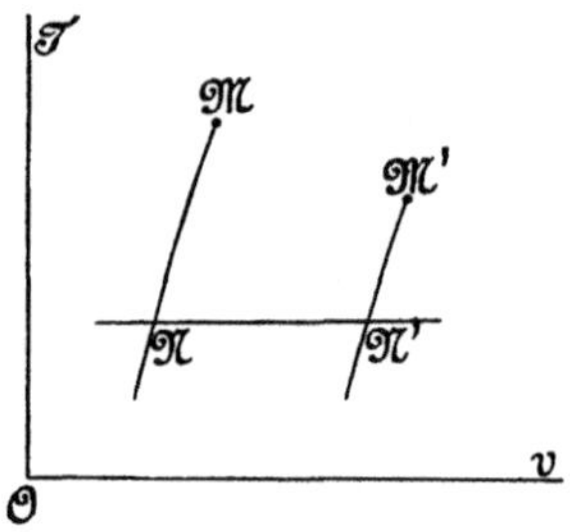

Fig. 26.

178. Wir wollen den Zustand des Systems A_1 durch einen Punkt mit den Koordinaten T_1 und v_1 darstellen; M und M′ mögen die Lagen dieses Punktes zur Zeit t und zur Zeit t' sein. Durch diese Punkte wollen wir zwei Adiabaten M N und M′ N′ legen und dieselben durch eine Isotherme N N′ schneiden. Dann können wir das System A_1 wieder zu seinem Anfangszustande zurückbringen, und zwar durch eine Reihe solcher Transformationen, dass der entsprechende darstellende Punkt M′N′N M durchläuft. Da diese Transformationen adiabatisch oder isothermisch verlaufen, sind sie umkehrbar und wir erhalten für jede Elementartransformation

$$dS_1 = \frac{dQ_1}{T_1}.$$

Ein Wärmeaustausch geht nur zwischen N′ und N vor sich, demnach ist die Aenderung der Entropie in Folge der gesammten Transformationen $\frac{Q_1}{T_0}$, wobei T_0 die Temperatur der Isotherme bezeichnet und Q_1 die Wärmemenge, welche A_1 aufnimmt, wenn sich sein darstellender Punkt längs dieser Isotherme bewegt; wir können annehmen, dass diese Wärme durch eine auf der Temperatur T_0 befindliche Wärmequelle geliefert wird. Da nun der Zustand von A_1 durch zwei Variabele bestimmt ist, so hängt die Aenderung seiner Entropie beim Uebergange von einem zum andern Zustande nicht von der Art und Weise ab, wie dieser Uebergang vor sich geht. Die Entropie im Endzustande sollte S'_1 und im Anfangszustande S_1 sein, demnach erhalten wir, wenn man A_1 vom Endzustande zum Anfangszustand zurückführt, für die Aenderung der Entropie stets $S_1 - S'_1$, welches auch die zu diesem Zwecke angewandten Transformationen sein mögen. Wir finden also

$$\frac{Q_1}{T_0} = S_1 - S'_1$$

und somit

$$Q_1 = T_0 (S_1 - S'_1).$$

179. Durch Umformungen derselben Art können wir alle Systeme A zu ihrem Anfangszustande zurückführen. Da die Temperatur T_0 der Isotherme absolut willkürlich ist, kann man sich für alle Systeme dieselbe Isotherme gewählt denken, d. h. man kann annehmen, dass die Wärmemenge, welche nöthig ist, um alle Systeme A zu ihrem Anfangszustande zurückzuführen, derselben Wärmequelle α entnommen wird. Die von ihr gelieferte Wärme ist also im Ganzen gleich

$$(1) \qquad Q = \Sigma Q_1 = T_0 \left[S_1 + S_2 + \cdots S_n - S'_1 - S'_2 - \cdots S'_n\right].$$

Wenn die Systeme A ihren Anfangszustand wieder erreicht haben, so gilt das Gleiche für das gesammte System Σ, da sich nach Voraussetzung die Systeme B zur Zeit t und t' in demselben Zustande befinden sollten. Fassen wir also die während des Zeitraumes $t' - t$ vor sich gegangenen Umformungen zusammen mit denjenigen, welche wir durchführten, um die Systeme A zu ihrem Anfangszustand zurückzuführen, so haben alle Körper des Systems Σ einen geschlossenen Kreis beschrieben. Demnach ändert sich die innere Energie dieser Körper nicht, und das Princip der Aequivalenz, auf diesen Kreis angewandt, liefert uns die Gleichung

$$(2) \qquad EQ + \tau = 0,$$

wobei Q die von aussen aufgenommene Wärme bezeichnet, und τ die Wirkung der äusseren Kräfte auf das System Σ während der gesammten Umformungen.

Unser Kreis setzt sich nun aus zwei Theilen zusammen; der erste derselben wird von dem Systeme in der Zeit von t bis t' durchlaufen; am Ende dieser Periode sind die Systeme B zu ihrem ursprünglichen Zustande wieder zurückgelangt, nicht aber die Systeme A.

In der darauf folgenden Periode erleiden die Systeme B überhaupt keine Umformung.

Während der ersten Periode sollte der Voraussetzung nach das System B in thermischer Hinsicht isolirt sein und Wärme weder nach Aussen abgeben noch dorther entnehmen. Die in Gleichung (2) auftretende Wärmemenge Q reducirt sich also auf diejenige Wärme, welche während der zweiten Periode von Aussen aufgenommen wird und durch die Gleichung (1) definirt ist.

Nun stammt aber diese Wärme aus einer einzigen Quelle, demnach kann nach einer der Fassungen des Carnot'schen Princips (§ 101) hierdurch keine Arbeit geleistet worden sein; die dem System gelieferte Arbeit darf somit keinen negativen Werth haben, sie muss vielmehr entweder positiv oder Null sein. Nach Gleichung (2) kann also die Wärmemenge Q nicht positiv sein, wir erhalten demnach

$$S_1 + S_2 + \cdots S_n - S'_1 - S'_2 - \cdots S'_n \leqq 0$$

und damit

$$S'_1 + S'_2 + \cdots S'_n \geqq S_1 + S_2 + \cdots S_n \, .$$

180. Theorem von Potier und Pellat. — Dieser Hülfssatz gestattet unmittelbar eine von Potier und Pellat vorgeschlagene Modifikation des Clausius'schen Theorems zu beweisen: *Wenn ein System von Körpern C umkehrbare oder nicht umkehrbare Umwandlungen erfährt, welche dasselbe zu seinem ursprünglichen Zustand wieder zurückbringen, so gilt*

$$\frac{Q_1}{T_1} + \frac{Q_2}{T_2} + \cdots \frac{Q_n}{T_n} \leqq 0 \, ;$$

hierbei bedeuten Q_1, $Q_2 \ldots Q_n$ *die Wärmemengen, welche dem System von den mit demselben in Verbindung stehenden Wärmequellen* a_1, $a_2 \ldots a_n$ *zugeführt werden, und* T_1, $T_2 \ldots T_n$ *die Temperaturen dieser Quellen.*

Wir können nämlich annehmen, dass die Wärmequellen dieselbe Natur besitzen, wie die Systeme A in dem Hülfssatze, und es gilt somit, wenn wir mit S_1, $S_2 \ldots S_n$, S'_1, $S'_2 \ldots S'_n$ die Werthe der Entropie für jeden einzelnen derselben im Anfangs- und Endzustande bezeichnen, die Formel

$$S_1 + S_2 + \cdots S_n - S'_1 - S'_2 - \cdots S'_n \leqq 0.$$

Wenn nun das System C der Wärmequelle a eine Wärmemenge dQ_1 entnimmt, so erhält diese Wärmequelle eine negative Wärmemenge $-dQ_1$; ihre Entropieänderung wird also

$$dS_1 = -\frac{dQ_1}{T_1} \, .$$

Für die gesammte Transformation des Systems wird die von dieser Wärmequelle absorbirte Wärmemenge $= - Q_1$, und demnach ist die Aenderung ihrer Entropie

$$S'_1 - S_1 = - \frac{Q_1}{T_1},$$

denn nach den Annahmen, die man gewöhnlich über die Wärmequellen macht, darf die Temperatur von einer dieser Quellen als konstant betrachtet werden.

Analoge Ausdrücke finden wir für die Variation der Entropie der verschiedenen Wärmequellen, und wenn wir diese in die obige Ungleichung einführen, so ergibt sich

$$\frac{Q_1}{T_1} + \frac{Q_2}{T_2} + \cdots \frac{Q_n}{T_n} \leqq 0,$$

was zu beweisen war.

Man kann übrigens diese Ungleichung auch schreiben

$$\int \frac{dQ}{T} \leqq 0;$$

dann repräsentirt dQ die Wärmemenge, welche dem System während einer elementaren Umwandlung von einer der Wärmequellen geliefert wird, und T die Temperatur dieser Wärmequelle.

181. Theorem. — Wir wollen ein System in's Auge fassen, dessen Temperatur nicht gleichförmig ist und mit der Zeit variirt. In einem bestimmten Augenblicke liegen die Temperaturen der verschiedenen Punkte zwischen zwei Werthen T' und T'' ($T' > T''$), die sich übrigens mit der Zeit ändern. Während des unendlich kleinen Zeitraumes, welcher auf diesen Augenblick folgt, entnimmt das System bestimmten Wärmequellen eine Wärmemenge dQ' und gibt die Wärmemenge dQ'' an andere Wärmequellen ab. Wir wollen nun nachweisen, *dass, wenn das System einen geschlossenen Kreis beschreibt, die Beziehung gilt*

$$\int \frac{dQ'}{T'} - \int \frac{dQ''}{T''} \leqq 0.$$

Zu diesem Zwecke nehmen wir an, dass n Wärmequellen $a_1, a_2 \ldots a_n$ vorhanden seien, deren Temperaturen $T_1, T_2 \ldots T_n$ eine wachsende arithmetische Reihe mit der Differenz ε bilden. Die im betrachteten Zeitpunkte herrschende Maximaltemperatur T' liegt zwischen zwei Gliedern dieser Reihe. Nennen wir T_i das eine derselben, so haben wir

$$T_i > T' > T_{i-1}.$$

Ebenso wird die Minimaltemperatur T'' in demselben Augenblicke zwischen zwei Gliedern T_k und T_{k+1} liegen; es ist also

$$T_k < T'' < T_{k+1}.$$

Die Wärmemenge dQ', welche das System während des unendlich kleinen, auf den betrachteten Augenblick folgenden Zeitintervalls aufnimmt, möge von der Wärmequelle α_i geliefert werden, deren Temperatur T_i höher ist als diejenige eines beliebigen Punktes des Systems; ebenso soll die Wärmemenge dQ'', welche von dem System während desselben Zeitraumes abgegeben wird, von der Wärmequelle α_k aufgenommen werden, deren Temperatur T_k niedriger ist als die Temperatur eines jeden Punktes des Systems. Bezeichnen wir also mit dQ_m die Wärmemenge, welche dem System durch die Wärmequelle α_m geliefert wird, so haben wir

$$dQ_i = dQ', \quad dQ_k = dQ''$$

$$dQ_1 = dQ_2 = \cdots dQ_{i-1} = dQ_{i+1} = \cdots = dQ_n = 0$$

und demnach:

$$\frac{dQ_1}{T_1} + \frac{dQ_2}{T_2} + \cdots \frac{dQ_i}{T_i} + \cdots \frac{dQ_n}{T_n} = \frac{dQ'}{T_i} - \frac{dQ''}{T_k}.$$

Da nun T' zwischen T_i und T_{i-1} liegt, so haben wir

$$T' > T_i - \varepsilon$$

und

$$T'' < T_k + \varepsilon.$$

Aus diesen Ungleichungen folgt

$$T_i < T' + \varepsilon \text{ und } T_k > T'' - \varepsilon.$$

Ersetzen wir also auf der rechten Seite der letzten Gleichung T_i durch $T' + \varepsilon$ und T_k durch $T'' - \varepsilon$, so vermindern wir den Werth des positiven Gliedes und vermehren denjenigen des negativen; aus diesen Gründen wird die rechte Seite kleiner und wir können setzen:

$$\frac{dQ_1}{T_1} + \frac{dQ_2}{T_2} + \cdots \frac{dQ_n}{T_n} > \frac{dQ'}{T' + \varepsilon} - \frac{dQ''}{T'' - \varepsilon}.$$

Durch Integration über den ganzen Kreis folgt dann

$$\frac{Q_1}{T_1} + \frac{Q_2}{T_2} + \cdots \frac{Q_n}{T_n} > \int \frac{dQ'}{T' + \varepsilon} - \int \frac{dQ''}{T'' - \varepsilon}.$$

Nun ist aber nach dem Satze von Potier und Pellat die linke Seite dieser Ungleichung negativ oder Null, demnach wird

$$\int \frac{dQ'}{T' + \varepsilon} - \int \frac{dQ''}{T'' - \varepsilon} < 0.$$

Da nun ausserdem die Differenz ε der arithmetischen Progression, welche die Temperaturen der Wärmequellen bildeten, vollkommen willkürlich ist, so können wir dieselbe beliebig klein annehmen und schliesslich vernachlässigen; wir erhalten dann als Grenzwerth

$$\int \frac{dQ'}{T'} - \int \frac{dQ''}{T''} \leqq 0.$$

182. Wir wollen hierbei noch betonen, dass wir beim Beweise dieser Ungleichung nur von zwei Hypothesen Gebrauch gemacht haben.

1. Die Temperatur ist für einen gegebenen Punkt des Systems in jedem Augenblick völlig bestimmt.

2. Wenn ein Vorgang dadurch zu Stande kommt, dass Wärme bestimmten Wärmequellen entnommen wird, so ist dieser Vorgang auch möglich, wenn die Wärme einer beliebigen Wärmequelle entnommen wird, *falls diese nur der einzigen Bedingung unterworfen ist, dass ihre Temperatur höher ist als diejenige eines beliebigen Punktes des Systems.*

Es lässt sich schwerlich ein System finden, für welches die erste Hypothese nicht erfüllt wäre; die zweite dagegen ist weniger selbstverständlich, und wenn wir auch kein Beispiel kennen, wo sie nicht erfüllt wäre, so wäre es doch unvorsichtig zu behaupten, dass dies immer der Fall sein müsste.

Wird die Wärme durch Leitung von der Wärmequelle auf das System Σ übertragen, so ist kaum anzunehmen, dass die Temperatur dieser Wärmequelle irgend einen Einfluss haben könnte, da das System Σ die Wärme nicht direkt aus der Wärmequelle bezieht, sondern aus den Molekülen, welche die Oberfläche des leitenden Körpers bilden; die Temperatur dieser Oberflächenmoleküle kann aber nicht wesentlich von der Temperatur der Theile des Systems Σ abweichen, welche dieselben berühren. Findet dagegen die Uebertragung durch Strahlung statt, so ist die Richtigkeit der zweiten Hypothese weniger augenscheinlich. Unter dem Einflusse des Lichtes treten gewisse Reaktionen auf, und die Annahme ist nicht absurd, dass sich dieselben nicht mehr vollziehen könnten, wenn die Wärme, welche die Körper aufnehmen, nicht mehr von einer sehr heissen Wärmequelle stamme, wie z. B. der Sonne, sondern aus einer Wärmequelle, deren Temperatur nur wenig höher ist als diejenige der reagirenden Körper. Wäre dies der Fall, dann würde die im vorigen Paragraphen durchgeführte Betrachtung keine Gültigkeit mehr haben.

Der Mechanismus derartiger Einwirkungen ist uns völlig unbekannt.

Berthelot hat neuerdings[1]) nachgewiesen, dass die photographischen Wirkungen wahrscheinlich von der Wärme nicht beeinflusst werden. Es könnte jedoch analoge Erscheinungen geben, bei welchen Wärme absorbirt würde und bei denen in Folge dessen der obige Einwurf völlige Berechtigung hätte. Im Zweifelsfalle hat man es also zu vermeiden, unseren Satz auf Vorgänge anzuwenden, bei denen Licht oder strahlende Wärme eine Rolle spielen müssen.

183. Satz von Clausius. — Nehmen wir nun an, dass in dem oben betrachteten Systeme jederzeit die Temperatur gleichförmig sei, dann wird $T' = T''$, und wir erhalten, wenn wir den gemeinsamen Werth beider mit T bezeichnen,

$$\int \frac{dQ'}{T'} - \int \frac{dQ''}{T''} = \int \frac{dQ' - dQ''}{T} \leqq 0.$$

Nun bedeutet $dQ' - dQ''$ die von dem Systeme während einer Elementarumformung aufgenommene Wärmemenge; wir können also setzen:

$$\int \frac{dQ}{T} \leqq 0.$$

Ist die Temperatur des Systems nicht gleichförmig, so zerlegt man das System in eine unendlich grosse Anzahl unendlich kleiner Systeme, bei deren jedem die Temperatur als gleichförmig angenommen werden darf. Nun beschreiben aber alle diese Systeme einen geschlossenen Kreis, wenn das Gesammt-System einen solchen beschreibt; demnach gilt für ein jedes dieser Elementarsysteme

$$\int \frac{dQ}{T} \leqq 0$$

und für die Gesammtheit derselben, d. h. also für das Totalsystem:

$$\iint \frac{dQ}{T} \leqq 0;$$

hierbei ist die zweite Integration über alle Elemente des Systems auszudehnen.

Die Ungleichung von Clausius ist damit ganz allgemein bewiesen.

---

[1]) Comptes rendus de l'Académie des Sciences 112 p. 329; 9. Febr. 1891.

184. Dies Intregral dQ stellt die Wärmemenge dar, welche ein Elementarsystem sowohl von Aussen aufnimmt, als auch von den anderen Elementarsystemen, aus welchen das gesammte System besteht. Wir wollen nun nachweisen, dass diese Ungleichung auch noch gilt, wenn man nur die von Aussen aufgenommene Wärme berücksichtigt.

Zu diesem Zwecke setzen wir

$$dQ = dQ_e + dQ_i,$$

wobei dQ_e die Wärmemenge bezeichnet, welche das Partialsystem Körpern entnimmt, welche sich ausserhalb des Gesammtsystems befinden, dQ_i diejenige Wärme, welche von dem Wärmeaustausch im Innern herrührt; wir erhalten damit

$$\iint \frac{dQ}{T} = \iint \frac{dQ_e}{T} + \iint \frac{dQ_i}{T} \leqq 0.$$

Wenn wir also zeigen können, dass $\int \frac{dQ_i}{T}$ positiv ist, so haben wir damit gleichzeitig bewiesen, dass $\int \frac{dQ_e}{T}$ negativ sein muss.

Zu diesem Zwecke betrachten wir zwei Systeme mit den gleichförmigen Temperaturen T_1 und T_2, und zwar möge T_1 höher als T_2 sein.

Das erste System wird an das zweite eine gewisse Wärmemenge dq abgeben. Die von dem ersten aufgenommene Wärmemenge ist also $-dq$, die von dem zweiten aufgenommene $= + dq$. Beide Systeme liefern somit zu dem fraglichen Integral die Differenz

$$-\frac{dq}{T_1} + \frac{dq}{T_2} = dq\left(\frac{1}{T_2} - \frac{1}{T_1}\right),$$

welche nothwendig positiv sein muss, da $T_1 > T_2$.

Da dies nun für jede thermische Wechselwirkung zwischen sämmtlichen Elementarsystemen gilt, so erhalten wir

$$\iint \frac{dq_i}{T} = \iint dq\left(\frac{1}{T_2} - \frac{1}{T_1}\right) > 0$$

und somit

$$\iint \frac{dQ_e}{T} \leqq 0.$$

185. Durchläuft das System einen umkehrbaren Kreisprocess, so muss seine Temperatur gleichförmig sein, denn dann findet nothwendiger Weise der Wärmeaustausch zwischen Körpern von der gleichen Temperatur statt. Die Temperaturen T_1 und T_2 haben dann also dieselbe Grösse und jedes Element

$$dq\left(\frac{1}{T_2}-\frac{1}{T_1}\right)$$

des Integrals $\int\int\frac{dQ_i}{T}$ wird Null. Demnach ist dies Integral selbst Null, und wir erhalten

$$\int\int\frac{dQ}{T}=\int\int\frac{dQ_e}{T}.$$

Der Werth dieser Integrale ist aber Null. Da nämlich der Kreis umkehrbar sein sollte, so können wir ihn auch im umgekehrten Sinne durchlaufen lassen und erhalten dann für die Grössen dQ das entgegengesetzte Vorzeichen, also:

$$\int\int-\frac{dQ}{T}\leqq 0$$

oder

$$\int\int\frac{dQ}{T}\geqq 0;$$

wird der Kreis dagegen im direkten Sinne durchlaufen, so gilt nothwendiger Weise

$$\int\int\frac{dQ}{T}\leqq 0;$$

beide Ungleichungen können nur zusammen bestehen, wenn

$$\int\int\frac{dQ}{T}=0.$$

Alles in Allem folgt: *Das Integral von Clausius ist Null für jeden geschlossenen umkehrbaren Kreis, negativ dagegen für einen geschlossenen, nicht umkehrbaren Kreis; dieser Satz ist immer anwendbar* (vorausgesetzt, dass man das Axiom von Clausius annimmt), *wenn die Bedingungen des § 182 erfüllt sind.*

186. Entropie eines Systems. — Wir wollen annehmen, ein System gehe von einem Zustand A, in welchem seine Entropie den Werth S_0 besitzt, zu einem zweiten Zustande B über. Ferner setzen wir voraus, dass man vom Anfangszustande zum Endzustande durch eine Reihe umkehrbarer Transformationen gelangen kann, die wir schematisch durch die Kurve A M B (Fig. 27) darstellen wollen, obgleich im Allgemeinen die graphische Darstellung nicht anwendbar ist.

Entropie des Systems im Zustande B nennen wir die Grösse S_1, welche durch die Gleichung

$$S_1 - S_0 = \int\int \frac{dQ}{T}$$

definirt ist; hierbei erstreckt sich die Integration über alle Elemente des Weges A M B.

Soll diese Definition anwendbar sein, so muss man, wenn mehrere Reihen derartiger Umwandlungen vom Zustande A zum Zustande B führen, zu demselben Werthe von S_1 gelangen, welche Reihe von umkehrbaren Transformationen auch durchlaufen wird. Es lässt sich nachweisen, dass dies in der That der Fall ist.

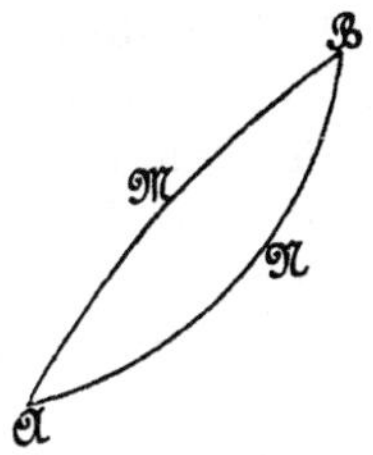

Fig. 27.

Wir wollen schematisch einen dieser umkehrbaren Kreise, welche das System von A nach B bringen, durch A N B darstellen. Dieser Kreis kann auch in umgekehrter Richtung B N A durchlaufen werden und bildet dann mit A M B einen geschlossenen Kreis. Nach dem Satze von Clausius gilt aber für diesen umkehrbaren geschlossenen Kreis

$$\int\int \frac{dQ}{T} = 0;$$

oder durch Zerlegung des Integrals in zwei Theile

$$\int\int_{AMB} \frac{dQ}{T} + \int\int_{BNA} \frac{dQ}{T} = 0;$$

daraus folgt

$$\int\int_{AMB} \frac{dQ}{T} = \int\int_{ANB} \frac{dQ}{T}.$$

Das in der Definitionsgleichung für S_1 auftretende Integral hat also denselben Werth für alle umkehrbaren Wege, die man einschlagen kann.

Die Aenderung der Entropie eines Systems während dessen Uebergang von einem Zustande zu einem anderen ist somit vollkommen definirt, vorausgesetzt, dass ein umkehrbarer Weg vorhanden ist, auf welchem man das System vom Anfangs- zum Endzustande überführen kann.

187. Wir nehmen ferner an, dass zum Uebergange aus dem Anfangs- in den Endzustand kein umkehrbarer Weg vorhanden sei.

Dann ist es in den meisten, wenn nicht in allen Fällen möglich, die Aenderung der Entropie mittels eines Hülfssystems zu finden. Wir wollen dies durch ein Beispiel klar zu machen suchen.

s und s' seien zwei gleiche Kugeln, die mit den Elektricitätsmengen $+m$ und $-m$ geladen sind; setzen wir dieselben durch einen metallischen Leiter in Verbindung, so kommen beide zum neutralen Zustande zurück. Nun verursacht der Uebergang aus dem ersten Zustande A zum zweiten A′ das Auftreten einer nicht umkehrbaren Erscheinung, nämlich die Erwärmung des Verbindungsdrahtes durch den hindurchfliessenden Strom, und wenn die beiden Kugeln und der Verbindungsdraht die einzigen Körper wären, welche im Weltall existirten, so gäbe es kein Mittel, diese Kugeln wieder mit ihrer Ladung zu versehen, d. h. also, sie vom Zustande B wieder zum Zustand A zurückzuführen.

Nun können wir aber ein Hülfssystem betrachten, das aus einem negativ geladenen Leiter C und einem positiv geladenen Leiter C′ besteht; beide Leiter mögen sich in sehr grosser Entfernung von den Kugeln befinden.

Da die Kugeln im Zustande B keinerlei elektrische Ladung besitzen, so dürfen wir sie mit dem Erdboden in Verbindung setzen, ohne dass ein Strom und damit eine Erwärmung des Leiters auftritt, oder ein anderer nicht umkehrbarer Process sich abspielt.

Nähert man hierauf die Kugel s dem Leiter C, so läd sie sich positiv; wenn diese Bewegung sehr langsam erfolgt, dann wird auch die Intensität des Stromes nur sehr gering sein, und die Erwärmung des Drahtes, die dem Quadrate dieser Intensität proportional ist, kann vernachlässigt werden, so dass sich der Vorgang als umkehrbar betrachten lässt. Wenn die Entfernung noch so gross ist, dass die Ladung gerade $+m$ beträgt, lösen wir die Verbindung mit der Erde und entfernen die Kugel von dem Leiter, so dass der Einfluss des letztern aufhört. Auf analoge Weise können wir mit Hülfe des Leiters C′ die Kugel s' mit einer Elektricitätsmenge $-m'$ laden, und damit ist das aus den beiden Kugeln gebildete System zu seinem Anfangszustande wieder zurückgelangt.

Die Operationen, die wir ausführten, sind umkehrbar, demnach ist die Aenderung der Entropie, welche beim Uebergange aus dem Zustande B in den Zustand A erfolgt, gleich $\iint \frac{dQ}{T}$. Da nun bei allen Vorgängen weder Wärme entwickelt noch aufgenommen wurde, so ist $dQ = \text{Null}$, und demnach ist auch die Aenderung der Entropie $= \text{Null}$; die Entropie hat also beim Zustande B den gleichen Werth wie beim Zustande A.

188. Es scheint keinen Fall zu geben, wo sich dies Verfahren nicht anwenden liesse; wäre dies der Fall, dann liesse sich der Werth der Entropieänderung nicht genau bestimmen, wohl aber könnte man eine untere Grenze dafür angeben.

Gäbe es einen umkehrbaren Weg A M B (Fig. 27), auf welchem das System von A nach B gelangen könnte, so erhielten wir als Aenderung der Entropie

$$S_1 - S_0 = \iint\limits_{AMB} \frac{dQ}{T}$$

Nun sei A N B ein nicht umkehrbarer Weg, welcher ebenfalls das System von A nach B bringen würde; dann liefert uns der nicht umkehrbare geschlossene Kreis A M B N A:

$$\iint \frac{dQ}{T} < 0$$

oder

$$\iint\limits_{ANB} \frac{dQ}{T} + (S_0 - S_1) < 0\,,$$

demnach

$$S_1 - S_0 > \iint\limits_{ANB} \frac{dQ}{T}\,.$$

Man hat damit also eine untere Grenze für die Aenderung der Entropie, wenn man den Werth des Integrals $\iint \frac{dQ}{T}$ für einen der nicht umkehrbaren Kreise berechnet.

189. Ebenso können wir das Theorem verallgemeinern, das bereits früher (§ 122) für ein System von Körpern bewiesen worden war, deren Zustand durch zwei Veränderliche definirt ist: *Die Entropie eines isolirten Systems wächst fortwährend.*

Da nämlich ein isolirtes System keine Wärme von Aussen aufnehmen kann, so ist $dQ = 0$, und die Ungleichung

$$S_1 - S_0 > \iint \frac{dQ}{T}$$

gibt

$$S_1 - S_0 > 0$$

190. Bedingung für die Möglichkeit einer Transformation. — Setzt man die Temperatur des Systems als gleichförmig voraus, dann reducirt sich das Integral $\iint \frac{dQ}{T}$ auf $\int \frac{dQ}{T}$, das über alle Elemente des von dem System beschriebenen Kreises zu erstrecken ist. Demnach geht die Ungleichung des vorigen Paragraphen über in

$$S_1 - S_0 > \int \frac{dQ}{T}.$$

Für eine unendlich kleine Transformation erhalten wir also

$$\frac{dQ}{T} < dS$$

oder

$$dQ < T dS.$$

Diese Bedingung muss eine Transformation stets erfüllen, wenn sie möglich sein soll. Für den Fall, wo der Vorgang umkehrbar ist, erhalten wir die Bedingungsgleichung

$$dQ = T dS.$$

191. Satz von Gibbs. — Auch mittels der charakteristischen Funktionen von Massieu lässt sich diese Bedingung ausdrücken, doch kann man die neuen Bedingungen, die man auf solche Weise erhält, nur auf eine viel geringere Anzahl von Erscheinungen anwenden, da die Einführung der Funktionen von Massieu erfordert, dass die Temperatur T und der Druck p gleichförmig sind.

Aus der Funktion

$$H = TS - U$$

ergibt sich durch Differentiation:

$$dH = T dS + S dT - dU$$

und demnach, wenn wir $T dS$ durch dQ ersetzen,

$$dH > dQ + S dT - dU.$$

Nun gilt nach dem Princip von der Aequivalenz

$$dQ = dU + A p dv.$$

Durch Einführung dieses Werthes von dQ in die obige Ungleichung folgt

$$dH > S dT + A p dv.$$

Dies ist die neue Bedingung für die Möglichkeit einer Transormation.

Nehmen wir sowohl die Temperatur T als auch das Volumen v als konstant an, dann haben wir

$$dT = dv = 0$$

und in Folge dessen

$$dH > 0$$

als Bedingung für die Möglichkeit eines Vorganges. Ist der letztere umkehrbar, so ist $dH = 0$ und H behält seinen Werth bei. Gibbs, v. Helmholtz und Duhem haben diese Funktion H unter der Voraussetzung verwendet, dass T und v konstant sind. v. Helmholtz nannte dieselbe „freie Energie" und schlug auch den Namen „kinetisches Potential" dafür vor; Duhem nennt sie das „thermodynamische Potential bei konstantem Volumen".

192. Wir betrachten nun die Funktion

$$H' = TS - U - Apv = H - Apv,$$

und erhalten durch Differentiation

$$dH' = dH - Apdv - Avdp.$$

Ersetzen wir dH durch $SdT + Apdv$, so folgt

$$dH' > SdT - Avdp.$$

Diese neue Bedingung für die Möglichkeit eines Processes reducirt sich auf

$$dH' > 0,$$

wenn Temperatur und Druck konstant bleiben. Die Funktion H' wächst also für einen nicht umkehrbaren Process, bei welchem T und p ihren Werth beibehalten; sie ändert sich dagegen nicht, wenn der Process umkehrbar ist. Duhem nennt diese Funktion: Thermodynamisches Potential bei konstantem Druck.

Es ergibt sich also aus den Ungleichungen der §§ 189, 191 und 192 Folgendes:

1. Bei einem isolirten System wächst die Entropie S beständig.

2. Bei einem nicht isolirten System, bei welchem T und v konstant bleiben, wächst die Funktion H.

3. Bleiben dagegen T und p bei einem nicht isolirten System konstant, so wächst die Funktion H'.

193. Bemerkungen über die geometrisch darstellbaren Kreise. — Wenn sich unter den Variabeln, welche den Zustand eines Systems bestimmen, das specifische Volumen v und der Druck p befinden und diese letztere Grösse in jedem Punkte des Systems denselben Werth besitzt, so lassen sich die Transformationen des Systems durch eine Kurve darstellen, von welcher jeder Punkt durch die Koordinaten p und v bestimmt ist. Offenbar definirt diese Kurve nicht vollständig die Art und Weise, auf welche die Transformation vor sich geht, da für jeden Punkt der Kurve die anderen Variabeln willkürliche Werthe besitzen können. Wenn aber der Ausdruck für die von dem System geleistete äussere Arbeit $\int p\,dv$ ist, ein Fall, der sehr häufig vorkommt, so wird diese Arbeit für einen geschlossenen Kreis durch den Flächeninhalt des betreffenden Kreises dargestellt.

Nehmen wir diese Bedingungen als erfüllt an und setzen voraus, dass das System eine geschlossene Isotherme durchlaufe und dass ein solcher Kreisprocess umkehrbar sei, dann erhalten wir

$$\int \frac{dQ}{T} = 0$$

oder, da T konstant ist,

$$Q = \int dQ = 0 .$$

Nun wird aber nach dem Princip von der Aequivalenz die äussere Arbeit eines Systems, das einen geschlossenen Kreis durchläuft, dargestellt durch EQ; diese ist also in unserem vorliegenden Falle Null, demnach ist auch die von der Isotherme begrenzte Fläche Null.

Kapitel XIII.

Zustandsänderungen.

194. Zustandsänderungen eines Körpers. — Das Schmelzen und das Verdampfen eines Körpers, ebenso wie die umgekehrten Processe, können auf eine umkehrbare oder nicht umkehrbare Art und Weise vor sich gehen.

Die Umwandlung eines festen in einen flüssigen Körper bei der Schmelztemperatur des betreffenden Körpers ist ein umkehrbarer Process; daraus folgt mit Nothwendigkeit, dass auch das Erstarren der Flüssigkeit bei derselben Temperatur ein umkehrbarer Process ist. Wenn aber die Flüssigkeit erst unterkühlt worden ist, und man veranlasst dann plötzlich durch irgend welches Mittel ihr Erstarren, dann ist die Umwandlung nicht mehr umkehrbar; es ist nämlich unmöglich, die umgekehrte Transformation hervorzurufen, indem man den Körper alle bei seinem Festwerden auftretenden Zwischenzustände rückwärts wieder durchlaufen lässt, denn man kann einen Körper nicht unterhalb seiner normalen Schmelztemperatur zum Schmelzen bringen. Es könnte auch vorkommen, dass ein Körper bis über seinen Schmelzpunkt hinaus fest bliebe und dann plötzlich aus diesem labilen Aggregatzustand in den flüssigen überginge; auch dies wäre dann ein nicht umkehrbarer Process, doch ist derselbe bekanntlich noch nicht experimentell nachgewiesen worden.

Der Uebergang aus dem flüssigen in den dampfförmigen Zustand ist umkehrbar, wenn die Spannung des über der Flüssigkeit lagernden Dampfes den Maximalwerth besitzt, den sie bei der Umwandlungstemperatur annehmen kann. Er ist dagegen nicht umkehrbar, wenn die Temperatur, bei welcher man die Verdampfung vornimmt, höher ist als diejenige, welche der Spannung des über der Flüssigkeit befindlichen Dampfes entspricht. Dies ist beispielsweise der Fall bei der Verdampfung einer überhitzten Flüssigkeit.

Entzieht man einem gesättigten Dampfe Wärme, so kondensirt sich derselbe, ohne dass Druck oder Temperatur sich ändern; in diesem Falle ist die Umwandlung umkehrbar. In dem Falle jedoch, dass der Dampf keinerlei Stäubchen von festen Körpern mehr enthält, kann es, wie R. v. Helmholtz gezeigt hat, vorkommen, dass die Temperatur sinkt, ohne dass der Druck sich ändert und ohne dass der gesättigte Dampf sich verdichtet; die Dampfspannung ist dann grösser als die dieser Temperatur entsprechende Maximalspannung. Dieser Dampf befindet sich also in einem labilen Gleichgewichtszustande und kann sich in Folge verschiedener Ursachen ganz plötzlich kondensiren; unter diesen Bedingungen ist aber der Vorgang der Verflüssigung nicht mehr umkehrbar.

Der unmittelbare Uebergang aus dem festen in den dampfförmigen Zustand ist umkehrbar und ebenso der umgekehrte Process; es lassen sich jedoch, ebenso wie bei der Verdampfung der Flüssigkeiten und der Verflüssigung von Dämpfen, Bedingungen angeben, unter welchen eine derartige Zustandsänderung nicht mehr umkehrbar sein würde.

195. Anwendung der Principien der Thermodynamik. — Wir wollen nun irgend eine dieser Zustandsänderungen betrachten, und einzig der grösseren Deutlichkeit halber — denn die Ableitung gilt für alle Fälle — annehmen, dass es sich um die Umwandlung einer Flüssigkeit in Dampf handle.

Der Zustand des Dampfes sowohl, wie derjenige der Flüssigkeit ist, für sich betrachtet, durch drei Elemente p, v, T definirt, zwischen denen eine Gleichung besteht. Da ausserdem Flüssigkeit und Dampf sich berühren, so besitzen beide gleichen Druck und gleiche Temperatur; diese letzteren Grössen des Systems sind also gleichförmig. Dagegen haben die specifischen Volumina der Flüssigkeit und des Dampfes verschiedene Werthe; wir nennen v_1 das specifische Volumen des Dampfes, v_2 dasjenige der Flüssigkeit. Setzen wir die Gesammtmasse des Systems gleich der Einheit und bezeichnen die Masse des Dampfes mit m, so ist diejenige der Flüssigkeit gleich $1 - m$, und es gilt die Gleichung

$$v = mv_1 + (1 - m) v_2 . \tag{1}$$

Da zwei unabhängige Variabeln genügen, um den Zustand der Flüssigkeit und denjenigen des Dampfes vollständig zu definiren, so gehören diese Körper zu derjenigen Kategorie, auf welche sich die Sätze des Kapitels VIII anwenden lassen; die innere Energie und die Entropie der Flüssigkeit sind demnach, wenigstens bis auf eine Konstante, vollkommen bestimmt. Wir bezeichnen diese Grössen mit U_1 und S_1, wenn es sich um Dampf handelt, mit U_2 und S_2, wenn sie sich auf die Flüssigkeit beziehen sollen. Bedeutet dQ_1 die

Wärmemenge, welche die Masseneinheit des Dampfes bei einer elementaren Umwandlung aufnimmt, und dQ_2 diejenige, welche von der Masseneinheit der Flüssigkeit bei irgend einer elementaren Umwandlung absorbirt wird, dann gilt nach dem Princip von der Aequivalenz und nach dem Satze von Clausius für den Dampf

$$dU_1 = dQ_1 - Ap\,dv_1 \ ; \ dS_1 = \frac{dQ_1}{T}$$

und für die Flüssigkeit

$$dU_2 = dQ_2 - Ap\,dv_2 \ ; \ dS_2 = \frac{dQ_2}{T}.$$

196. Innere Energie des Systems, das von einem in zwei Aggregatzuständen vorhandenen Körper gebildet wird. — Die Annahme scheint natürlich, dass die innere Energie U des Systems, das aus dem Dampfe und der Flüssigkeit besteht, gleich der Summe der inneren Energien von Dampf und Flüssigkeit ist. Diese Hypothese liefert uns

$$U = mU_1 + (1 - m)U_2.$$

Immerhin muss diese Annahme bestätigt werden. Wir wollen also den Ausdruck für die innere Energie des Systems direkt entwickeln.

Der Zustand des Systems hängt von vier Grössen p, v, T und m ab; aber in Folge der Fundamentalgleichungen, welche v_1 und v_2 mit p und T verbinden, und der Gleichung (1), welche v als Funktion von v_1 und v_2 darstellt, genügen drei davon zur vollständigen Bestimmung des Zustandes unseres Systems; wir wollen p, T und m wählen.

Wenn sich diese drei Grössen bei einer elementaren Umwandlung gleichzeitig ändern, dann setzt sich die vom System aufgenommene Wärmemenge zusammen aus 1. der Wärme $m\,dQ_1$, die vom Dampfe absorbirt wird, wenn sich p und T ändern, aber m konstant bleibt; 2. aus der Wärme $(1-m)\,dQ_2$, die unter den gleichen Bedingungen von der Flüssigkeit aufgenommen wird; 3. aus der Wärme, welche nöthig ist, um eine Flüssigkeitsmasse dm in Dampf zu verwandeln und welche den Werth $L\,dm$ hat, wenn L die latente Verdampfungswärme bezeichnet. Wir erhalten also:

$$dQ = m\,dQ_1 + (1-m)\,dQ_2 + L\,dm. \tag{2}$$

Ersetzen wir darin dQ_1 und dQ_2 durch die Werthe, welche uns die Gleichungen für die Differentiale der inneren Energie von Dampf und Flüssigkeit liefern, so folgt

$$Q = m\,(dU_1 + Ap\,dv_1) + (1-m)\,(dU_2 + Ap\,dv_2) + L\,dm.$$

Hieraus ergibt sich für das Differential dU der inneren Energie des Systems der Werth

$$dU = dQ - Apdv = m dU_1 + (1 - m) dU_2 + L dm + \\ + Ap[m dv_1 + (1 - m) dv_2 - dv].$$

Nun ist aber nach Gleichung (1)

$$dv = m dv_1 + (1 - m) dv_2 + dm (v_1 - v_2)$$

und demnach

$$(3) \qquad dU = m dU_1 + (1 - m) dU_2 + L dm - Ap dm (v_1 - v_2).$$

197. Bleibt m konstant, so reducirt sich diese Gleichung auf

$$dU = m dU_1 + (1 - m) dU_2;$$

die Integration derselben liefert

$$U = m U_1 + (1 - m) U_2 + \varphi(m);$$

hierbei bezeichnet $\varphi(m)$ eine bei der Integration auftretende Funktion von m, deren Werth wir nun bestimmen wollen.

Zu diesem Zwecke denken wir uns die drei Variabeln gleichzeitig derartig geändert, dass die innere Energie U_1 des Dampfes und die innere Energie U_2 der Flüssigkeit konstant bleiben. Dann erhalten wir für die Aenderung von U aus der letzten Gleichung

$$dU = \varphi'(m) dm.$$

Nach Gleichung (3) aber ist dieselbe Variation gegeben durch

$$dU = [L - Ap(v_1 - v_2)] dm.$$

Demnach ist

$$\varphi'(m) = L - Ap(v_1 - v_2).$$

Nun darf man annehmen, dass L nicht von m abhängt, d. h. von der Dampfmenge, welche sich über der Flüssigkeit befindet; dann hängt auch $\varphi'(m)$ nicht von m ab, und die Funktion $\varphi(m)$ hat die Form

$$\varphi(m) = \alpha m + \beta,$$

oder, wenn wir die rechte Seite etwas anders schreiben,

$$\varphi(m) = (\alpha + \beta) m + \beta(1 - m).$$

Durch Einführen dieses Werthes von $\varphi(m)$ in den Ausdruck für U erhalten wir

$$U = m(U_1 + \alpha + \beta) + (1 - m)(U_2 + \beta)$$

oder in einer einfacheren Form, da ja U_1 und U_2 nur bis auf eine Konstante bekannt sind,

$$U = m U_1 + (1 - m) U_2 . \tag{4}$$

Die anfänglich gemachte Voraussetzung war also richtig.

198. Entropie des Systems. — Auf ganz analoge Art lässt sich auch zeigen, dass die Entropie S des Systems gleich der Summe der Entropie mS_1 des Dampfes und der Entropie $(1 - m)S_2$ der Flüssigkeit ist, aus welchen das System besteht.

In dem Ausdrucke (2) für dQ ersetzen wir dQ_1 und dQ_2 durch die Werthe TdS_1 und TdS_2, die sich aus den Definitionsgleichungen für die Entropien S_1 und S_2 ergeben; wir erhalten dann

$$dQ = mTdS_1 + (1 - m) TdS_2 + L dm ,$$

und demnach

$$dS = \frac{dQ}{T} = m dS_1 + (1 - m) dS_2 + \frac{L dm}{T} . \tag{5}$$

Für eine Transformation, bei der sich m nicht ändert, finden wir

$$dS = m dS_1 + (1 - m) dS_2$$

und durch Integration

$$S = m S_1 + (1 - m) S_2 + \varphi(m) .$$

Demnach wird der Ausdruck für die Variation der Entropie, wie sie sich für eine Transformation ergibt, bei der S_1 und S_2 konstant bleiben:

$$dS = \varphi'(m)\, dm ;$$

andererseits liefert die Gleichung (5) hierfür den Werth

$$dS = \frac{L dm}{T} ;$$

es wird also

$$\varphi'(m) = \frac{L}{T} .$$

Da unsrer Annahme nach die latente Verdampfungswärme von m unabhängig ist, so hat $\varphi(m)$ die Form

$$\varphi(m) = \alpha m + \beta = (\alpha + \beta) m + \beta (1 - m) .$$

Führen wir diesen Werth in den Ausdruck für S ein und beachten, dass S_1 und S_2 nur bis auf eine Konstante bekannt sind, so erhalten wir

$$S = m S_1 + (1 - m) S_2 . \tag{6}$$

199. Ausdruck für die charakteristischen Funktionen von Massieu. — Ersetzen wir in der ersten derselben:

$$H = TS - U,$$

U und S durch die Werthe (4) und (6), dann ergibt sich

$$H = m(TS_1 - U_1) + (1 - m)(TS_2 - U_2).$$

Nun sind die charakteristischen Funktionen für den Dampf und die Flüssigkeit

$$H_1 = TS_1 - U_1 \quad \text{und} \quad H_2 = TS_2 - U_2;$$

wir können demnach schreiben

$$H = mH_1 + (1 - m) H_2.$$

Ebenso einfach lässt sich beweisen, dass sich die Funktion

$$H' = TS - U - Apv$$

auf dieselbe Weise aus den Funktionen H'_1 und H'_2 für Dampf und Flüssigkeit herleiten lässt; wir erhalten somit

$$H' = mH'_1 + (1 - m)H'_2.$$

200. Bedingungen für die Möglichkeit einer Zustandsänderung. — Im § 192 haben wir nachgewiesen, dass mit Rücksicht auf die Funktion H′ die Bedingung für die Möglichkeit einer Umwandlung durch die Ungleichung

$$dH' > S\,dT - A\,v\,dp$$

gegeben ist; bei Gleichheit der beiden Seiten ist die Transformation umkehrbar.

Nun haben wir hier

$$dH' = m\,dH'_1 + (1 - m)\,dH'_2 + dm\,(H'_1 - H'_2).$$

Ersetzen wir dH'_1 und dH'_2 durch ihre Werthe;

$$dH'_1 = S_1\,dT - A\,v_1\,dp; \quad dH'_2 = S_2\,dT - A\,v_2\,dp,$$

dann erhalten wir

$$dH' = [mS_1 + (1 - m)S_2]\,dT - A[mv_1 + (1 - m)v_2]\,dp + dm(H'_1 - H'_2),$$

oder bei Berücksichtigung der Gleichungen (1) und (6)

$$dH' = S\,dT - A\,v\,dp + dm(H'_1 - H'_2).$$

Die Bedingung für die Möglichkeit einer Transformation wird also

$$S\,dT - A\,p\,dv + dm(H'_1 - H'_2) > S\,dT - A\,p\,dv$$

oder

$$dm(H'_1 - H'_2) > 0.$$

Bei Verdampfung einer Flüssigkeit ist dm positiv; damit also diese Umwandlung stattfinden kann, muss $H'_1 > H'_2$ sein. Ist dagegen $H'_2 > H'_1$, dann würde eine Kondensation des Dampfes eintreten, da in diesem Falle die Bedingung für die Möglichkeit nur erfüllt wird, wenn dm negativ ist.

Soll die Transformation umkehrbar sein, dann müssen H'_1 und H'_2 einander gleich sein.

201. Satz vom dreifachen Punkte. — Da die charakteristischen Funktionen H'_1 und H'_2 von p und T abhängen, so liefert die Bedingungsgleichung für die Umkehrbarkeit

$$H'_1 = H'_2 \tag{7}$$

eine Beziehung zwischen diesen Variabeln. Nun ist die Verwandlung einer Flüssigkeit in Dampf nur dann umkehrbar, wenn der Dampf die Maximalspannung besitzt, welche der Temperatur T entspricht; demnach bedeutet der in Gleichung (7) auftretende Werth von p gerade diese Maximalspannung. Die Gleichung $H'_1 = H'_2$ gibt also die Maximalspannung eines Dampfes als Funktion der Temperatur.

Da die oben aufgestellten Formeln sich auf alle Zustandsänderungen bezogen, so ist die Bedingung für die Umkehrbarkeit der Schmelzprocesse gegeben durch

$$H'_2 = H'_3; \tag{8}$$

hierbei bezeichnet H'_3 die charakteristische Funktion H' für den festen Körper, welche die Schmelztemperatur mit dem Drucke verbindet.

Aus denselben Gründen ist die Bedingung für die Umkehrbarkeit der Transformation, welche einen Körper aus dem festen in den dampfförmigen Zustand überführt,

$$H'_1 = H'_3; \tag{9}$$

sie liefert die Gleichung zwischen der Temperatur und der Dampfspannung des festen Körpers.

Ganz allgemein existirt ein System der Werthe von p und T, welches den Gleichungen (7) und (9) genügt; für dies System gilt also

$$H'_1 = H'_2 = H'_3;$$

hierdurch wird die Gleichung (8) ebenfalls erfüllt. Stellen wir diese Gleichungen durch Kurven dar und wählen p und T zu Koordinaten, dann schneiden sich diese drei Kurven in einem Punkte. *Die Kurven der Dampfspannungen eines und desselben Körpers für den festen und flüssigen Zustand schneiden sich also in einem Punkte der Schmelzpunktskurve.* Dies ist der Satz von dem dreifachen Punkte.

202. Ungleichheit der Dampfspannungen eines und desselben Körpers im festen und flüssigen Zustande bei derselben Temperatur. — Die Gleichungen (7) und (9) gestatten leicht den Beweis dafür, dass die Dampfspannungen ein und desselben Körpers im festen und im flüssigen Zustande des Ueberschmelzens bei der gleichen Temperatur verschieden sind.

Wären dieselben nämlich gleich, dann würden die beiden Gleichungen (7) und (9) in einander übergehen, und man erhielte

$$H'_1 = H'_2 = H'_3.$$

Die Gleichung (8) würde also für dieselben Werthe der Variabeln erfüllt, und die drei Kurven, welche diese Gleichungen darstellen, würden zusammenfallen. Nun ist es aber experimentell nachgewiesen, dass die Kurve für die Dampfspannungen einer Flüssigkeit von der Schmelzkurve dieses Körpers abweicht.

203. Einfluss des Druckes auf die Temperatur, bei welcher eine umkehrbare Zustandsänderung eintritt. — Wir wollen beispielsweise annehmen, dass die betreffende Transformation in der Verdampfung einer Flüssigkeit unter dem Drucke seines gesättigten Dampfes bestehe; da diese Umwandlung umkehrbar ist, so gilt

$$H'_1 = H'_2$$

und demnach

$$dH'_1 = dH'_2$$

oder, wenn man diese Differentiale durch ihre Werthe ersetzt

$$S_1\,dT - A v_1\,dp = S_2\,dT - A v_2\,dp.$$

Aus dieser Gleichung folgt:

$$\frac{\partial T}{\partial p} = A\,\frac{v_1 - v_2}{S_1 - S_2}.$$

Wir haben nun die darin auftretende Grösse $S_1 - S_2$ zu bestimmen. Aus dem Werthe

$$S = m S_1 + (1 - m) S_2$$

für die Entropie des Systems ergibt sich

$$dS = m\,dS_1 + (1 - m)\,dS_2 + dm\,(S_1 - S_2).$$

Nun fanden wir (§ 198)

$$dS = m\,dS_1 + (1 - m)\,dS_2 + \frac{L\,dm}{T}.$$

Setzen wir diese beiden Werthe einander gleich, so ergibt sich

$$S_1 - S_2 = \frac{L}{T}.$$

Hieraus folgt für den Werth von $\frac{\partial T}{\partial p}$

$$\frac{\partial T}{\partial p} = A(v_1 - v_2)\frac{T}{L}.$$

204. Da das specifische Volumen v_1 des Dampfes grösser ist, als das specifische Volumen v_2 der Flüssigkeit, so ist die rechte Seite dieser Gleichung positiv; die Siedetemperatur eines Körpers muss also mit wachsendem Drucke steigen.

Dieselbe Formel ist auch auf den Schmelzprocess anwendbar, nur ändert sich dann die Bedeutung der Buchstaben: L bezeichnet in diesem Falle die latente Schmelzwärme, v_1 das specifische Volumen der Flüssigkeit, v_2 dasjenige des festen Körpers. Im Allgemeinen ist die Dichte eines Körpers im flüssigen Zustande kleiner als im festen Zustande, deshalb ist v_1 grösser als v_2 und die Schmelztemperatur muss steigen, wenn man den Druck erhöht. Für Wasser und die wenigen Körper, deren Volumen beim Schmelzen kleiner wird, ist v_1 kleiner als v_2; diese Körper müssen demnach bei einer um so niedrigeren Temperatur schmelzen, je höher der Druck ist.

Das Experiment hat diese verschiedenen Folgerungen bestätigt. Die Maximalspannung des Dampfes einer Flüssigkeit oder eines festen Körpers steigt mit der Temperatur. Bunsen fand ferner, dass die Schmelztemperatur von Wallrath und Paraffin, deren Volumen beim Schmelzen zunimmt, gleichzeitig mit dem Drucke wächst. Das Sinken der Schmelztemperatur des Eises bei einer Erhöhung des Druckes wurde durch James Thomson und Mousson nachgewiesen. James Thomson konnte sogar die Höhe dieser Temperatur für verschiedene Drucke bestimmen; die von ihm gefundenen Zahlen zeigen eine sehr befriedigende Uebereinstimmung mit denjenigen, welche man aus der Formel erhält; so lieferte der Versuch für Drucke von 8 Atm. resp. 16,8 Atm. als Schmelztemperaturen $-0^0{,}059$ und $-0^0{,}129$, während man aus der Formel für dieselben Drucke der Werthe $-0^0{,}061$ und $-0^0{,}126$ erhält.

205. Bemerkungen über die Beziehung zwischen Temperatur und Druck bei einer umkehrbaren Zustandsänderung. — Da Temperatur und Druck bei einer umkehrbaren Zustandsänderung durch eine der Gleichungen (7), (8) und (9) verknüpft sind, so scheint es leicht, ihre Richtigkeit dadurch zu prüfen, dass man sie mit den durch das Experiment gelieferten Beziehungen vergleicht, also beispielsweise die Gleichung (7) mit denjenigen, welche nach den Versuchen von Regnault die Maximalspannung eines Dampfes als Funktion der Temperatur geben. Thatsächlich ist jedoch diese Vergleichung unmöglich.

Die Entropie und die innere Energie eines Dampfes, welche beide in dem Ausdrucke für die Funktion H'_1 vorkommen, sind nämlich nur bis auf eine willkürliche Konstante bekannt. Wenn also S_1 und U_1 diese Grössen darstellen, so wird dies mit $S_1 + \alpha_1$ und $U_1 + \beta_1$ ebenso gut der Fall sein; α_1 und β_1 bedeuten dabei zwei willkürliche Konstante. Nun hat die Funktion H'_1 den Ausdruck

$$H'_1 = TS_1 - U_1 - Apv;$$

dieselbe wird zu $H'_1 + \alpha_1 T - \beta$, wenn man die letzteren Ausdrücke für die Entropie und die innere Energie der Flüssigkeit zu Grunde legt. Aus den gleichen Gründen enthält die Funktion H'_2 zwei willkürliche Konstanten, und wir können sie schreiben

$$H'_2 + \alpha_2 T - \beta_2.$$

Die Gleichung (7) wird dann:

$$H'_1 + \alpha_1 T - \beta_1 = H'_2 + \alpha_2 T - \beta_2$$

oder

$$H'_1 + \alpha T - \beta = H'_2,$$

wenn man setzt

$$\alpha_1 - \alpha_2 = \alpha \text{ und } \beta_1 - \beta_2 = \beta.$$

Aus dieser neuen Gleichung mit zwei willkürlichen Konstanten lässt sich also das Gesetz von der Aenderung der Dampfspannungen mit der Temperatur nicht ableiten; das Experiment allein gestattet dasselbe zu finden.

206. Formel von Clausius. — Gleichwohl gelang es van der Waals und etwas später Clausius, durch Modifikationen der Hypothesen Bernoulli's über die molekulare Beschaffenheit der Gase in diesem Falle die Bedeutung dieser Konstanten zu ermitteln. Aus diesen Untersuchungen leiteten die genannten Gelehrten Gleichungen ab, welche bei den Gasen die Variabeln p, v und T verbinden. Die Clausius'sche Gleichung lautet:

$$p = \frac{RT}{v - \alpha} - \frac{\mu}{T(v + \beta)^2}.$$

Wir haben bereits erwähnt, dass dieselbe nach den Berechnungen von Sarrau die experimentellen Resultate, welche sich aus der Untersuchung der Kompressibilität und Ausdehnung der Gase ergeben, vollständig darstellt, und haben auch gezeigt, dass sie sich mit den Ergebnissen der Untersuchungen von Joule und Sir W. Thomson im Einklang befindet.

Nun lässt sich aus gewissen Versuchen der Schluss ziehen, dass die Zustandsänderungen stetige Transformationen sind, und dass dies insbesondere bei dem Uebergang aus dem flüssigen in den dampfförmigen Zustand der Fall ist. Clausius macht auch diese Voraussetzung und nimmt an, dass diese Kontinuität sich in den Gleichungen wiederfindet, welche die physikalischen Eigenschaften des Körpers in den verschiedenen Aggregatzuständen ausdrücken. Hieraus folgt, dass die obige, für Gase und Dämpfe aufgestellte Formel auch für Flüssigkeiten in der Nähe des Siedepunkts anwendbar sein muss. Diese Ausdehnung der Formel führt zu einigen interessanten Folgerungen, die wir nun näher betrachten werden.

207. Wir wollen T als konstant annehmen und die isotherme darstellende Kurve konstruiren, wobei wir die v zu Abscissen und die p zu Ordinaten wählen.

Für positive Werthe des Druckes muss v nach der Formel nothwendig grösser sein als α; es genügt also, v von α bis unendlich variiren zu lassen; der letztere Werth gibt $p = 0$.

Die Maxima und Minima von p werden bestimmt durch die Gleichung

$$\frac{\mathrm{RT}}{(v-\alpha)^2} - \frac{2\mu}{\mathrm{T}(v+\beta)^3} = 0,$$

die man erhält, wenn man den Differentialquotient von p nach v Null setzt.

Diese Gleichung lässt sich schreiben

$$\mathrm{RT}(v+\beta)^3 - \frac{2\mu}{\mathrm{T}}(v-\alpha)^2 = 0; \tag{1}$$

sie ist in Bezug auf v vom dritten Grade. Für $v = \alpha$ und für $v = \infty$ ist ihre linke Seite positiv, demnach besitzt die Gleichung zwischen diesen Grenzen eine gerade Anzahl von Wurzeln, 2 oder 0; es können also zwei Fälle eintreten.

208. Bei sehr hoher Temperatur T ist das erste Glied der Gleichung (1) sehr gross, das zweite $\frac{2\mu}{\mathrm{T}}(v-\alpha)^2$ dagegen sehr klein. Demnach wird für alle Werthe von v zwischen α und ∞ das Vorzeichen der linken Seite der Gleichung durch dasjenige des ersten Gliedes bestimmt, und die Anzahl der Wurzeln zwischen diesen Grenzen ist Null. Der Druck hat dann weder Maximum noch

Minimum aufzuweisen und die isotherme Kurve ist von der Form der Kurve HK in der Fig. 28.

Ist dagegen T nur klein, so wird der Koefficient $\frac{2\mu}{T}$ des zweiten Gliedes der Gleichung gross; dieses Glied bestimmt dann also das Vorzeichen der linken Seite der Gleichung für alle Werthe von v, welche genügend weit von α entfernt sind; die linke Seite ist somit negativ und hat das entgegengesetzte Vorzeichen von den Werthen, welche sie an den Grenzen annimmt; in diesem Falle erhalten wir also zwischen den Grenzen zwei Wurzeln; der einen derselben ent-

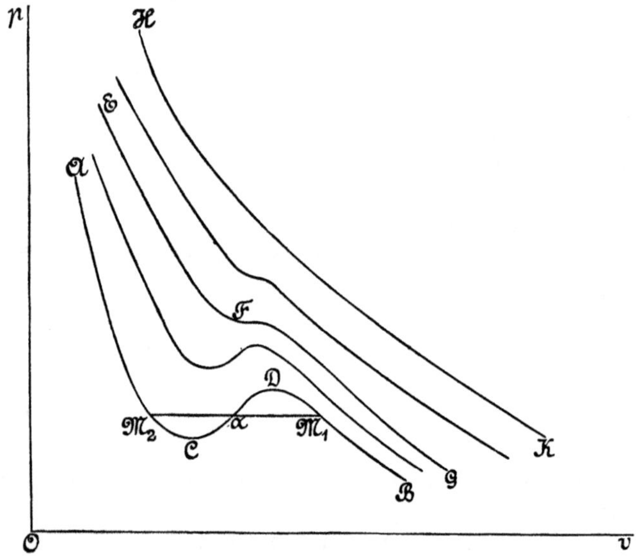

Fig. 28.

spricht ein Maximum D und der anderen ein Minimum C; daher ist A C D B die entsprechende isotherme Kurve.

209. Dazwischen gibt es noch einen Fall, in welchem die Gleichung eine Doppelwurzel enthält. Die entsprechende Temperatur erhält man, wenn man v zwischen der Gleichung (1) und derjenigen eliminirt, welche sich ergibt, wenn man den Differentialquotient der linken Seite Null setzt. Der letztere wird

$$3RT(v+\beta)^2 - 4\frac{\mu}{T}(v-\alpha) = 0;$$

hieraus folgt

(2) $$\frac{(v+\beta)^2}{(v-\alpha)} = \frac{4\mu}{3RT^2}.$$

Die Gleichung (1) liefert uns nun

$$\frac{(v+\beta)^3}{(v-\alpha)^2} = \frac{2\mu}{RT^2};$$

dividirt man diese Gleichung durch die vorhergehende, so erhält man

$$(3) \qquad \frac{v+\beta}{v-\alpha} = \frac{3}{2}.$$

Die Division der Gleichung (2) durch die Gleichung (3) liefert aber

$$(v+\beta) = \frac{8\mu}{9RT^2},$$

und mittels dieses Werthes finden wir aus Gleichung (3)

$$v-\alpha = \frac{16\mu}{27RT^2}.$$

Durch Subtraktion dieser Gleichung von der vorhergehenden ergibt sich

$$\alpha+\beta = \frac{8\mu}{27RT^2}$$

und demnach wird T:

$$T = \sqrt{\frac{8}{27}\,\frac{\mu}{R(\alpha+\beta)}}.$$

Diese Temperatur heisst die kritische; die ihr entsprechende Isotherme ist durch E F G dargestellt. Sie enthält einen Wendepunkt mit horizontaler Tangente im Punkte F, für welchen v gleich der Doppelwurzel der Gleichung (1) ist; dieser Punkt F ist der kritische Punkt.

210. Sehen wir uns die Kurven in Fig. 28 näher an, so erkennen wir, dass diejenigen, welche den über der kritischen liegenden Temperaturen entsprechen, durch eine Parallele zur Achse der v in nicht mehr als einem Punkte geschnitten werden können; demnach besitzt also das specifische Volumen für eine bestimmte Temperatur und einen bestimmten Druck nur einen einzigen Werth. Hieraus folgt, dass der Körper bei dieser Temperatur nur in einem einzigen Zustande vorkommen kann, denn, wenn er den gasförmigen und den flüssigen Zustand annehmen könnte, so würde er für einen und denselben Druck (Maximalspannung des Dampfes) zwei verschiedene specifische Volumina aufzuweisen haben. Andrerseits muss wegen der Kontinuität dieser Zustand der gleiche für alle Temperaturen oberhalb der kritischen sein, es ist also der gasförmige Zustand, denn bei genügend hohen Temperaturen befinden sich alle Körper im gasförmigen Zustande.

Die Kurven, welche den Temperaturen unterhalb der kritischen entsprechen, wie z. B. A C D B, werden durch eine Parallele zu Ov in drei Punkten M_1, α, M_2 geschnitten; das specifische Volumen des Körpers kann also drei verschiedene Werthe besitzen. Zwei davon entsprechen dem flüssigen und dem gasförmigen Zustande; da das specifische Volumen eines Körpers im gasförmigen Zustande grösser ist als im flüssigen, so muss der Körper in M_2 flüssig und in M_1 gasförmig sein. Der Theil M_2A der Kurve, für welchen das specifische Volumen noch kleiner ist als in M_2, muss dem flüssigen Zustande entsprechen, bei dem Theil M_1B muss sich der Körper im gasförmigen Zustande befinden, da das specifische Volumen dann grösser ist als in M_1.

Die Formel von Clausius stimmt also gut mit den experimentellen Resultaten von Andrews überein, die übrigens älter sind, als die theoretischen Untersuchungen von Clausius; wir können aus ihr entnehmen, dass es eine Temperatur gibt, oberhalb deren die Verflüssigung eines Dampfes unmöglich ist, wie gross auch der Druck sein mag.

211. Aber die Gestalt der Kurven weicht für die Temperaturen unterhalb der kritischen von derjenigen ab, welche man durch das Experiment erhält. Während der ganzen Dauer der Verdampfung der Flüssigkeit nämlich behält der Druck denselben Werth bei; demnach wird die Verbindung zwischen dem Kurvenstück, welches dem flüssigen Zustande entspricht, und demjenigen, welches für den gasförmigen gilt, durch eine zu Ov parallele Gerade gebildet. Stellt also M_1M_2 die Maximalspannung des Dampfes für die Temperatur der betreffenden Isotherme dar, so wird das experimentelle Gesetz, welches den Druck mit dem Volumen verknüpft, dargestellt durch die Curve AM_2M_1B.

Es ist wichtig, die Vorgänge bei diesen verschiedenen Umformungen richtig zu verstehen. Bei der gewöhnlichen Verdampfung geht der Körper aus dem flüssigen in den gasförmigen Zustand über, d. h. vom Punkte M_2 nach dem Punkte M_1 längs der Geraden M_2M_1; in einem beliebigen Punkte dieser Geraden ist der Körper zum Theil noch flüssig, zum Theil bereits dampfförmig. Wäre es dagegen möglich, den Körper auf der Kurve von Clausius vom Punkte M_2 nach dem Punkte M_1 überzuführen, so würde sich derselbe in jedem Augenblicke dieser Umformung *seiner ganzen Ausdehnung nach in demselben Zustande befinden* und so aus dem flüssigen in den dampfförmigen Zustand durch eine kontinuirliche Reihe von Zwischenzuständen übergehen.

Gleichwohl entspricht der Theil M_2C der durch die Formel von Clausius gegebenen Kurve einem vollständig realisirbaren Zustande des Körpers, obgleich derselbe nicht allgemein vorkommt. Nach der Kurve zu schliessen ist der Körper dann noch flüssig, der Druck aber geringer als die maximale Dampfspannung; dieser Fall ist in einer überhitzten Flüssigkeit verwirklicht; wir können also annehmen, dass sich der Körper für den Theil M_2C der Kurve von Clausius in diesem Zustande befindet.

Andrerseits haben die Versuche von Wüllner, Gotrian und R. von Helmholtz gezeigt, dass ein Dampf seinen dampfförmigen Zustand auch unter einem höheren Drucke beibehalten kann, als derjenige ist, der unter gewöhnlichen Umständen seine Verflüssigung

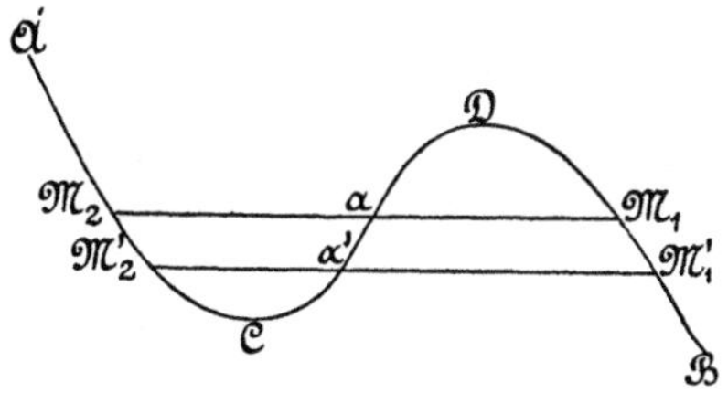

Fig. 29.

hervorrufen würde. Der Theil M_1D der Kurve entspricht also diesem Zustande des Körpers.

Für den Theil $C\alpha D$ ist kein entsprechender Zustand bekannt, aber wenn die Kontinuität gewahrt bleiben soll, so müssen nothwendig die Theile AM_2C und DM_2B der Isotherme mit einander verbunden sein.

212. Diese Ausführungen finden übrigens ihre Bestätigung in der Unbeständigkeit der Zustände, welche den verschiedenen Punkten von M_2CDM_1 entsprechen.

Wir denken uns parallel zu Ov eine Gerade gezogen, welche die Kurve in drei Punkten M'_2, α' und M'_1 schneidet (Fig. 29). Diesen drei Punkten entsprechen für ein und denselben Druck und dieselbe Temperatur drei Zustände des Körpers. Welches ist nun der beständigste derselben?

Wir sahen (§ 192), dass die Bedingung für das Zustandekommen einer Umwandlung, wenn Temperatur und Druck sich nicht ändern, gegeben ist durch

$$dH' > 0.$$

Der stabilste Zustand wird also derjenige sein, für welchen H′ den grössten Werth besitzt, denn man kann von diesem Zustande zu einem anderen nicht übergehen, ohne dass H′ sich verringert, und dann ist nach der obigen Ungleichung eine Transformation unmöglich, wenn sich die Bedingungen der Temperatur und des Druckes nicht ändern. Der wenigst beständige Zustand ist nothwendiger Weise derjenige, für welchen H′ den kleinsten Werth hat, da es dann möglich ist, von diesem Zustande zu allen anderen überzugehen.

Wir wollen also die Werthe H'_1, H'_α, H'_2 der Funktion H′ in den Punkten M'_1, α', M'_2 bestimmen.

Für eine beliebige elementare Transformation gilt

$$dH' = S dT - A v dp$$

und demnach für eine isotherme Umwandlung

$$dH' = - A v dp.$$

Die Aenderung von H′, wenn man vom Punkte M'_2 längs der Kurve $M'_2\, C\alpha'$ zum Punkte α' übergeht, wird also

$$H'_\alpha - H'_2 = - A \int v dp,$$

oder

$$H'_\alpha - H'_2 = - A.\text{Flächeninhalt } M'_2 C \alpha';$$

hieraus ergibt sich, dass

$$H'_\alpha < H'_2.$$

Geht man vom Punkte M'_2 längs der Kurve $M'_2\, C\, D\, M'_1$ nach M'_1 über, so ist die Variation von H′:

$$H'_1 - H'_2 = - A \int v dp = A\,(-\text{Fl.inhalt } M'_2 C \alpha' + \text{Fl.inhalt } \alpha' D M'_1).$$

Nun bildet der Kreis $M_2 C D M_1 M_2$ einen geschlossenen isothermen Kreis, da sich längs der Geraden $M_2 M_1$, welche die Transformation der Flüssigkeit in Dampf unter Maximaldruck dieses Dampfes darstellt, die Temperatur nicht ändert; die von diesem Kreise begrenzte Fläche ist also Null (194) und wir haben

$$-\text{Fl.inhalt } M_2 C \alpha + \text{Fl.inhalt } \alpha D M_1 = 0. \text{ [1]}$$

---

[1]) Der Druck p, für welchen Fl. $M_2\, C\alpha$ = Fl. $\alpha D M_1$ ist, entspricht, wie Clausius nachgewiesen hat, der normalen Dampfspannung bei der Temperatur T der betrachteten Isotherme. Aus dieser Bedingung lassen sich die in der Clausiusschen Gleichung auftretenden Constanten α und β berechnen. (Anm. der Herausgeber.)

Dagegen ist nach der Lage der Geraden $M'_2 M'_1$ der Flächeninhalt $M'_2 C \alpha'$ kleiner als der Flächeninhalt $M_2 C \alpha$, während der Flächeninhalt $\alpha' D M'_1$ grösser ist als der Flächeninhalt $\alpha D M_1$; demnach muss

$$-\text{Fl.inhalt}\, M'_2 C \alpha' + \text{Fl.inhalt}\, \alpha' D M'_1 > 0$$

sein, und aus dieser Ungleichung ergibt sich die folgende

$$H'_1 > H'_2.$$

213. Die Werthe der Funktion H' in den drei Punkten M'_2, α', M'_1 genügen also den Ungleichungen

$$H'_\alpha < H'_2 < H'_1.$$

Somit ist der stabilste Zustand derjenige, welcher dem Punkte M'_1 entspricht, d. h. der gasförmige Zustand. Diesen wird der Körper im Allgemeinen annehmen, die beiden anderen dagegen nur ausnahmsweise, und wird dieselben auch bei der geringsten Veranlassung wieder verlassen, um zum gasförmigen Zustande überzugehen.

Hätten wir die Gerade $M'_1 \alpha' M'_2$ oberhalb $M_1 \alpha M_2$ gelegt, so würden wir gefunden haben

$$H'_\alpha < H'_1 < H'_2,$$

dann würde der flüssige Zustand, welcher dem Punkte M'_2 entspricht, der beständigste gewesen sein.

Diese verschiedenen Schlüsse stimmen mit unseren Annahmen überein, dass $M_2 C$ einer überhitzten Flüssigkeit und $D M_1$ einem übersättigten Dampfe entspricht; beide Zustände sind in der That wenig beständig, denn eine überhitzte Flüssigkeit geht bei der geringsten Veranlassung plötzlich in den gasförmigen Zustand über und ein übersättigter Dampf kondensirt sich ebenfalls momentan.

Da nun die Zustände, welche den Punkten der Kurve CD entsprechen, noch weniger beständig sind als die vorhergehenden, so erklärt es sich leicht, weshalb dieselben noch nicht dargestellt werden konnten.

Kapitel XIV.

Dampfmaschinen.

214. Technischer Nutzeffekt einer thermischen Maschine. — Der technische Nutzeffekt einer thermischen Maschine ist sehr verschieden von dem Nutzeffekt des Kreisprocesses, den der sich umformende Körper beschreibt. Für die Technik sind die beiden folgenden Faktoren wichtig: erstens die Menge der in der Zeiteinheit verbrannten Kohle, und zweitens die Kraft oder Arbeitsmenge, welche die Maschine in derselben Zeit zu leisten im Stande ist. Das Verhältniss dieser beiden Grössen, in Kalorien ausgedrückt, heisst der technische Nutzeffekt.

Dieser Nutzeffekt ist immer sehr klein. Mit geringen Ausnahmen brauchen die besten Dampfmaschinen wenigstens 1 kg Kohle in der Stunde pro Pferdekraft. Ein Kilogramm Kohle entwickelt durchschnittlich bei der Verbrennung 7500 Kalorien, und da eine Pferdekraft einer Arbeit von 75 Kilogrammmeter in der Sekunde entspricht, so erhalten wir für den technischen Nutzeffekt dieser Maschinen

$$\frac{75 \times 60 \times 60}{425} : 7500 = \frac{36}{425},$$

also etwa $^1/_{12}$. Eine gute Dampfmaschine liefert somit höchstens ein zwölftel der Arbeit, welche der bei der Verbrennung der Kohle entwickelten Wärmemenge entspricht.

215. Dies Resultat darf nicht überraschen, da nicht die ganze von der Kohle entwickelte Wärme von dem Kessel aufgenommen wird; ein Theil derselben geht vielmehr durch Strahlung verloren, ein anderer entweicht mit den heissen Verbrennungsgasen. Ferner wird die in den Kessel übergegangene Wärme nicht vollständig in Arbeit verwandelt, da ein Theil derselben nach dem Carnot'schen Princip in den Kondensator gelangt. Die Arbeit selbst aber geht theilweise in den Mechanismen verloren, welche die hin- und hergehende Bewegung des Kolbens in eine kontinuirliche Rotationsbewegung umwandeln. Der technische Nutzeffekt ist also das Produkt aus drei Faktoren, die kleiner als eins sind; hieraus erklärt sich die geringe Grösse desselben.

Nennen wir Q_0 die von der Kohle entwickelte Wärmemenge, Q_1 die vom Kessel aufgenommene Wärme, τ die indicirte Arbeit, das heisst die von dem Körper bei der Umwandlung hervorgebrachte Arbeit, welche mittels des Watt'schen Indikators (§ 63) gemessen wird, und τ' die an der Triebwelle mit Hülfe des Bremszauns gemessene Arbeit, so erhalten wir für den Werth des technischen Nutzeffekts

$$\frac{A\tau'}{Q_0} = \frac{Q_1}{Q_0} \times \frac{A\tau}{Q_1} \times \frac{\tau'}{\tau}.$$

Die Thermodynamik beschäftigt sich nur mit einem dieser Faktoren, mit dem Quotienten $\frac{A\tau}{Q_1}$, welcher als thermischer Nutzeffekt der Maschine bezeichnet wird[1]). Dieser hat offenbar dieselbe Grösse, unabhängig von der Masse des Körpers, die sich während dieser Zeit umformt; wir wollen daher diese Masse gleich Eins setzen.

216. Thermischer Nutzeffekt. — Der Werth dieser Grösse hängt wie derjenige des Verhältnisses $\frac{\tau}{Q_1}$ von der Art des Kreisprocesses ab, den der Körper beschreibt. Für einen Carnot'schen Kreis hatten wir (**124**)

$$\frac{\tau}{Q_1} = E\,\frac{T_1 - T_2}{T_1}.$$

Da für jeden anderen Kreisprocess der Nutzeffekt höchstens gleich dieser Grösse ist, so beträgt das Maximum des thermischen Nutzeffekts einer Maschine

$$\frac{A\tau}{Q_1} = \frac{T_1 - T_2}{T_1}.$$

Nun hatten wir beim Beweise des Satzes, dass der Nutzeffekt eines beliebigen Kreisprocesses nicht grösser als der eines Carnot'schen Kreises sein kann, vorausgesetzt, dass der Zustand des sich umformenden Körpers in jedem Augenblick vollständig durch die beiden Variablen p und T definirt ist; diese Bedingung kann jedoch bei den thermischen Maschinen nicht in aller Strenge erfüllt sein.

---

[1]) Der thermische Nutzeffekt unterscheidet sich also nur durch den Koefficienten A von dem Nutzeffekt eines Kreisprocesses. Zur Vermeidung jeglichen Irrthums nennen einige Autoren das Verhältniss $\frac{\tau}{Q_1}$ den ökonomischen Koefficient.

Wir müssen also noch einen neuen Beweis dafür liefern, welcher sich auf das erweiterte Clausius'sche Theorem gründet.

Nennen wir $d\,Q_1$ die von dem Körper aufgenommene Wärmemenge, $d\,Q_2$ die abgegebene, so gilt nach diesem Theorem

$$\int\frac{dQ}{T}=\int\frac{dQ_1}{T}-\int\frac{dQ_2}{T}<0.$$

Bezeichnet T_1 das Maximum, T_2 das Minimum von T, so ist

$$\int\frac{dQ_1}{T}>\int\frac{dQ_1}{T_1}=\frac{Q_1}{T_1}$$

$$\int\frac{dQ_2}{T}<\int\frac{dQ_2}{T_2}=\frac{Q_2}{T_2}.$$

Die Ungleichung von Clausius wird demnach

$$\frac{Q_1}{T_1}-\frac{Q_2}{T_2}<0,$$

oder

$$\frac{Q_2}{Q_1}>\frac{T_2}{T_1}.$$

Aus der Gleichung

$$A\tau=Q_1-Q_2,$$

welche nach dem Princip der Aequivalenz besteht, folgern wir aber

$$\frac{A\tau}{Q_1}=1-\frac{Q_2}{Q_1}.$$

Demnach ist

$$\frac{A\tau}{Q_1}<1-\frac{T_2}{T_1}=\frac{T_1-T_2}{T_1}.$$

Die obere Grenze des thermischen Nutzeffekts wird demnach in der That für jeden geschlossenen Kreisprocess gegeben durch

$$\frac{A\tau}{Q_1}=\frac{T_1-T_2}{T_1}. \tag{1}$$

217. Maximum des Nutzeffekts bei einer Dampfmaschine. — Dieser Grenzwerth nähert sich der Einheit, wenn T_1 wächst und wenn T_2 abnimmt. Man würde also theoretisch eine thermische Maschine von hohem Nutzeffekt erhalten, wenn man T_1 und T_2 passend wählte. Aber praktisch ist dies nicht möglich, da beide Temperaturen nur innerhalb enger Grenzen schwanken können.

Bei den mit Wasserdampf betriebenen Maschinen wird die Maximaltemperatur T_1 durch die Temperatur des Kessels bestimmt, diese aber ist durch die Festigkeit der Kesselwände beschränkt, auf welche der Dampfdruck wirkt. Da dieser Druck rasch mit der Temperatur steigt (derselbe beträgt 5 atm. bei 152° C. und 10 atm. bei 180° C.), so kann man eine Temperatur von 200° nicht ohne Gefahr überschreiten; der Werth von T_1 ist dann $273 + 200 = 473°$. Die Wahl der Temperatur T_2 ist gleichfalls beschränkt. Wenn die Maschine keinen Kondensator besitzt, so muss der Druck des Dampfes beim Austritt aus dem Cylinder wenigstens gleich dem Atmosphärendruck sein; die Temperatur beträgt dann mindestens 100°, also $T_2 > 373°$.

Ist die Maschine dagegen mit einem Kondensator versehen, so wird T_2 durch die Temperatur des letzteren gegeben; diese muss aber höher als die der Umgebung sein; gewöhnlich beträgt sie 40°, folglich hat man $T_2 = 273 + 40 = 313°$.

Hierbei haben wir noch stillschweigend angenommen, dass der Dampf den Cylinder unter dem Maximaldruck α des Dampfes für die Temperatur des Kondensators verlässt. Dies ist aber gewöhnlich nicht der Fall, da der Kondensator trotz der Luftpumpen eine gewisse Menge Luft enthält, deren Druck β zu dem Dampfdruck hinzukommt. Der aus dem Cylinder austretende Dampf muss demnach einen grösseren Druck als $\alpha + \beta$ besitzen und seine Temperatur wird deshalb diejenige des Kondensators übersteigen.

Nehmen wir für T_1 und T_2 die Werthe 473 und 313 an, welche die äussersten in der Praxis erreichbaren Grenzen darstellen, so erhalten wir als Maximal-Nutzeffekt

$$\frac{473 - 313}{473} = 0{,}36.$$

218. Versuche zur Erhöhung des Nutzeffekts einer thermischen Maschine. — Man könnte es, streng genommen, erreichen, dass die Temperatur T_2 diejenige des Speisewassers im Kondensator, also ungefähr 20°, nur wenig übersteigt. Dazu brauchte man nur eine genügend grosse Wassermenge anzuwenden und die Luft so vollständig als möglich auszupumpen. Allein dieser gesteigerte Nutzeffekt der Maschine würde reichlich durch die Arbeit wieder aufgewogen werden, welche dann für die Wasser- und Luftpumpen nöthig ist. Man muss also andere Mittel zur Verringerung von T_2 anwenden.

So hat z. B. Du Tremblay vorgeschlagen, die Temperatur T_2 dadurch bedeutend zu erniedrigen, dass man den grössten Theil der Kondensationswärme zum Verdampfen von Aether benutzt; dieser Aether würde dann in einem zweiten Kondensator wieder zu gewinnen sein. Indessen hat dieser Vorschlag in die Praxis keinen Eingang gefunden.

219. Da man die Temperatur T_2 nicht erniedrigen kann, versuchte man nun T_1 zu erhöhen. Mit gesättigtem Wasserdampf ist dies aber nicht zu erreichen, deshalb benutzt man zu diesem Zwecke die Luft. Bei dieser ist, wie bei allen Gasen, der Druck nicht nur eine Funktion der Temperatur, und man kann deshalb eine hohe Temperatur herstellen, ohne dass der Druck gefährlich wird. Die Anwendung der Luft bietet somit gewisse Vortheile, und in der That ist der thermische Nutzeffekt einer Heissluftmaschine grösser als derjenige der Dampfmaschinen.

Aber dieser Vortheil wird reichlich durch die Unzuträglichkeiten aufgehoben, welche dieser Motor darbietet. Die heisse Luft verbrennt nämlich das zur Verminderung der Reibung der Maschinentheile bestimmte Oel und oxydirt ausserdem die Metalle. Aus diesen Gründen ist die Reibung beträchtlich und verzehrt eine bedeutende Arbeitsmenge; das Verhältniss $\frac{\tau'}{\tau}$ der geleisteten Arbeit zur indicirten Arbeit ist deshalb kleiner als bei den Dampfmaschinen. Auch die geringe Grösse des Drucks, welche übrigens den einzigen Vorzug der heissen Luft gegenüber dem Wasserdampf bildet, ist insofern unzweckmässig, als die von der Masseneinheit geleistete Arbeit, die durch $\int p dv$ ausgedrückt ist, in diesem Fall sehr klein wird. Man bedarf daher zur Hervorbringung einer gleichen Arbeit, wie sie die Dampfmaschine leistet, einer sehr beträchtlichen Gasmasse, so dass die Maschine unverhältnissmässig grosse Dimensionen erhalten muss. In Folge der grösseren Kesseloberfläche, welche dadurch nöthig wird, geht mehr Wärme durch Strahlung und Verbrennungsgase verloren; das Verhältniss $\frac{Q_1}{Q_0}$ wird also geringer.

Fassen wir alles Gesagte zusammen, so vermehrt die Anwendung heisser Luft an Stelle des Wasserdampfes zwar den thermischen Nutzeffekt der Maschinen, aber sie verringert die beiden andern Faktoren $\frac{\tau'}{\tau}$ und $\frac{Q_1}{Q_0}$, welche in dem Ausdruck für den technischen Nutzeffekt vorkommen. Diese letztere Grösse selbst wird also nicht wesentlich verändert. Uebrigens werden auch durch die beträchtliche Grösse, welche eine thermische Maschine mittlerer Stärke haben muss, die Anschaffungs- und Unterhaltungskosten für die Einheit der Kraft erhöht. Die Heissluftmaschinen haben deshalb auch, trotzdem sie auf Grund richtiger Principien konstruirt wurden, doch die Dampfmaschinen nicht verdrängen können.

220. Anwendung des überhitzten Wasserdampfes. — Die Druckvermehrung eines Dampfes beim Anwachsen seiner Temperatur ist für ungesättigten Dampf viel geringer als für gesättigten. Man suchte daher die Temperatur T_1 dadurch zu erhöhen, dass man den bei einer niedrigeren Temperatur entwickelten gesättigten Dampf überhitzte. Auf diese Weise durfte man also eine Vergrösserung des thermischen Nutzeffekts erwarten, ohne dass man den Druck zu erhöhen brauchte und die Unzuträglichkeiten der Heissluftmaschinen fürchten musste. In Wirklichkeit beraubt man sich aber dadurch eines Vortheils, den der gesättigte Dampf besitzt und der durch nichts anderes aufgewogen wird. Der gesättigte Wasserdampf reisst nämlich kleine Flüssigkeitstropfen mit sich, welche als Schmiermittel für den Kolben dienen; bei dem überhitzten Dampf findet dies nicht mehr statt und die Reibung des Kolbens an den Cylinderwänden verbraucht eine so bedeutende Arbeitsmenge, dass der technische Nutzeffekt der Maschine trotz der Vergrösserung des thermischen Effekts nicht erhöht wird. Wir wollen übrigens in einem Beispiel betrachten, wie gering die Vermehrung des Nutzeffekts ist, welche man durch Anwendung von überhitztem Dampf erreicht.

221. Neuer Ausdruck für die obere Grenze des Nutzeffekts einer Dampfmaschine. — Hierzu müssen wir zunächst eine genauere obere Grenze für den Nutzeffekt aufstellen und nacheinander die Berechnung für eine Maschine mit gesättigtem und überhitztem Dampf aufstellen.

Wir haben schon in dem Ausdruck

$$\frac{T_1 - T_2}{T_1}$$

den Maximalwerth für den Nutzeffekt einer Maschine der ersten Art gefunden. Wenn man aber die Ueberlegung wieder aufnimmt, die uns zu diesem Ausdruck geführt hat, so sieht man, dass dieses Maximum nur erreicht sein kann, wenn

$$\int \frac{dQ_1}{T} = \int \frac{dQ_1}{T_1} \quad \text{und} \quad \int \frac{dQ_2}{T} = \int \frac{dQ_2}{T_2}.$$

Diese Gleichungen sind jedoch im Allgemeinen nicht erfüllt, da $T < T_1$ und $T > T_2$ ist, und somit der wirkliche Kreisprocess von einem Carnot'schen stark abweicht.

222. Man kann aber auf die Weise eine angenähertere Grenze finden, dass man das Theorem von Clausius auf das System anwendet, welches aus dem Cylinder der Maschine, dem Kessel, dem Kondensator, dem Wasser und dem Dampf besteht. Um diesen Kreis als geschlossen betrachten zu können, genügt die Annahme, dass das Speisewasser aus dem Kondensator stammt, und dass dieser von aussen durch kaltes Wasser abgekühlt wird, wie es beim „Oberflächen-Kondensator“ der Fall ist. Diese beiden Hypothesen sind im Allgemeinen nicht erfüllt. Die erste derselben lässt uns, da das Speisewasser im Allgemeinen eine niedrigere Temperatur als der Kondensator besitzt, einen zu grossen Nutzeffekt finden, was indessen nichts schadet, da wir nur eine obere Grenze für denselben suchen. Die zweite Annahme ist fast ganz ohne Einfluss. Unter diesen Voraussetzungen ist das System folgenden Wärmeveränderungen unterworfen:

1. Eine Wärmemenge Q_1 geht von der Kesselfeuerung in das Speisewasser und das im Kessel enthaltene Wasser über;

2. die Wärmemenge Q_2 gelangt von dem Kondensator zu dem Wasser, welches denselben abkühlt;

3. eine gewisse Wärmemenge geht durch Strahlung verloren; diese wollen wir für den Augenblick vernachlässigen, wodurch wir einen noch höheren Nutzeffekt finden werden.

Nach dem Theorem von Clausius gilt nun

$$\int \frac{dQ_1}{T} - \int \frac{dQ_2}{T} < 0,$$

und da $T > T_2$,

$$\int \frac{dQ_2}{T} < \int \frac{dQ_2}{T_2} = \frac{Q_2}{T_2},$$

woraus folgt

$$\int \frac{dQ_1}{T} < \frac{Q_2}{T_2}.$$

Bei der Berechnung des Integrals auf der linken Seite muss man beachten, dass die Temperatur, bei welcher das Wasser Wärme aufnimmt, nicht als konstant betrachtet werden darf. Dies Wasser befindet sich nämlich, wenn es in den Kessel gelangt, auf einer niedrigeren Temperatur, als die Verdampfungstemperatur beträgt, und um diese letztere zu erreichen, nimmt es bei verschiedenen Temperaturen Wärme auf. Im Allgemeinen ist die Temperatur dieses Wassers sogar tiefer als die des Kondensators; denn bei einer grossen Anzahl von Maschinen wird das Speisewasser mittels des Injektors von Giffard eingepumpt, der nur richtig funktionirt, wenn das zu seinem Betrieb nöthige Wasser kälter ist, als dasjenige des Kondensators. Indessen wollen wir, damit der Kreisprocess des sich umformenden Wassers geschlossen ist und das Theorem von Clausius angewendet werden kann, die Wärmemenge vernachlässigen, die man dem Speisewasser zuführen muss, um es auf die Temperatur des Kondensators zu bringen.

233. Wir berechnen nun unter der Annahme, dass sich das Wasser auf der Temperatur T_2 befindet, die Wärmemenge, welche nöthig ist, um die Masseneinheit bei der Temperatur T_1 in gesättigten Dampf überzuführen, und ebenso den Werth des Integrals $\int \frac{dQ_1}{T}$ für diese Umformung.

Steigt die Temperatur des Wassers um dT, so nimmt es eine Wärmemenge CdT auf, wenn C die specifische Wärme für den im Kessel herrschenden Druck bedeutet. Diese specifische Wärme ist wenig von Eins verschieden; setzen wir sie gleich Eins, so erhalten wir für den Uebergang des Wassers von T_2 auf T_1,

$$\int dQ_1 = \int dT = T_1 - T_2$$

und

$$\int \frac{dQ_1}{T} = \int \frac{dT}{T} = \log \frac{T_1}{T_2}.$$

Wenn das Wasser verdampft, so nimmt es eine Wärmemenge auf, die der latenten Verdampfungswärme L unter dem im Kessel herrschenden Druck entspricht. Da die Temperatur während dieser Umformung konstant $= T_1$ bleibt, so ist

$$\int \frac{dQ_1}{T} = \frac{L}{T_1}.$$

Die Summe der beiden erwähnten Umwandlungen beträgt also

$$\int dQ_1 = Q_1 = T_1 - T_2 + L,$$

und

$$\int \frac{dQ_1}{T} = \log \frac{T_1}{T_2} + \frac{L}{T_1}.$$

224. Führen wir nun die Temperatur T_1' durch die Gleichung

$$\log \frac{T_1}{T_2} + \frac{L}{T_1} = \frac{T_1 - T_2 + L}{T'_1}, \tag{2}$$

ein, so wird das Integral

$$\int \frac{dQ_1}{T} = \frac{Q_1}{T'_1},$$

und die Gleichung von Clausius liefert

$$\frac{Q_1}{T'_1} - \frac{Q_2}{T_2} < 0.$$

Aus dieser Gleichung und der aus dem Princip von der Aequivalenz folgenden

$$A\tau = Q_1 - Q_2,$$

leiten wir ab

$$(3) \qquad \frac{A\tau}{Q_1} < \frac{T'_1 - T_2}{T'_1}.$$

Dieser Ausdruck für den thermischen Nutzeffekt unterscheidet sich also von der schon gefundenen Gleichung (1) nur durch die Vertauschung von T'_1 mit T_1. Man wird somit einen dem wirklichen Werth näher liegenden erhalten, wenn T'_1 kleiner als T_1 ist, und dies ist in der That der Fall.

Für $T'_1 = T_1$ wird nämlich die rechte Seite der Definitionsgleichung von T'_1

$$\frac{T_1 - T_2}{T_1} + \frac{L}{T_1}.$$

Nun erhalten wir für die linke Seite

$$\log \frac{T_1}{T_2} + \frac{L}{T_1} = \log \left(1 + \frac{T_1 - T_2}{T_2}\right) + \frac{L}{T_1},$$

oder, wenn man den Logarithmus in einer Reihe entwickelt,

$$\frac{L}{T_1} + \frac{T_1 - T_2}{T_2} - \frac{1}{2}\left(\frac{T_1 - T_2}{T_2}\right)^2 + \frac{1}{3}\left(\frac{T_1 - T_2}{T_2}\right)^3 - \cdots$$

Da die Differenz $T_1 - T_2$ kleiner als T_2 ist, so konvergirt die Reihe und man erhält

$$\log \frac{T_1}{T_2} + \frac{L}{T_1} > \frac{T_1 - T_2}{T_2} + \frac{L}{T_1}$$

und a fortiori

$$\log \frac{T_1}{T_2} + \frac{L}{T_1} > \frac{T_1 - T_2}{T_1} + \frac{L}{T_1}.$$

Die linke Seite der Gleichung ist also grösser als die rechte für $T'_1 = T_1$; folglich kann nur für $T'_1 < T_1$ Gleichheit bestehen.

225. Grösse des Nutzeffekts, wenn der Dampf überhitzt ist. — Wir wollen jetzt annehmen, dass der Dampf überhitzt sei, und nennen T_2 die Temperatur des Kondensators, T_1 diejenige des Kessels und T_0 die des überhitzten Dampfes.

Bei Vernachlässigung der durch Strahlung verloren gehenden Wärme erhalten wir wie früher

$$\int \frac{dQ_2}{T} < \frac{1}{T_2} \int dQ_2 = \frac{Q_2}{T_2}.$$

Um die Wärme zu berechnen, welche dem Wasser beim Uebergang von der Temperatur T_2 zu T_0 zugeführt wird, brauchen wir nur zu dem im § 223 für Q_1 gefundenen Ausdruck die Wärme hinzuzufügen, die der Dampf aufnehmen muss, um von der Temperatur T_1 auf T_0 zu gelangen. Bezeichnen wir mit C die specifische Wärme des Dampfes unter dem im Kessel herrschenden Druck und setzen voraus, dass dieselbe konstant bleibt, so erhalten wir für diese Wärmemenge $C(T_0 - T_1)$. Hieraus folgt für den Ausdruck der Gesammtwärme Q_1, die von der Einheit der Wassermasse aufgenommen wird,

$$Q_1 = T_1 - T_2 + L + C(T_0 - T_1).$$

Man hat also dem für $\int \frac{dQ_1}{T}$ gefundenen Ausdruck hinzuzufügen

$$\int \frac{C\,dT}{T} = C \log \frac{T_0}{T_1};$$

demnach wird

$$\int \frac{dQ_1}{T} = \log \frac{T_1}{T_2} + \frac{L}{T_1} + C \log \frac{T_0}{T_1}.$$

Setzen wir

$$(4) \qquad \log \frac{T_1}{T_2} + \frac{L}{T_1} + C \log \frac{T_0}{T_1} = \frac{T_1 - T_2 + L + C(T_0 - T_1)}{T'_1},$$

so erhalten wir als Ausdruck des Nutzeffekts

$$\frac{A\tau}{Q_1} < \frac{T'_1 - T_2}{T'_1}.$$

226. Einfluss der Ueberhitzung auf die Grösse des Nutzeffekts. Wir können uns nun leicht von dem Vortheil Rechenschaft geben, den eine Maschine mit überhitztem Dampf bietet.

Um mit bestimmte Zahlen zu rechnen, nehmen wir an, die Temperatur des Kessels betrage 150^0, die des Kondensators 40^0 und diejenige des überhitzten Dampfes 250^0. Die Werthe von T_1, T_2 und T_0 sind unter diesen Bedingungen

$$T_1 = 150 + 273 = 423$$
$$T_2 = 40 + 273 = 313$$
$$T_0 = 250 + 273 = 523.$$

Setzen wir diese Werthe in die Gleichung (4) ein, so erhalten wir $T'_1 = 411^0$. In dem Fall, wo die Maschine mit nicht überhitztem Dampf arbeitet, würde der durch die Gleichung (2) bestimmte Werth von T'_1 406^0 betragen.

Die Anwendung überhitzten Dampfes erhöht also die Temperatur T'_1 nur in geringem Maasse; folglich können die Werthe für den Nutzeffekt mit und ohne Ueberhitzung nur wenig verschieden sein. Man findet in der That 0,238 im ersten und 0,204 im zweiten Fall.

Diese geringe Vermehrung des Nutzeffekts erklärt sich durch die Thatsache, dass der grösste Theil der Wärme Q_1 im Augenblick der Verdampfung aufgenommen wird, das heisst bei der Temperatur T_1 des Kessels, ob nun eine Ueberhitzung des Dampfes stattfindet oder nicht. Der Werth des Integrals $\int \frac{dQ_1}{T}$ ist also in beiden Fällen wenig von $\frac{Q_1}{T_1}$ verschieden und deshalb liegen die beiden Werthe von T'_1 nahe an T_1.

227. Dampfmaschinen mit Expansion. — Die verschiedenen Hülfsmittel, welche vorgeschlagen wurden, um den Nutzeffekt thermischer Maschinen zu erhöhen, leiden an Unzuträglichkeiten, die ihre Verwendbarkeit fast völlig ausschliessen. Deshalb haben sich die Konstrukteure bemüht, die verschiedenen Maschinentheile und deren Wirkungsweise möglichst zu vervollkommnen, um einen Nutzeffekt zu erlangen, der dem für die gegebenen Temperaturen des Kessels und Kondensators erreichbaren Effekt so nahe als möglich kommt.

Die wichtigste dieser Vervollkommnungen bildet die allgemeine Anwendung der Expansion. Bei den Expansionsmaschinen tritt der Dampf nur während eines Theils des Kolbengangs in den Cylinder ein, während die Verbindung zwischen dem letzteren und dem Kessel für die übrige Zeit unterbrochen wird. Dann wirkt der Dampf nur noch vermöge seiner Expansionskraft; dies ist die Expansionsperiode. Hieraus ergibt sich eine beträchtlich bessere Ausnutzung des Dampfes, während er dieselbe Arbeit leistet, somit wird der thermische Nutzeffekt dadurch erhöht.

Damit aber der am Ende seiner Bahn angekommene Kolben wieder zurückgehen kann, ohne auf beträchtlichen Widerstand zu stossen, muss der Druck auf die Fläche AB (Fig. 30), welche vorher der Wirkung des Dampfes ausgesetzt war, schwächer sein als der auf die andere Fläche CD wirkende Dampfdruck. Um diese Bedingung zu verwirklichen, setzt man den Raum ABEF mit dem Kondensator in Verbindung, ehe der Kolben am Ende seiner Bahn angelangt ist; dies bezeichnet man als das Austrittsvoreilen. Zum selben Zweck lässt man den Raum CDGH mit dem Kessel communiciren, bevor der Kolben das Ende der Bahn erreicht hat; dies ist das Eintrittsvoreilen.

Dieses Eintrittsvoreilen des Dampfes muss ebenso in den Raum E F A B stattfinden, wenn der Kolben auf seinem Rückgang nur noch wenig von E F entfernt ist. Ist der Dampfdruck in diesem Raum im Augenblick des Dampfzutritts nur wenig von dem im Kessel herrschenden Drucke verschieden, so entströmt dem letzteren nur eine geringe Dampfmenge. Diese Bedingung kann man aber leicht erreichen; es genügt hierzu, die Verbindung, welche zwischen A B E F und dem Kondensator seit dem Beginn des Rückgangs besteht, zu einer geeigneten Zeit vor dem Eintrittsvoreilen des Dampfes aufzuheben. Während dieser ganzen Zeit wird der zwischen dem Kolben und der Wand E F befindliche Dampf komprimirt. Dies ist die Periode der Kompression.

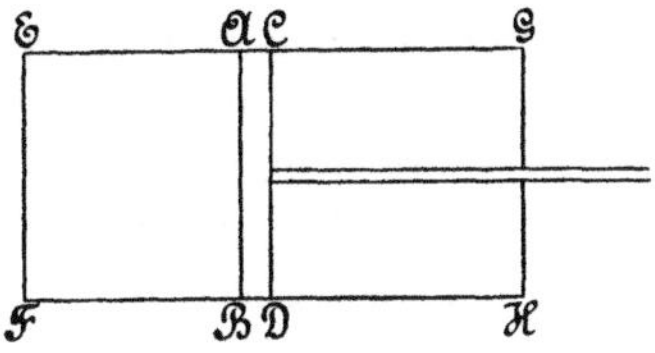

Fig. 30.

Fassen wir Alles zusammen, so lässt sich ein Doppelgang (Hin- und Rückgang) des Kolbens in sechs Perioden zerlegen, die in folgender Ordnung auf einander folgen, wenn man den Vorgang auf der linken Seite des Kolbens ins Auge fasst und voraussetzt, dass sich der letztere zunächst von links nach rechts bewegt:

1. Eintritt
2. Expansion
3. Austrittsvoreilen

} während des Hingangs,

4. Austritt
5. Kompression
6. Eintrittsvoreilen

} während des Rückgangs.

228. Vertheilung des Dampfes durch Schieber und Ventile. — Offenbar beeinflusst die Dauer jeder dieser Perioden den Nutzeffekt der Maschine. So dürfen weder das Eintrittsvoreilen noch das Austrittsvoreilen eine zu grosse Dauer besitzen, denn wenn diese Perioden auch das gute Funktioniren der Maschine in gewissen Grenzen begünstigen, so sind sie andrerseits wieder von grossem Nachtheil, da sie der Arbeit des Dampfes während dieser Perioden entgegenwirken. Dasselbe gilt für die Periode der Kompression, während welcher der Dampf auf die Vorderfläche des Kolbens einen Gegendruck ausübt, der die Arbeit verkleinert.

Wenn aber die Vertheilung des Dampfes durch einen Schieber geschieht, wie es meist der Fall ist, dann kann die Dauer dieser sechs Perioden nicht willkürlich variiren und wird demnach auch nicht immer die zur Erreichung des besten Nutzeffekts erforderliche Grösse haben.

Bei der Bewegung des Schiebers, dem Hin- und dem Rückgang, hat man nämlich vier Perioden zu unterscheiden: Dampfeintritt, Expansion, Austritt, Kompression. Die vier Zeitabschnitte, welche den Augenblick, in dem diese Perioden beginnen, von demjenigen Zeitpunkt trennen, wo der Kolben anfängt, sich zu bewegen, hängen von drei Grössen ab: von der Winkelstellung des Schieberexcenters, von der Grösse der äusseren und derjenigen der inneren Ueberdeckung des Schiebers. Es besteht also eine Beziehung zwischen diesen vier Zeitintervallen und demnach auch zwischen der Dauer der sechs Perioden des Kolbengangs, die nothwendiger Weise von der Bewegung des Schiebers abhängen.

Wenn die Triebwelle der Maschine, auf welcher der Excenter des Schiebers befestigt ist, mittels einer Kurbel und einer mit der Kolbenstange verbundenen Pleuelstange in Bewegung gesetzt wird, so erkennt man aus dem Verhältniss der vier in Frage kommenden Zeitintervalle, dass die Dauer der Expansion und diejenige der Kompression in dem Grenzfall gleich sind, wo die Pleuelstange und der Excenter als unendlich angenommen sind. Da es jedoch von Vortheil ist, die Expansion möglichst zu verlängern, die Kompression dagegen nur in geringem Maass wirken zu lassen, so scheint die erwähnte Beziehung die Herstellung des besten Nutzeffekts zu verhindern. Nun findet aber die Expansion in dem Augenblick statt, wo sich der Kolben in der Mitte seiner Bahn befindet, die Kompression dagegen erst gegen Ende des Rückgangs; aus diesem Grunde ist die Geschwindigkeit des Kolbens während der Expansion grösser als während der Kompression und dadurch wird die Expansion wirksamer als die Kompression, obwohl die Zeitdauer dieser beiden Perioden dieselbe ist. Nichtsdestoweniger muss man immer, um eine zu starke Kompression zu vermeiden, die gemeinsame Dauer der Expansion und Kompression geringer wählen, als einer guten Expansion entsprechen würde; hieraus folgt eine zu lange Dauer des Austrittsvoreilens.

Ebenso ist die Dauer des Eintrittsvoreilens länger, als zweckentsprechend wäre. Dies hängt damit zusammen, dass die Eintrittsöffnungen des Dampfes nur nach und nach von dem Schieber bedeckt werden; dadurch ist der Druck des Dampfes, der die engen Oeffnungen passiren muss, während der ersten Augenblicke des Einströmens im Cylinder geringer, als im Kessel. Will man also erreichen, dass in dem Augenblick, wo der Rückgang des Kolbens beginnt, der Druck auf denselben nur wenig von dem im Kessel herrschenden verschieden ist, so muss man den Dampf eine verhältnissmässig lange Zeit vorher einströmen lassen, ehe der Kolben am Ende seiner Bahn angelangt ist. Ausserdem muss die Oeffnung in dem Augenblick, wo die Geschwindigkeit des Kolbens beträchtlich wird, weit geöffnet sein; andernfalls würde die Reibung zu gross ausfallen.

229. Bei den Corliss-Maschinen wird der Eintritt und Austritt des Dampfes durch Ventile bewerkstelligt, die sich in einem beliebig zu wählenden Augenblick plötzlich öffnen; man kann dadurch die Expansion so lange wirken lassen, als man will, und dabei die Dauer der Kompression auf die gerade nöthige Zeit beschränken. Ausserdem entsteht keine Reibung des Dampfes beim Beginn des Eintritts, und man ist in Folge dessen im Stande, das Eintrittsvoreilen nur sehr kurze Zeit andauern zu lassen. Diese Betrachtungen erklären, warum heutzutage die Corliss-Maschinen den Schieber-Maschinen vorgezogen werden. Indessen haben die ersteren bei aller Ueberlegenheit auch einen Nachtheil aufzuweisen, und zwar beruht dieser auf der Komplikation der zur Dampfvertheilung bestimmten Vorrichtungen.

230. Diagramm und Nutzeffekt einer reversiblen Maschine, deren Cylinder für Wärme undurchdringlich ist. — Wir nehmen an, die Transformationen des Wassers seien reversibel, und wählen als Koordinaten den Druck des Dampfes und sein Volumen, welches er im Cylinder einnimmt. Dann wollen wir für eine Expansions-Maschine, deren Cylinder für Wärme undurchdringlich ist, die Kurve aufstellen.

Während der ganzen Periode des Eintritts ist der Dampfdruck im Cylinder gleich dem des Kessels, da wir, in Folge der Annahme reversibler Umwandlungen, die Verluste vernachlässigen wollen, welche von der Reibung des Dampfes in den vom Kessel zum Cylinder führenden Röhren herrühren. Diese erste Periode wird also durch die parallel zur Achse der v verlaufende Gerade AB (Fig. 31) dargestellt.

Die Expansion, welche auf die Eintrittsperiode folgt, ist nothwendigerweise adiabatisch, da wir vorausgesetzt haben, dass der Cylinder für Wärme undurchdringlich sei. Am Schluss dieser Expansion muss sich der Dampf in Folge der Annahme der Reversibilität auf der Temperatur des Kondensators befinden. Sein Druck ist also der des gesättigten Wasserdampfes bei der Temperatur des Kondensators und behält diesen Werth während der ganzen Dauer des Ausströmens. Demnach wird die Periode der Expansion und die des Austrittsvoreilers durch die Kurve B C und die Gerade C D dargestellt.

Geht der Kolben rückwärts, so nimmt das Volumen ab und die Periode des Ausströmens wird durch die Gerade DE dargestellt.

Die darauf folgende Kompression ist adiabatisch und der Dampfdruck am Ende dieser Periode ist gleich dem des Kessels; also gilt hierfür die Kurve EF.

Die gerade Strecke FA endlich entspricht der sechsten Periode, dem Eintrittsvoreilen des Dampfes.

231. Es sei noch bemerkt, dass in Folge der Undurchdringlichkeit der Cylinderwände für die Wärme die ganze frei werdende Wärme des Dampfes vom Kondensator aufgenommen wird; mit anderen Worten, es entsteht kein Wärmeverlust durch Strahlung. Vernachlässigen wir ausserdem noch die geringe Wärmemenge, die man

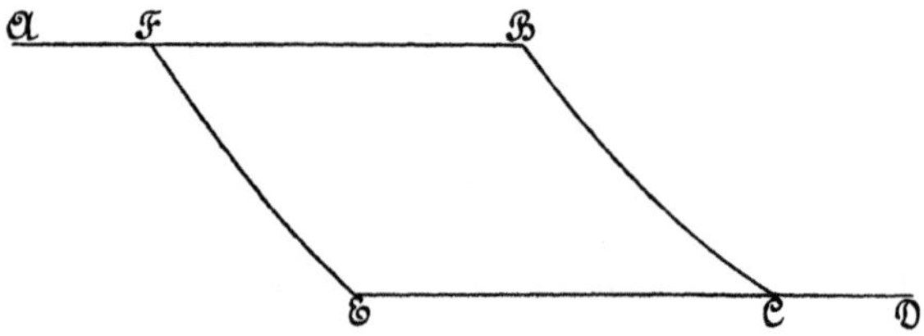

Fig. 31.

dem Speisewasser des Kessels zuführen muss, um seine Temperatur auf die des Kondensators zu bringen, so gelten die in § 222 aufgestellten Bedingungen. Andrerseits ist der vom Dampf beschriebene Kreisprocess reversibel; demnach hat der thermische Nutzeffekt der Maschine das Maximum $\frac{T'_1 - T_2}{T'_1}$, wo T'_1 durch die Gleichung (2) des § 224 gegeben ist.

Das Vorhandensein eines schädlichen Raumes zwischen dem Boden des Cylinders und dem Kolben, wenn dieser sich am Ende seiner Bahn befindet, hat keinen Einfluss auf den Werth dieses Nutzeffekts. Das Diagramm behält dann nämlich genau dieselbe Form; es verändert nur seine Lage im Verhältniss zur Achse des Drucks. Der Punkt A liegt auf dieser Achse, wenn kein schädlicher Raum vorhanden ist, und das Dampfvolumen hat dann den Werth Null; er befindet sich rechts von dieser Achse, wenn ein schädlicher Raum besteht. Die Form des Diagramms ändert sich nicht und die Arbeit der Maschine für jeden Kolbengang bleibt deshalb dieselbe. Andrerseits variirt auch die für einen Kolbengang nöthige Dampfmenge nicht. Denn wenn ein schädlicher Raum vorhanden ist, so enthält derselbe Dampf von demselben Druck wie der Kessel seit dem Beginn des Einströmens; es kann also kein Dampf aus dem Kessel austreten, um ihn zu füllen. Da die Dampfmenge dieselbe bleibt, so gilt dies auch für die Wärme, die man zur Hervorbringung desselben braucht; demnach ist der Nutzeffekt der Maschine unabhängig davon, ob ein schädlicher Raum existirt oder nicht.

232. Die allgemeine Form des Diagramms wird auch nicht geändert, wenn der Dampf beim Eintritt in den Cylinder kleine Flüssigkeitstropfen mit sich reisst. Indessen ist der Nutzeffekt dann etwas geringer; denn die für einen Kolbengang nöthige Dampfmenge ändert sich zwar nicht; ebenso bleibt die zu ihrer Hervorbringung erforderliche Wärmemenge dieselbe, dagegen hat das mitgerissene Wasser Wärme aufgenommen, um von der Temperatur T_2 zur Temperatur T_1 zu gelangen, welche es beim Eintritt in den Cylinder besitzt. Die einem Kolbengang entsprechende Wärmemenge ist also grösser als bei trockenem Dampf; in Folge dessen ist der Nutzeffekt der Maschine kleiner als im letzteren Fall.

Man kann dies auch auf andere Weise zeigen. Bedeutet nämlich m die Masse des Dampfes in der Masseneinheit des Gemisches aus Dampf und Wassertröpfchen, so ist die Wärmemenge, welche man zur Ueberführung der Einheit der Wassermasse von T_2 Grad in diesen Zustand braucht,

$$Q_1 = T_1 - T_2 + Lm.$$

Für diese Umformung hat das Integral $\int \frac{dQ_1}{T}$ den Werth

$$\int \frac{dQ_1}{T} = \log \frac{T_1}{T_2} + \frac{Lm}{T_1}.$$

Demnach wird der Werth von T'_1, den man in dem Ausdruck für den Nutzeffekt anwenden muss, durch die Gleichung

$$\log \frac{T_1}{T_2} + \frac{Lm}{T_1} = \frac{T_1 - T_2 + Lm}{T'_1}$$

bestimmt. Nun ist aber leicht ersichtlich, dass der Werth von T'_1 grösser ist für $m = 1$, d. h. für trockenen Dampf, als für $m < 1$, d. h. für ein Gemisch von Wasser und Dampf. Da indessen m immer nahe gleich 1 ist, so besteht kein grosser Unterschied zwischen diesen Werthen von T'_1 und der Nutzeffekt wird deshalb nur wenig verringert.

233. Einfluss der Kondensation des Wasserdampfs während der Expansion. — Wir haben gesehen, dass bei einer Kesseltemperatur von 150° C. und einer Temperatur des Kondensators von 40° der Werth von $T'_1 = 406°$ und $\frac{T'_1 - T_2}{T'_1} = 0{,}204$ ist. Diese letztere Zahl gibt also den Nutzeffekt einer reversiblen Maschine mit trocknem Dampf an.

Nun genügen aber die Temperaturen T_2 und T'_1 den Gleichungen

$$\frac{Q_2}{T_2} = \int \frac{dQ_2}{T}, \quad \frac{Q_1}{T'_1} = \int \frac{dQ_1}{T},$$

und da ausserdem die Gleichung gilt

$$\int \frac{dQ_1}{T} - \int \frac{dQ_2}{T} = 0,$$

so folgt daraus

$$\frac{Q_1}{T'_1} = \frac{Q_2}{T_2},$$

und demnach

$$\frac{T'_1 - T_2}{T'_1} = \frac{Q_1 - Q_2}{Q_1}.$$

Der Werth des Nutzeffekts kann also berechnet werden, wenn man die aufgenommene Wärmemenge Q_1 und die abgegebene Menge Q_2 kennt.

Regnault führte diese Berechnung aus und bediente sich dabei der Zahlen, die er bei seinen Versuchen über die latente Wärme der Verdampfung erhalten hatte. Die latente Verdampfungswärme des Wassers beträgt 500 für die Temperatur 150° und 560 für 40°; man hat deshalb zu setzen

$$Q_1 = 150 - 40 + 500 = 610$$
$$Q_2 = 560;$$

hieraus folgt dann

$$\frac{Q_1 - Q_2}{Q_1} = \frac{610 - 560}{610} = 0{,}049.$$

Dieser Werth des Nutzeffekts ist viel geringer als der aus dem Verhältniss $\frac{T'_1 - T_2}{T'_1}$ abgeleitete; er ist sogar geringer als der des thatsächlichen Nutzeffekts der Maschinen, welcher nach Hirn ungefähr 0,12 beträgt.

234. Die Erklärung dieses Unterschieds ist nicht schwierig. Wir wissen jetzt, was Regnault unbekannt war, dass der Wasserdampf sich bei der Expansion kondensirt. In dem Augenblick also, wo der Kondensator mit dem Cylinder in Verbindung gesetzt wird, enthält dieser ein Gemisch von Dampf und Wasser von derselben

Temperatur wie der Kondensator, da die Maschine reversibel ist. Wenn also x die Masse des flüssigen Wassers bedeutet und $1 - x$ die des Dampfes für eine Gesammtmasse gleich Eins, so ist die an den Kondensator abgegebene Wärmemenge nur $560\,(1 - x)$ für die Masseneinheit. Da hierdurch die Wärmemenge Q_2 verringert wird, so wächst das Verhältniss $\frac{Q_1 - Q_2}{Q_1}$ und nimmt, wie es sein muss, für eine reversible Maschine den durch das Verhältniss $\frac{T'_1 - T_2}{T'_1}$ gegebenen Werth an.

Aus dieser Erklärung geht hervor, dass die Kondensation des Dampfes während der Expansion einen vortheilhaften Einfluss auf die Grösse des Nutzeffekts ausübt. Man hat daraus mit Unrecht, wie wir später sehen werden, den Schluss ziehen wollen, dass der Dampfmantel, den man anwendet, um den Cylinder gegen äussere Strahlung zu schützen und die Kondensation des Dampfes zu verhindern, unnütz und sogar schädlich sei.

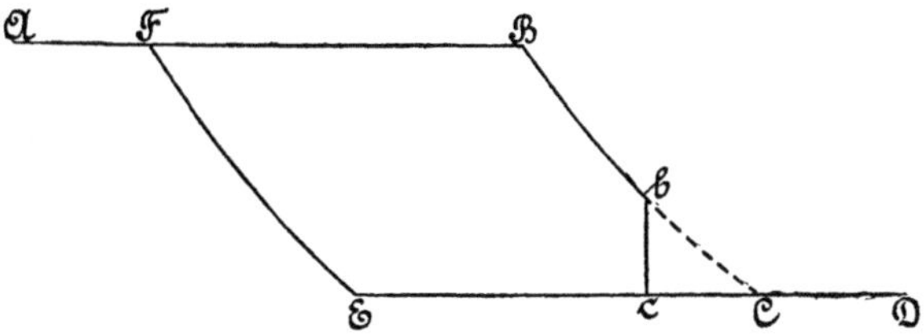

Fig. 32.

235. Einfluss der Dauer der Expansion und Kompression auf den Werth des Nutzeffekts. — Wenn die Dauer der Expansion und der Kompression nicht genau derjenigen gleich ist, welche dem durch Fig. 31 dargestellten Diagramm entspricht, so wird der Nutzeffekt der Maschine verringert. Dies folgt unmittelbar daraus, dass die Umwandlungen aufhören, reversibel zu sein und dass daher das Maximum des Nutzeffekts nicht erreicht werden kann.

Die Betrachtung des Diagramms der Maschine führt zu demselben Schlusse.

Wenn die Dauer der Expansion zu kurz ist, so hat das Diagramm der Maschine die Gestalt ABbcDEFA (Fig. 32). Die Fläche desselben ist aber um das Dreieck bcC kleiner als die des Diagramms einer reversiblen Maschine. Die bei einem Kolbengang geleistete Arbeit wird also verringert, ohne dass die Dampfmenge variirt; dies hat eine Verkleinerung des Nutzeffekts zur Folge.

Andrerseits wird für eine zu kurze Kompression das Diagramm durch Fig. 33 dargestellt; für eine zu lang dauernde Kompression durch Fig. 34.

In dem ersten Fall ist der Arbeitsverlust bei einem Kolbengang gleich der Fläche des Dreiecks $e f$ F; im zweiten Fall gleich derjenigen des Dreiecks $e' f'$ F; diese letztere Fläche muss negativ gerechnet werden, da ihr Umfang im entgegengesetzten Sinn durchlaufen wird. Die Menge des angewendeten Dampfes bleibt dieselbe wie bei einer reversiblen Maschine, auch wenn ein schädlicher Raum vorhanden ist; ist aber die Zeit der Kompression zu kurz bemessen, dann kann für jeden Kolbengang eine grössere Dampfmenge nöthig werden. In allen Fällen wird also der Nutzeffekt der Maschine verringert.

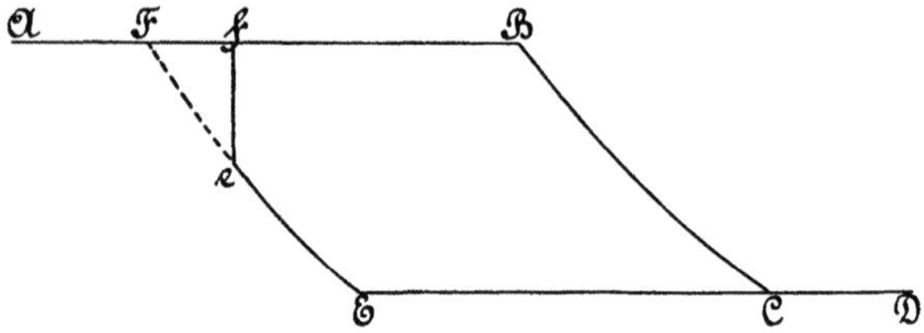

Fig. 33.

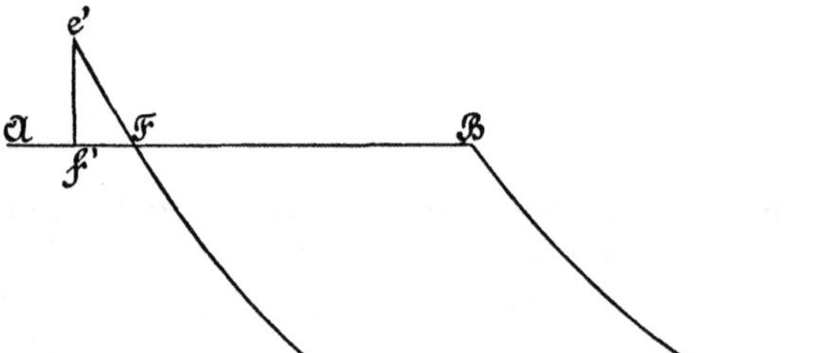

Fig. 34.

236. In der Praxis darf man das Ende der Expansion nicht abwarten, da man hierzu dem Cylinder eine zu beträchtliche Länge ertheilen müsste. Ausserdem würde dann auch die auf den Kolben am Ende der Expansion wirkende Kraft sehr gering sein und vollständig durch Reibung verbraucht werden. Uebrigens ist der aus der Verkürzung der Expansionszeit resultirende Arbeitsverlust nicht beträchtlich, da die Fläche des Dreiecks $b c$ C (Fig. 32) immer sehr klein bleibt.

Die Kompression wird ebenfalls nicht bis zum Schluss ausgedehnt, da dies den Nachtheil bieten würde, dass dem Kolben ein beträchtlicher Widerstand gerade in dem Augenblick entgegenwirkt, wo die ihn bewegende Triebkraft durch die Expansion verringert ist. Das theoretische Diagramm einer Maschine wird also durch Fig. 35 dargestellt.

237. Einfluss der Cylinderwände. — Die elementare Theorie, welche wir im Vorhergehenden auseinandergesetzt haben, gibt indessen keineswegs von allen bei den Maschinen auftretenden Erscheinungen Rechenschaft. Fast möchte ich behaupten, dass die Kenntniss dieser Theorie zwar nützlich ist, da sie uns zum Verständniss einer vollständigeren Theorie verhelfen kann, dass sie dagegen der Wirklichkeit nicht entspricht. So hat z. B. die Beobachtung gezeigt, dass sich der Dampf beim Eintritt kondensirt, dass dagegen während der Expansion Verdampfung auftritt.

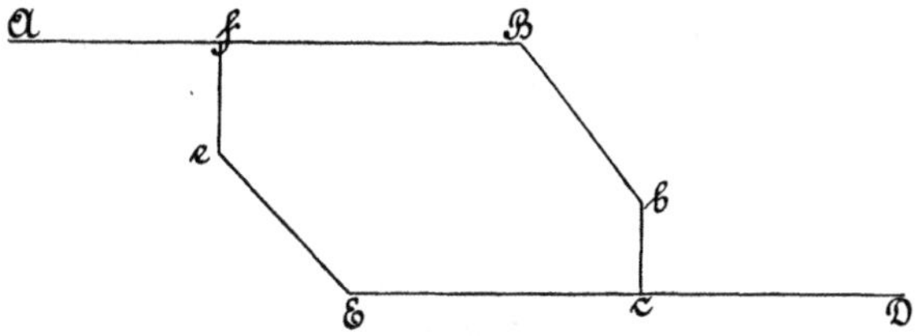

Fig. 35.

Diese Erscheinung rührt von den Temperaturänderungen der Cylinderwände her, die auch dann eintreten würden, wenn die Wände mit einem für Wärme undurchdringlichen Dampfmantel umgeben wären und keine Wärme durch Strahlung verlieren könnten.

Während des Ausströmens ist der Dampfdruck im Cylinder ebenso gross wie im Kondensator; aus diesem Grund hat der Dampf und die Cylinderwandung am Ende dieser Periode eine nur sehr wenig höhere Temperatur als der Kondensator. Während der Kompression erwärmt sich der Dampf schneller als die Wände; da nun die Kompression nie bis zu Ende getrieben wird, so befinden sich die Wände im Augenblick des Dampfeintritts auf einer tieferen Temperatur als der Kessel. Hieraus ergibt sich eine Kondensation des Dampfes, so dass am Ende des Eintritts die Cylinderwände mit einer Flüssigkeitsschicht bedeckt sind.

Während der Expansion dagegen kühlt sich der Dampf schneller ab als die Wände und das die letzteren bedeckende Wasser verdampft deshalb theilweise trotz der durch die Expansion bedingten Kondensation. Wird nun am Ende der Expansion die Ausströmungsöffnung geöffnet, so nimmt der Druck im Cylinder plötzlich ab und das noch an den Wänden haftende Wasser verdampft, um sich dann im Kondensator niederzuschlagen. Es findet sonach während des ganzen Verlaufs der Expansion, sowie im Anfang der Ausströmungsperiode Verdampfung statt.

Dieser Umstand ist von sehr grosser Wichtigkeit, denn es wird in Folge davon die dem Kondensator zugeführte Wärmemenge vergrössert und demnach der Nutzeffekt verringert. Wenn nämlich im Augenblick des Ausströmens keine Verdampfung eintreten würde, so besässe diese Wärmemenge bei einer Temperatur des Kondensators von 40° pro Masseneinheit den Werth 560 $(1-x)$, wobei x den im flüssigen Zustand befindlichen Theil der Masse bedeutet. Aber ausser dieser Menge x überzieht eine flüssige Schicht x'' die Wände und gelangt zur Verdampfung; beim Uebergang in den Kondensator gibt sie an diesen eine Wärmemenge $560\,x''$ ab und dadurch wird die in den Ausdruck $\frac{Q_1 - Q_2}{Q_1}$ für den Nutzeffekt eingehende Wärmemenge Q_2 vermehrt.

Diese Grösse Q_2 ist dann

$$Q_2 = 560\,(1 - x) + 560\,x'' = 560\,(1 - x'),$$

wenn x' diejenige Wassermasse bezeichnet, welche im Moment des Oeffnens der Ausströmungsöffnung innig mit dem Dampf gemischt ist.

238. Einfluss der inneren Reibung des Dampfes. — Die Reibung des Dampfes, welche hauptsächlich an der Eintritts- und Austrittsöffnung stattfindet, vermindert ebenfalls den Nutzeffekt der Maschine, da die Reibung eine irreversible Erscheinung ist.

Die Reibung ist um so beträchtlicher, je grösser der Druckabfall; sie wächst also wie dieser mit der Ausflussgeschwindigkeit des Dampfes und ist um so beträchtlicher, je kleiner die Ein- und Ausströmungsöffnung ist.

Man könnte vielleicht glauben, dass die Geschwindigkeit des Dampfes im Anfang des Eintritts ziemlich gering sei, da sich der Kolben fast am Ende seiner Bahn befindet und nur eine geringe Geschwindigkeit besitzt; in diesem Fall würde trotz der geringen Grösse der Einströmungsöffnung die Reibung zu vernachlässigen sein. In Wirklichkeit ist indessen die Geschwindigkeit des Dampfes in diesem Augenblick sehr gross, denn, wie wir schon bemerkt haben, entsteht eine Kondensation des Dampfes und in Folge dessen ein theilweises Vakuum, so dass der Dampf im Anfang des Einströmens angesaugt wird. Die Reibung in der Zuströmungsöffnung darf also nicht ausser Acht gelassen werden, ebenso wenig die beim Ausströmen auftretende Reibung.

239. Wirkliches Diagramm der Dampfmaschinen. — Aus diesen verschiedenen Ursachen, Kondensation beim Eintritt, Verdampfung bei der Expansion, innere Reibung des Dampfes, unterscheidet sich das wirkliche Diagramm der Maschinen wesentlich von dem in Fig. 35 dargestellten theoretischen Diagramm. Die von dem Watt'schen Indikator aufgezeichneten Diagramme zeigen etwa eine Form, wie sie Fig. 36 darstellt, in der ausserdem das theoretische Diagramm punktirt ist.

Man sieht, dass während eines beträchtlichen Theils der Ausströmungsdauer der Druck im Cylinder wesentlich höher ist, als der des Dampfes im Kondensator. Wenn die Ausströmung erst in dem Augenblick beginnen würde, wo der Kolben am Ende seiner Bahn angekommen ist, so würde diese Druckdifferenz während eines Theils des Rückgangs schädlich wirken; die Nothwendigkeit des Austrittvoreilens ist daher leicht ersichtlich.

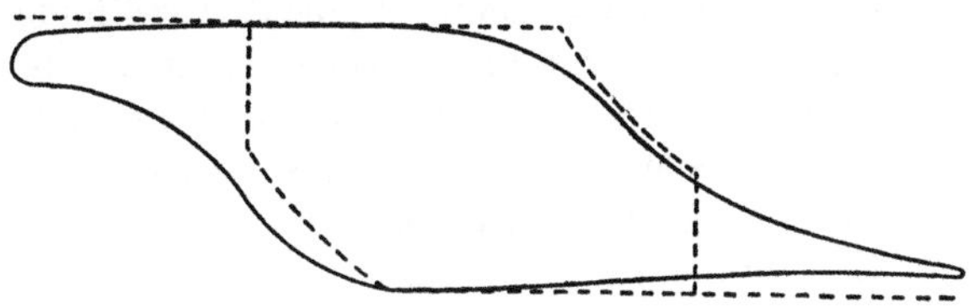

Fig. 35.

Ebenso erkennt man aus der Figur, dass der Druck in dem Cylinder erst gegen die Mitte der Einströmungsperiode den Werth des Kesseldrucks erreicht; deshalb wird das Eintrittsvoreilen, welches hauptsächlich die Stösse am todten Punkt vernichten soll, für das gute Funktioniren der Maschine nicht schädlich sein, da es bewirkt, dass der Dampf früher mit vollem Druck arbeitet.

So kann man durch ein aufmerksames Studium dieser Diagramme die Werthe finden, die man den verschiedenen Perioden ertheilen muss, um den besten Nutzeffekt zu erhalten; ihre Berechnung ist recht schwierig.

240. Vorzüge des Dampfmantels und des überhitzten Dampfes. Wir wollen, wie im § 222, wieder das System betrachten, welches aus dem Kessel, dem Cylinder und Kondensator, sowie aus dem, in diesem enthaltenen Wasser gebildet wird.

Das ganze System beschreibt bei jedem Kolbengang einen geschlossenen Kreis, der irreversibel ist, wenn man sowohl die Wärmequellen, wie auch ihr Verhältniss zu dem System selbst in's Auge fasst. (Siehe die Terminologie in § 172.) Wenn man aber das ganze System in eine sehr grosse Anzahl von Elementarsystemen zerlegt (die hinreichend klein sind, um die Temperatur in jedem derselben als gleichmässig betrachten zu können, wie wir es bei dem Beweis des Theorems von Clausius gemacht haben), so wird jedes dieser Systeme einen reversiblen Kreisprocess beschreiben, sofern man nicht die Wärmequellen, sondern ihr Verhältniss zu dem System selbst berücksichtigt. Die einzelnen irreversiblen Erscheinungen, die in der Dampfmaschine ihren Sitz haben können, bestehen nämlich in einem Wärmeaustausch zwischen Elementarsystemen von verschiedener Temperatur, oder aus Reibung, welche Wärme hervorbringt und Arbeit zerstört. Der Einfluss dieser Erscheinungen auf eines unserer Elementarsysteme reducirt sich auf eine Abgabe oder Aufnahme von Wärme, und das betreffende System würde sich ebenso verhalten, wenn es Wärme von einer Quelle aufnehmen oder an sie abgeben würde, deren Temperatur nur unendlich wenig von der ihrigen verschieden ist; in diesem Fall würde also die Erscheinung reversibel sein. Jedes dieser Elementarsysteme beschreibt somit einen reversiblen Kreisprocess in Bezug auf das System selbst. Dagegen wäre dies nicht mehr der Fall, wenn Erscheinungen auftreten würden, wie irreversible Zustandsänderungen (Festwerden einer überkälteten Flüssigkeit etc.) oder chemische Erscheinungen. Dies findet aber hier nicht statt.

Man hat demnach $\int \frac{dQ}{T} = 0$ für jedes Elementarsystem, welches den geschlossenen Kreis für jeden Kolbengang der Maschine beschreibt und

$$\iint \frac{dQ}{T} = 0$$

für das gesammte System.

Die von jedem Elementarsystem entnommene Wärmemenge dQ enthält, ausser der von dem Kesselfeuer herstammenden und der an das Kühlwasser des Kondensators abgegebenen Wärme, die durch die Reibung erzeugte Wärme, ferner diejenige, welche von dem Wärmeaustausch zwischen den einzelnen Systemen herrührt, sowie die durch Strahlung verloren gegangene. Bezeichnen wir also mit dQ_1, dQ_2, dQ_3, dQ_4 und dQ_5 diese verschiedenen Grössen, so haben wir

$$dQ = dQ_1 - dQ_2 + dQ_3 + dQ_4 - dQ_5,$$

woraus folgt

$$\iint \frac{dQ}{T} = \iint \frac{dQ_1}{T} - \iint \frac{dQ_2}{T} + \iint \frac{dQ_3}{T} + \iint \frac{dQ_4}{T} - \iint \frac{dQ_5}{T} = 0.$$

Das vierte Integral kann man noch etwas anders schreiben. Wenn nämlich ein Elementarsystem von der Temperatur T eine

Wärmemenge dQ_4 von einem anderen System aufnimmt, dessen Temperatur T' ist, so folgt daraus nothwendiger Weise eine Wärmeabgabe $-dQ_4$ vom letzteren zum ersten; diese beiden Systeme liefern also zu dem Integral die beiden Elemente $\frac{dQ_4}{T}$ und $-\frac{dQ_4}{T'}$; demnach ist

$$\iint \frac{dQ_4}{T} = \iint dQ_4 \left(\frac{1}{T} - \frac{1}{T'}\right).$$

Wir haben ausserdem

$$\iint \frac{dQ_2}{T} = \frac{Q_2}{T_2}.$$

Setzen wir schliesslich, wie bei den reversiblen Maschinen,

$$\iint \frac{dQ_1}{T} = \frac{Q_1}{T'_1},$$

dann erhalten wir

$$\frac{Q_1}{T'_1} - \frac{Q_2}{T_2} + \iint \frac{dQ_3}{T} + \iint dQ_4 \left(\frac{1}{T} - \frac{1}{T'}\right) - \iint \frac{dQ_5}{T} = 0.$$

Die beiden ersten Integrale sind positiv, denn einerseits ist dQ_3 eine positive Grösse, da diese Wärme von Reibung herrührt, andrerseits ist T kleiner als T', wenn dQ_4 positiv ist; man hat demnach dafür zu sorgen, dass diese beiden Werthe so klein als möglich werden.

241. Das zweite Integral beansprucht ein besonderes Interesse. Die Glieder desselben rühren hauptsächlich von dem Wärmeaustausch zwischen dem Dampf und den Cylinderwänden her; man muss also danach streben, diesen Austausch zu verringern.

Diesen Zweck erfüllt der Dampfmantel. Vor einigen Konstrukteuren wurde derselbe verworfen, da man annahm, dass bei den Maschinen während der Expansion eine Kondensation stattfinde; dann aber wurde seine Anwendung allgemein, und zwar mit vollem Recht, wie die Praxis gelehrt hat und wie wir auch früher sahen.

Wenn kein Dampfmantel vorhanden ist, dann sind die Temperaturen T' und T der Cylinderwände und des von ihnen eingeschlossenen Dampfes wenig verschieden; der Faktor $\frac{1}{T} - \frac{1}{T'}$ ist also sehr klein. Bei Anwendung des Dampfmantels bleibt dagegen die Temperatur T' der Wände fast vollkommen konstant; die Temperaturschwankungen des Dampfes sind aber sehr bedeutend, so dass in Folge dessen T' und T durchaus nicht gleich sind. Der Faktor $\frac{1}{T} - \frac{1}{T'}$ hat also allerdings einen grösseren Werth, wenn der Cylinder von einem Dampfmantel umgeben ist, als wenn dies nicht stattfindet. Aber die Vergrösserung dieses Faktors wird reichlich wieder aufgewogen durch die Verkleinerung des anderen Faktors dQ_4. Wenn nämlich kein Dampfmantel vorhanden ist, schlägt sich der Dampf im Augenblick seines Eintritts zum Theil nieder und gibt dadurch Veranlassung zu einer beträchtlichen Wärmeentwicklung, die den Faktor dQ_4 beeinflusst; ausserdem trägt die Verdampfung des die Wände bedeckenden Wassers im Augenblick des Ausströmens dazu bei, den Betrag der durch den Wärmeaustausch zwischen den Elementarsystemen frei werdenden Wärmemenge beträchtlich zu vermehren.

Da diese Verdampfung und ebenso die Kondensation bei Anwendung eines Dampfmantels nicht auftritt, so findet der Wärmeaustausch nur noch durch Leitung und Konvektion statt; die auf diese Weise ausgetauschten Wärmemengen sind also sehr gering. Daraus folgt, dass der Werth des Integrals $\iint \frac{dQ_4}{T}$ durch Anwendung eines Dampfmantels sehr verringert wird.

242. Die folgenden Zahlen können, obwohl sie älteren Datums sind, eine Vorstellung von der Nützlichkeit dieser Einrichtung geben.

Wir haben gesehen, dass man bei einer Maschine, deren Kessel eine Temperatur von 150° und deren Kondensator eine solche von 40° besitzt, zur Ueberführung von 1 kg flüssigen Wassers von 40° in gesättigten Dampf von 150° eine Wärmemenge

$$Q_1 = 610.$$

braucht.

Die an den Kondensator abgegebene Wärmemenge hat die Grösse

$$Q_2 = 560\,(1 - x'),$$

wo x' denjenigen Theil der Masse bedeutet, der beim Beginn des Ausströmens in Gestalt flüssiger Wassertröpfchen im Dampf enthalten ist; dieser Bruchtheil beträgt bei Abwesenheit eines Dampfmantels ungefähr 0,1. Wir haben also

$$Q_2 = 560\,(1 - 0{,}1) = 504$$

und demnach

$$\frac{Q_1 - Q_2}{Q_1} = \frac{610 - 504}{610} = \frac{106}{610} = 0{,}18\,.$$

Bei Anwendung eines Dampfmantels bleibt der Dampf trocken; da in Folge dessen x' Null ist, wird

$$Q_2 = 560.$$

Um aber die Kondensation zu verhindern, musste der Dampfmantel Wärme abgeben, wodurch ein Theil des hierin befindlichen Dampfes niedergeschlagen wird. Man schätzt die so kondensirte Dampfmenge auf ungefähr 0,2 der ganzen für einen Kolbengang nöthigen Menge. Die Wärmemenge Q_1 ist also

$$Q_1 = 610 + 0,2 \times 610 = 733;$$

hieraus folgt

$$\frac{Q_1 - Q_2}{Q_1} = \frac{733 - 560}{733} = 0,23.$$

Der Nutzeffekt wird also durch Anwendung eines Dampfmantels erhöht.

243. Durch dieselben Betrachtungen erklärt sich auch der Umstand, dass die Ueberhitzung vortheilhaft wirkt. Sie verhindert nämlich, wie der Dampfmantel, die Kondensation des Dampfes an den Cylinderwänden. Indessen wird die Ueberhitzung nicht so allgemein wie der Dampfmantel angewendet. Auch ist sie immer nur gering und hat überhaupt nur den Zweck, die Flüssigkeitstropfen, die der Dampf vom Kessel mit sich reisst, vor ihrem Eintritt in den Cylinder in Dampf zu verwandeln; sie dient also mehr dazu, den Dampf zu trocknen, als seine Temperatur zu erhöhen.

244. Compound- und Corliss-Maschinen. — Es ist nicht meine Absicht, eine Theorie der Dampfmaschinen zu liefern, sondern vielmehr durch verschiedene Beispiele die Principien der Thermodynamik zu beleuchten; aus diesem Grund will ich auch nicht näher auf Maschinen neuerer Konstruktion, z. B. Compound- und Corliss-Maschinen, eingehen.

Bei den Compoundmaschinen geht der Dampf von dem ersten Cylinder, in welchem er sich theilweise expandirt hat, in einen zweiten von grösserer Kapacität über, wo er sich noch weiter ausdehnt und dabei auf einen Kolben wirkt. Gewöhnlich gelangt der Dampf dann in den Kondensator, aber manchmal expandirt er sich vorher noch in einem dritten Cylinder; man nennt dann die Maschine eine solche mit dreifacher Expansion.

Dies System besitzt einen doppelten Vorzug; die Expansion kann nämlich weiter fortgesetzt werden, ohne dass die treibende Kraft während eines Kolbengangs allzugrosse Schwankungen erfährt, nud ohne dass man genöthigt ist, ein zu schweres Schwungrad anzuwenden.

Wichtiger noch ist der Umstand, dass die Temperatur der Wände der verschiedenen Cylinder nicht mehr zwischen T_1 und T_2, sondern zwischen engeren Grenzen schwankt; dadurch wird die Kondensation beim Einströmen des Dampfes, die Verdampfung bei der Expansion und beim Ausströmen und ebenso die dadurch bedingte Abnahme des Nutzeffekts vermindert.

245. Injektor von Giffard. — Lange Zeit wurde die Speisung des Kessels durch Pumpen, sogenannte Speisepumpen, bewerkstelligt, die mit der Maschine selbst verbunden waren; diese Pumpen saugen das Kondensationswasser an und schaffen es mit Druck in den Kessel. In neuerer Zeit dient zur Kesselspeisung meistens der Injektor von Giffard.

Auf eine vollständige Beschreibung dieses Apparats können wir hier nicht eingehen, sondern wollen nur die wesentlichsten Theile desselben in's Auge fassen. Ein Dampfstrahl gelangt durch ein Rohr in einen Behälter, in den auch eine Saugröhre mündet, welche in das Sammelbassin des Speisewassers führt; eine dritte Röhre, die Druckröhre, schafft das Wasser in den Kessel.

Es ist schwierig zu erklären, auf welche Weise der Injektor funktionirt. Da das Wasser aus dem Bassin angesaugt wird, muss der Druck an der Vereinigungsstelle der drei Rohre geringer als eine Atmosphäre sein. Wie kann aber dann das Wasser in den Kessel gelangen, wo doch ein viel höherer Druck herrscht?

Meiner Meinung nach ist eine vollständige Theorie dieses Apparates noch nicht aufgestellt worden, und ich maasse mir auch nicht an, dies thun zu wollen. Die folgende Analyse ist vielmehr sehr oberflächlich und soll nur zeigen, dass die Thermodynamik im Stande ist, dies Paradoxon zu erklären.

246. Wir wollen annehmen, dass der endgültige Zustand in dem Apparat hergestellt ist. Dann lässt sich die Gleichung

$$\text{(1)} \qquad \frac{\varphi\,\omega}{v} = \text{const.},$$

die wir im § 132 beim Studium des Ausflusses von Flüssigkeiten gefunden haben, in jedem Augenblick auf die verschiedenen Querschnitte derselben Röhre anwenden; ω bezeichnet hierin die Oberfläche eines dieser Querschnitte; φ die Geschwindigkeit der Flüssigkeit an einem Punkt desselben und v das diesem Punkt entsprechende specifische Volumen.

Durch Anwendung des Princips von der Erhaltung der Energie fanden wir eine neue Gleichung zwischen diesen Grössen und der inneren Energie U der Masseneinheit; dieselbe reducirt sich auf

$$(2) \qquad \mathrm{EU} + \frac{q^2}{2} + pv = \text{const.}$$

für den Fall, dass die Schwere nicht wirkt und dass keine Wärme von aussen her aufgenommen oder nach aussen abgegeben wird (137). Diese Gleichung lässt sich also auf alle Querschnitte derselben Röhre des Injektors anwenden, wenn man den Einfluss der Schwere auf die cirkulirende Flüssigkeit (Dampf, Wasser, Gemisch von Wasser und Dampf) vernachlässigt und annimmt, dass keine Wärme durch Strahlung verloren geht.

Wir wollen nun untersuchen, was aus den Gleichungen (1) und (2) wird, wenn die betrachteten Querschnitte nicht mehr derselben Röhre angehören.

247. Es seien $A_0 B_0$, $A_1 B_1$, $A_2 B_2$ (Fig. 37) die Querschnitte der drei Röhren, die zwischen sich im Augenblick t eine Masse gleich

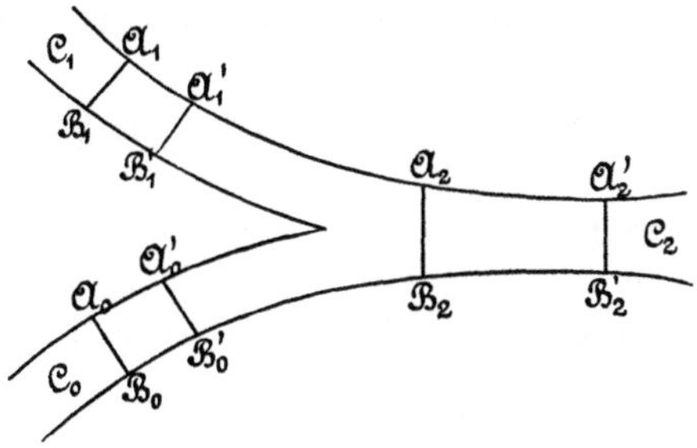

Fig. 37.

Eins enthalten. Nach einer Zeit dt wird diese selbe Masse begrenzt durch die Querschnitte $A'_0B'_0$, $A'_1B'_1$, $A'_2B'_2$. Bezeichnet man mit dm_0, dm_1, dm_2 die Flüssigkeitsmassen, welche die Elementarvolumina $A_0B_0A'_0B'_0$, $A_1B_1A'_1B'_1$, $A_2B'_2A'_2B'_2$ enthalten, so gilt $dm_2 = dm_0 + dm_1$.

Das Volumen $A_2B_2A'_2B'_2$ hat den Werth $\omega_2 \varphi_2 dt$; die demselben entsprechende Masse ist demnach

$$dm_2 = \frac{\omega_2 \varphi_2 dt}{v_2}.$$

Die Massen dm_0 und dm_1 können auf analoge Weise geschrieben werden; setzen wir diese Ausdrücke in die vorhergehende Gleichung ein, so erhalten wir an Stelle von (1)

$$(3) \qquad \frac{\omega_2 \varphi_2}{v_2} = \frac{\omega_0 \varphi_0}{v_0} + \frac{\omega_1 \varphi_1}{v_1}.$$

Nun wollen wir das Princip von der Erhaltung der Energie anwenden; dasselbe liefert uns die allgemeine Gleichung

$$\mathrm{E}d\mathrm{Q} + d\tau = \mathrm{E}d\mathrm{U} + d\mathrm{W}.$$

dQ ist aber Null in Folge der Annahme, dass kein Wärmeverlust durch Strahlung stattfindet; daher reducirt sich diese Gleichung auf

$$d\tau = E\,dU + dW.$$

Die Variation der inneren Energie ist gleich der Energie der Masse dm_2 vermindert um die Summe aus den Energien der Massen dm_0 und dm_1, denn die innere Energie der zwischen den Querschnitten $A'_0B'_0$ und $A'_1B'_1$ und dem Querschnitt A_2B_2 enthaltenen Masse ist dieselbe zur Zeit t und $t + dt$, wenn wir annehmen, dass der endgültige Zustand hergestellt ist. Nennt man demnach U_0, U_1, U_2 die Werthe der inneren Energie, bezogen auf die Masseneinheit in den drei betrachteten Querschnitten, so erhalten wir

$$dU = U_2\,dm_2 - U_0\,dm_0 - U_1\,dm_1.$$

Dasselbe gilt für die Variation der kinetischen Energie, welche den Werth hat

$$dW = dm_2\,\frac{\varphi_2^2}{2} - dm_0\,\frac{\varphi_0^2}{2} - dm_1\,\frac{\varphi_1^2}{2}.$$

Zur Berechnung der an die Flüssigkeit während der Zeit dt abgegebenen Arbeit $d\tau$ bezeichnen wir mit p_0, p_1, p_2 die Werthe der Drucke in den drei Querschnitten; wir haben dann

$$d\tau = -p_2\,\omega_2\,\varphi_2\,dt + p_0\,\omega_0\,\varphi_0\,dt + p_1\,\omega_1\,\varphi_1\,dt,$$

oder

$$d\tau = -p_2\,v_2\,dm_2 + p_0\,v_0\,dm_0 + p_1\,v_1\,dm_1.$$

Setzen wir diese Werthe von dU, dW und $d\tau$ in die durch das Princip der Energie gelieferte Gleichung ein, so erhalten wir

$$\left(E\,U_2 + \frac{\varphi_2^2}{2} + p_2 v_2\right) dm_2 = \left(E\,U_0 + \frac{\varphi_0^2}{2} + p_0 v_0\right) dm_0 + \left(E\,U_1 + \frac{\varphi_1^2}{2} + p_1 v_1\right) dm_1.$$

Diese Gleichung tritt an die Stelle von (2), wenn mehrere Röhren sich von einander abzweigen.

Dividiren wir durch $E\,dm_2$ und setzen

$$dm_1 = \mu\,dm_2,$$

so erhalten wir

$$(4)\quad U_2 + A\,\frac{\varphi_2^2}{2} + A p_2 v_2 = (1-\mu)\left(U_0 + A\,\frac{\varphi_0^2}{2} + A p_0 v_0\right) + \mu\left(U_1 + A\,\frac{\varphi_1^2}{2} + A p_1 v_1\right).$$

248. Wir wollen jetzt diese Formel auf den Giffard'schen Injektor anwenden und festsetzen, dass C_1 die Dampfzuleitungsröhre sei, C_0 die Saugröhre und C_2 die Druckröhre.

Da die bei dem Beweis der Formel betrachtete Masseneinheit willkürlich ist, so ist auch die Lage der sie begrenzenden Querschnitte beliebig; wir können also annehmen, dass A_0B_0 in dem Bassin liegt, A_1B_1 in dem vom Dampf erfüllten Theil des Kessels, A_2B_2 in dem vom Wasser eingenommenen Theil desselben. Unter diesen Bedingungen sind die Quadrate der Geschwindigkeiten φ_0 und φ_1 zu vernachlässigen; ausserdem besitzen p_1 und p_2 den gemeinsamen Werth des Kesseldrucks p_1, und p_0 ist gleich dem Atmosphärendruck.

Für die innere Energie fanden wir bei einem von einer Flüssigkeit und ihrem gesättigten Dampf gebildeten System den Werth (169)

$$U = Lm + CT - Apm(\sigma - \lambda).$$

In der Saugröhre bildet Wasser die bewegte Flüssigkeit, so dass m, d. h. der im Dampfzustand befindliche Theil der Masse, Null ist und C gleich 1; wir erhalten also

$$U_0 = T_0,$$

wenn T_0 die Temperatur des Speisewassers bedeutet.

In der Dampfröhre ist $m = 1$, und da C auch hier gleich 1 ist, erhält man für die innere Energie

$$U_1 = L + T_1 - Ap_1(\sigma - \lambda).$$

In der Druckröhre endlich befindet sich ein Gemisch von Wasser und Dampf; m besitzt also einen, übrigens unbekannten, zwischen 0 und 1 liegenden Werth. Die Temperatur T_1 ist die des Kessels; demnach gilt

$$U_2 = Lm + T_1 - Ap_1m(\sigma - \lambda).$$

Man hat jetzt nur noch v_0, v_1 und v_2 durch σ und λ auszudrücken. In der Saugröhre ist das specifische Volumen der Flüssigkeit gleich λ, in der Dampfröhre gleich σ, in der Druckröhre endlich

$$v_2 = m\sigma + (1 - m)\lambda.$$

Ersetzen wir also die in Formel (4) vorkommenden Grössen durch diese Werthe, so erhalten wir

$$Lm + T_1 - Ap_1m(\sigma - \lambda) + A\frac{\varphi_2^2}{2} + Ap_1m\sigma + Ap_1(1 - m)\lambda =$$
$$= (1 - \mu)(T_0 + Ap_0\lambda) + \mu[L + T_1 - Ap_1(\sigma - \lambda) + Ap_1\sigma],$$

oder

$$L(m-\mu)+A\frac{\varphi^2_2}{2}=(1-\mu)(T_0-T_1+Ap_0\lambda-Ap_1\lambda).$$

Nun ist das Glied $A\frac{\varphi^2_2}{2}$ positiv, so dass beim Fortlassen desselben die linke Seite der vorhergehenden Gleichung kleiner als die rechte wird, d. h.

$$L(m-\mu)<(1-\mu)(T_0-T_1+Ap_0\lambda-Ap_1\lambda).$$

Da aber $p_1>p_0$, so ist $Ap_0\lambda-Ap_1\lambda$ eine negative Grösse; wir können demnach, ohne die Ungleichung zu ändern, auch dies Glied unberücksichtigt lassen, wenn wir die nur nothwendigen Bedingungen für das Funktioniren des Apparates ableiten wollen; wir finden also

(5) $$L(m-\mu)<(1-\mu)(T_0-T_1).$$

249. Eine zweite Ungleichung liefert uns das Princip von Clausius.

Betrachten wir eine Dampfmasse μ in der Dampfröhre und eine Wassermasse $(1-\mu)$ in der Saugröhre, so erhalten wir durch deren Vereinigung eine Masse 1 in der Druckröhre. Sind ferner S_0, S_1, S_2 die auf die Masseneinheit bezogenen Entropien der in den drei Röhren enthaltenen Flüssigkeiten, so ist die Entropie des von der Dampfmasse μ und der Flüssigkeitsmasse $1-\mu$ gebildeten Systems

$$(1-\mu)S_0+\mu S_1,$$

wenn diese Massen getrennt sind, und S_2, wenn sie nach ihrer Vereinigung das in der Druckröhre befindliche Gemisch von Dampf und Wasser bilden. Die Variation der Entropie wird also

$$S_2-(1-\mu)S_0-\mu S_1.$$

Nun ist nach einer Folgerung des verallgemeinerten Theorems von Clausius die Variation der Entropie grösser, als der Werth des Integrals $\iint\frac{dQ}{T}$, in welchem sich die eine Integration auf den Kreis, die andere auf das Volumen bezieht und wo dQ zwei Bedeutungen haben kann (cf. **188**).

In unserem Fall wird nach der Hypothese keine Wärme von aussen aufgenommen oder abgegeben; dagegen müssen wir uns über die inneren Veränderungen Rechenschaft geben.

Es ist klar, dass die Variation der Entropie selbst in dem Fall grösser bleiben wird als $\iint\frac{dQ}{T}$, dass wir in diesem Integral nur einigen der thatsächlich stattfindenden Veränderungen Rechnung tragen. Für eine beliebige dieser Veränderungen gilt nämlich, wie wir schon öfter hervorgehoben haben

$$\iint \frac{dQ}{T} > 0.$$

Wir wollen nur die beträchtliche Veränderung in's Auge fassen, die bei der Berührung des durch die Dampfröhre einströmenden Dampfes mit dem Wasser der Saugröhre eintritt. Dieser Dampf ist bereits durch die vorausgehende Expansion abgekühlt und befindet sich auf einer Temperatur T_2, die tiefer als T_1 ist. Das Wasser besitzt die Temperatur T_0 und erwärmt sich bei der Berührung mit dem Dampf allmählich auf T_2. Der Dampf dagegen gibt Wärme an das Wasser ab und bleibt ungefähr auf der Temperatur T_2, aber er kondensirt sich theilweise.

Für eine Temperaturveränderung dT beträgt die vom Wasser absorbirte Wärmemenge $dQ = (1 - \mu)\, dT$, da die specifische Wärme sehr nahe gleich Eins und die erwärmte Masse $1 - \mu$ ist. Diese Wärme wird dem Dampf entnommen und besitzt den Werth

$$dQ = -(1 - \mu)\, dT;$$

wir erhalten also

$$\iint \frac{dQ}{T} = (1 - \mu) \int_{T_0}^{T_2} \frac{dT}{T} - (1 - \mu) \int_{T_0}^{T_2} \frac{dT}{T_2};$$

hieraus folgt

$$\iint \frac{dQ}{T} = (1 - \mu) \log \frac{T_2}{T_0} - (1 - \mu) \frac{T_2 - T_0}{T_2}.$$

Es muss demnach gelten:

$$S_2 - (1 - \mu) S_0 - \mu S_1 > (1 - \mu) \log \frac{T_2}{T_0} - (1 - \mu) \frac{T_2 - T_0}{T_2}. \tag{6}$$

250. Zur Berechnung von S_0, S_1 und S_2 wenden wir die Formel an

$$S = \frac{L}{T} m + C \log T,$$

die wir für die Entropie eines Systems gefunden haben (**169**), welches aus einer Flüssigkeitsmasse $(1 - m)$ und aus einer Menge m von gesättigtem Dampf gebildet wird; in unserem Fall, wo es sich um Wasser handelt, haben wir $C = 1$ zu setzen. Den Werth von S_0 erhält man durch $m = 0$, da die Saugröhre keinen Dampf enthält, und durch $T = T_0$; demnach ist

$$S_0 = \log T_0.$$

Den Werth von S_1 findet man, da in dem Rohr C_1 nur Dampf enthalten ist, durch $T = T_1$ und $m = 1$; hieraus folgt

$$S_1 = \frac{L}{T_1} + \log T_1.$$

In dem Druckrohr endlich befindet sich ein Gemisch von Wasser und Dampf, es ist deshalb

$$S_2 = \frac{L}{T_1} m + \log T_1.$$

Die Ungleichung (6) wird nach Einsetzen der Werthe von S_0, S_1 und S_2

$$\frac{L}{T_1} m + \log T_1 - (1 - \mu) \log T_0 - \mu \left(\frac{L}{T_1} + \log T_1\right) > (1 - \mu)\left(\log \frac{T_2}{T_0} - \frac{T_2 - T_0}{T_2}\right),$$

oder

$$\frac{L(m - \mu)}{T_1} > (1 - \mu)\left(\log \frac{T_2}{T_1} + \frac{T_0}{T_2} - 1\right).$$

Durch Vergleichung dieser Ungleichung mit (5) erhält man die folgende

$$T_1\left(\log \frac{T_2}{T_1} + \frac{T_0}{T_2} - 1\right) < T_0 - T_1$$

oder

(7) $$T_0\left(\frac{T_1}{T_2} - 1\right) < T_1 \log\left(\frac{T_1}{T_2}\right).$$

Dies ist die Bedingung für das Funktioniren des Apparates.

251. Diese neue Ungleichung lässt die Berechnung einer oberen Grenze für T_0 zu. Damit das Saugen zu Stande kommen kann, muss der Druck an dem Verzweigungspunkt der drei Röhren geringer als der Atmosphärendruck sein und deshalb T_2 kleiner als 100^0; auf diese Weise findet man ungefähr 100^0 für die Maschine mit mittlerem Druck. Dieser Werth ist wesentlich höher als der in der Praxis zur Anwendung kommende von 20^0, bei welchem der Injektor funktionirt; der Unterschied rührt von der sehr rohen Annäherung her, mit der wir bei der Aufstellung der Ungleichung (7), und zwar immer in demselben Sinne, zu Werke gegangen sind, hauptsächlich aber von der Vernachlässigung der Glieder, welche die Quadrate der Geschwindigkeiten enthalten; ausserdem haben wir die Wärmeverluste durch Strahlung vernachlässigt und die beträchtliche Arbeit unberücksichtigt gelassen, welche durch die Reibung der Flüssigkeiten an den Wänden in Wärme umgewandelt wird. Würde man alle diese Grössen in der Theorie berücksichtigen, so würde man sicherlich einen Werth von T_0 erhalten, der dem wirklichen Werth viel näher liegt. Aber die Aufstellung dieser Theorie würde fast unübersteigliche Hindernisse bieten.

So angenähert aber auch die vorhergehende Theorie sein mag, so genügt sie doch zum Nachweis, dass das Paradoxon nur scheinbar ist, dass das Funktioniren des Apparates den Principien der Thermodynamik nicht widerspricht und dass T_0 eine bestimmte Grenze nicht überschreiten darf; aber man könnte ohne viel längere Rechnung den Werth dieser Grenze nicht berechnen.

Auf einen wichtigen Punkt wollen wir auch noch hinweisen. In der entwickelten Theorie setzen wir voraus, dass der Endzustand hergestellt ist; wir wissen also, wie derselbe e r h a l t e n bleiben kann, aber nicht, wie er zu Stande kommt; dies ist eine weitere, schwer auszufüllende Lücke. Allerdings kann man sich die Ansaugung des Speisewassers durch die Contractio venae des Dampfes am Ende der Einströmungsröhre erklären. Die Mündung dieser Röhre muss nämlich sehr eng sein, besonders wenn der Apparat in Gang gesetzt wird; zu diesem Zweck lässt man sie in einen Konus endigen und bringt in ihrer Achse einen verschiebbaren konischen Kern an; durch Verschieben des letzteren längs der Achse kann man die Ausströmungsöffnung enger oder weiter machen.

Kapitel XV.

Dissociation.

252. Verschiedene Arten der Dissociation. — Die Dissociationsvorgänge sind umkehrbar und lassen sich je nach der Natur der in Betracht kommenden Körper in zwei natürliche Klassen theilen. Wenn die Mischung und ihre Bestandtheile gasförmig sind, so sagt man, dass die Dissociation in einem homogenen System stattfindet; in diese Klasse gehören die ersten von H. St. Claire-Deville entdeckten Dissociations-Erscheinungen; wenn dagegen der eine Körper flüssig oder fest ist, so spricht man von einer Dissociation in heterogenem System.

Diese zweite Klasse schliesst mehrere Typen in sich. Den einen derselben bildet die Dissociation von kohlensaurem Ammoniak, wo ein zusammengesetzter fester Körper in zwei Gase zerfällt: Ammoniak und Kohlensäure. Eine andre Art von Dissociation tritt bei Selenwasserstoff, Tellurwasserstoff und Chromsesquichlorid auf; hier zersetzt sich ein zusammengesetztes Gas in ein Gas und eine Flüssigkeit oder einen festen Körper.

Der kohlensaure Kalk bietet endlich ein Beispiel für den dritten Typus: ein fester Körper liefert durch seine Dissociation ein Gas und einen festen Körper.

Die in diese Kategorie gehörigen Dissociationen sind von Deville mit der Erscheinung der Verdampfung einer Flüssigkeit verglichen worden. Die Gesetze beider Erscheinungen sind dieselben, und man kann somit auf die Dissociationen dieser Art die meisten in den Kapiteln XI und XII erhaltenen Resultate anwenden.

253. Theorie von Gibbs. — Die experimentellen Gesetze der Dissociation in einem homogenen System sind viel weniger genau bekannt, als die der Dissociation des kohlensauren Kalkes; ausserdem ist die Dissociation des Jodwasserstoffs die einzige dieser Dissociationen, welche zahlreiche quantitative Untersuchungen veranlasst hat. Trotzdem ist die Theorie dieser Erscheinungen, Dank den Arbeiten von Gibbs, ziemlich vorgeschritten.

In seiner Theorie setzt Gibbs voraus, dass die Gesetze der vollkommenen Gase auf diejenigen Gase anwendbar sind, aus welchen das System besteht. Ausserdem stellt er folgende Sätze auf:

1. Die innere Energie eines homogenen Gemisches mehrerer vollkommener Gase ist gleich der Summe der inneren Energien, welche diese Gase besitzen würden, wenn jedes von ihnen allein, bei der gleichen Temperatur, das ganze Volumen des Gasgemisches einnehmen würde.

2. Die Entropie eines homogenen Gemisches mehrerer vollkommener Gase ist gleich der Summe der Entropien, welche jedes Gas für sich genommen besitzen würde, wenn es bei derselben Temperatur das ganze Volumen des Gasgemisches einnähme.

Diese beiden Voraussetzungen sind keineswegs selbstverständlich; wir wollen ihre Richtigkeit nacheinander beweisen und werden sehen, dass der Beweis der letzteren mancherlei Schwierigkeiten bereitet.

Vorher aber müssen wir noch einige Beziehungen aufstellen, welche aus der Anwendung der für vollkommene Gase geltenden Gesetze auf Gassysteme folgen, und die für diese Beweise unumgänglich nöthig sind.

254. Betrachten wir ein Gemisch von drei vollkommenen Gasen G_1, G_2, G_3, deren Gesammtmasse gleich Eins ist, und bezeichnen mit m_1, m_2, m_3 die Massen dieser Gase, so haben wir

$$m_1 + m_2 + m_3 = 1. \tag{1}$$

Nach dem Gesetz von der Mischung der Gase ist der Druck p des Gemisches gleich der Summe aus den Partialdrucken p_1, p_2, p_3, die von den einzelnen Gasen ausgeübt würden, wenn jedes von ihnen bei der gleichen Temperatur das ganze Volumen einnähme; demnach gilt

$$p = p_1 + p_2 + p_3. \tag{2}$$

Bezeichnen wir mit v_1, v_2, v_3 die specifischen Volumina, welche den Drucken p_1, p_2, p_3 und der Temperatur T entsprechen, so erhalten wir die Gleichungen

$$\begin{cases} p_1 v_1 = \mathrm{R}_1 \mathrm{T}, \\ p_2 v_2 = \mathrm{R}_2 \mathrm{T}, \\ p_3 v_3 = \mathrm{R}_3 \mathrm{T}. \end{cases}$$

Nach der Bedeutung von p_1 nimmt aber die Masse m_1 des Gases G_1 unter diesem Druck und bei der Temperatur T das ganze Volumen v des Gemisches ein; demnach erhalten wir für das specifische Volumen v_1

$$v_1 = \frac{v}{m_1}.$$

Die Volumina v_2 und v_3 werden durch analoge Ausdrücke bestimmt, so dass man obige Gleichungen schreiben kann

$$(3) \qquad \begin{cases} p_1 \dfrac{v}{m_1} = R_1 T, \\ p_2 \dfrac{v}{m_2} = R_2 T, \\ p_3 \dfrac{v}{m_3} = R_3 T. \end{cases}$$

Berechnen wir hieraus p_1, p_2, p_3 und setzen die so erhaltenen Werthe in die Gleichung (2) ein, so folgt

$$p = (m_1 R_1 + m_2 R_2 + m_3 R_3) \frac{T}{v}.$$

Die Grössen R_1, R_2, R_3 sind den specifischen Gewichten der Gase proportional. Andrerseits ist nach dem Gesetz von Dulong und Petit die specifische Wärme der vollkommenen Gase bei konstantem Volumen den specifischen Gewichten dieser Gase proportional.

Die specifischen Wärmen c_1, c_2, c_3 der Gase G_1, G_2, G_3 sind demnach proportional R_1, R_2, R_3, und wir können setzen

$$(4) \qquad \frac{c_1}{R_1} = \frac{c_2}{R_2} = \frac{c_3}{R_3} = \frac{1}{k}.$$

Der obige Ausdruck für p wird, wenn man in demselben R_1, R_2, R_3 durch die aus diesen Gleichungen abgeleiteten Grössen ersetzt,

$$(5) \qquad p = (m_1 c_1 + m_2 c_2 + m_3 c_3) \frac{kT}{v}.$$

255. Wir wollen jetzt voraussetzen, dass sich ein Theil des zusammengesetzten Körpers, das Gas G_3, dissociirt; die Gasmengen werden sich dann um dm_1, dm_2, dm_3 verändern. Aus Gleichung (1) folgt aber

$$(6) \qquad dm_1 + dm_2 + dm_3 = 0.$$

Nun sind diese Veränderungen der Massen den Molekulargewichten proportional; wir können also setzen

$$(7) \qquad \begin{cases} dm_1 = \alpha \, d\mu, \\ dm_2 = \beta \, d\mu, \\ dm_3 = \gamma \, d\mu, \end{cases}$$

wo α und β Konstanten bezeichnen, die den Molekulargewichten von G_1 und G_2 gleich sind, γ aber eine Konstante, die gleich dem Molekulargewicht von G_3 ist, aber das entgegengesetzte Zeichen besitzt. Nach Gleichung (6) müssen diese Konstanten die Bedingung erfüllen

$$\alpha + \beta + \gamma = 0.$$

Die aus dieser partiellen Dissociation folgende Druckveränderung finden wir durch Differentiation des Werthes (5) von p. Unter der Annahme, dass die Temperatur und das specifische Volumen des Gemisches sich nicht verändern, erhalten wir

$$dp = (c_1 dm_1 + c_2 dm_2 + c_3 dm_3) \frac{k\mathrm{T}}{v},$$

oder

$$dp = (\alpha c_1 + \beta c_2 + \gamma c_3) \frac{k\mathrm{T}}{v} d\mu.$$

Wenn nun beim Entstehen des in Dissociation begriffenen Körpers eine Kondensation nicht stattgefunden hatte, so ändert sich bei der Dissociation der Druck nicht; es muss also in diesem Fall gelten

$$\alpha c_1 + \beta c_2 + \gamma c_3 = 0.$$

Hatte dagegen beim Entstehen dieses Körpers Kondensation stattgefunden, so ist dp von Null verschieden, und die vorhergehende Gleichung ist nicht mehr erfüllt. Wir setzen daher allgemein

$$\alpha c_1 + \beta c_2 + \gamma c_3 = k\lambda, \tag{8}$$

wo λ einen von Null verschiedenen Faktor bedeutet, wenn Kondensation stattgefunden hatte, hingegen gleich Null ist, wenn dies nicht der Fall war.

256. Innere Energie eines Gasgemisches. — Wir bezeichnen mit U die innere Energie der Masseneinheit des Gemisches bei der Temperatur T und mit U_1, U_2, U_3 die Werthe der inneren Energie für die Masseneinheit der Bestandtheile, wenn die Temperatur unverändert bleibt.

Nach dem Gesetz von Joule hängt die innere Energie eines vollkommenen Gases nur von der Temperatur desselben ab, so dass die Variation dieser Energie durch den Ausdruck

$$d\mathrm{U} = c\, d\mathrm{T}$$

bestimmt wird. Demnach erhalten wir durch Integration für die drei betrachteten Gase

$$
(9) \qquad \begin{aligned} U_1 &= c_1 T + h_1, \\ U_2 &= c_2 T + h_2, \\ U_3 &= c_3 T + h_3, \end{aligned}
$$

wo h_1, h_2, h_3 Konstanten sind.

Nimmt man an, dass sich diese Gase in getrennten Räumen befinden, so ist die innere Energie des von ihnen gebildeten Systems offenbar gleich der Summe aus ihren inneren Energien.

Demnach wird die Variation dieser Grösse für eine elementare Umformung ausgedrückt durch

$$
(10) \qquad dU = m_1 \, dU_1 + m_2 \, dU_2 + m_3 \, dU_3.
$$

Werden nun die drei Räume in Verbindung gesetzt, so mischen sich die Gase durch Diffusion. Die Variation der Energie bei diesem Vorgang ist

$$
dU = dQ + A \, d\tau.
$$

Da aber die Diffusion der Gase ohne Aufnahme und Abgabe von Wärme vor sich geht, so ist dQ Null, und da ferner das Volumen des Systems unverändert bleibt, so ist auch $d\tau$ Null; folglich ist auch die Veränderung der inneren Energie Null.

Die Variation der Energie des Systems wird also immer durch die Gleichung (10) ausgedrückt, ob die Gase gemischt sind oder nicht, vorausgesetzt, dass ihre Masse dieselbe bleibt. Wir nehmen an, dass die Gase gemischt sind; der Ausdruck (10) von dU gibt dann durch Integration

$$
U = m_1 U_1 + m_2 U_2 + m_3 U_3 + \varphi (m_1, m_2, m_3);
$$

ersetzt man hierin U_1, U_2, U_3 durch ihre Werthe (9), bei denen man die Konstanten h vernachlässigen kann, da φ eine beliebige Funktion ist, so folgt

$$
(11) \qquad U = (m_1 c_1 + m_2 c_2 + m_3 c_3) T + \varphi (m_1, m_2, m_3).
$$

Dies ist der Ausdruck für die innere Energie des Gemisches.

257. Zur Bestimmung der Funktion φ betrachten wir ein zweites Gasgemisch aus denselben Gasen, aber in anderer Zusammensetzung. Der Ausdruck für die innere Energie dieses Gemisches ist

$$
U' = (m'_1 c_1 + m'_2 c_2 + m'_3 c_3) T + \varphi (m'_1, m'_2, m'_3).
$$

Setzen wir nun den Recipienten, der dies Gemisch enthält, mit dem früheren in Verbindung, so entsteht nach der Diffusion ein Gemisch, welches eine Masse $m_1 + m'_1$ des Gases G_1, eine Masse

$m_2 + m'_2$ des Gases G_2 und eine Masse $m_3 + m'_3$ des Gases G_3 enthält. Die gesammte innere Energie dieses neuen Gemisches wird sein

$$\left[(m_1 + m'_1)\, c_1 + (m_2 + m'_2)\, c_2 + (m_3 + m'_3)\, c_3\right] T +$$
$$+ \varphi\left[(m_1 + m'_1),\ (m_2 + m'_2),\ (m_3 + m'_3)\right].$$

Andrerseits muss diese Energie die Summe aus den Energien U und U' der ursprünglichen Gemische sein, da die Diffusion keine Veränderung in dem Werth der Energie mit sich bringt; diese Summe ist

$$\left[(m_1 + m'_1)\, c_1 + (m_2 + m'_2)\, c_2 + (m_3 + m'_3)\, c_3\right) T +$$
$$+ \varphi\,(m_1,\ m_2,\ m_3) + \varphi\,(m'_1,\ m'_2,\ m'_3).$$

Es muss also gelten

$$\varphi\left[(m_1 + m'_1),\ (m_2 + m'_2),\ (m_3 + m'_3)\right] = \varphi\,(m_1,\ m_2,\ m_3) + \varphi\,(m'_1,\ m'_2,\ m'_3).$$

Durch Differentiation der beiden Seiten dieser Gleichung nach m_1 erhalten wir

$$\varphi'\left[(m_1 + m'_1),\ (m_2 + m'_2),\ (m_3 + m'_3)\right] = \varphi'\,(m_1,\ m_2,\ m_3).$$

Der Differentialquotient der Funktion φ nach m_1 hat somit dieselbe Grösse, wie beschaffen auch die Werthe von m_1, m_2, m_3 sein mögen; er ist also eine Konstante, woraus folgt, dass φ eine lineare Funktion von m_1 darstellt; dasselbe gilt auch für die Abhängigkeit von m_2 und m_3, so dass wir setzen können

$$\varphi\,(m_1,\ m_2,\ m_3) = m_1 h_1 + m_2 h_2 + m_3 h_3,$$

wo h_1, h_2, h_3 willkürliche Konstanten bedeuten. Dann wird der Ausdruck von U (11), wenn man den Werth von φ einsetzt

$$U = m_1 (c_1 T + h_1) + m_2 (c_2 T + h_2) + m_3 (c_3 T + h_3),$$

das heisst

$$U = m_1 U_1 + m_2 U_2 + m_3 U_3. \tag{12}$$

Die innere Energie eines Gemisches mehrerer Gase ist also gleich der Summe der inneren Energien eines jeden von ihnen bei der gleichen Temperatur T. Hiermit ist die erste Voraussetzung, auf welche sich die Theorie von Gibbs gründet, bewiesen.

258. Wärme bei der Umwandlung. — Bezeichnet man mit $L\,d\mu$ die Wärmemenge, die man einem theilweise dissociirten System zuführen muss, um die in der Masseneinheit des Gemisches befindlichen Gasmengen bei konstanter Temperatur und konstantem Volumen um $\alpha d\mu$, $\beta d\mu$, $\gamma d\mu$ zu ändern, so bedeutet der Faktor L die für eine molekulare Umwandlung nöthige Wärme.

Der Werth dieser Grösse ist leicht zu finden. Geht nämlich die Umformung ohne Volumenveränderung vor sich, so ist die dem System zugeführte Arbeit $d\tau$ Null; demnach ist die Variation der inneren Energie gleich der zugeführten Wärmemenge $\mathrm{L}d\mu$. Durch Differentiation des Ausdrucks (12) für U erhält man also

$$\mathrm{L}d\mu = d\mathrm{U} = \mathrm{U}_1 dm_1 + \mathrm{U}_2 dm_2 + \mathrm{U}_3 dm_3,$$

wobei die Variationen von U_1, U_2, U_3 Null sind, da die Temperatur konstant bleibt. Ersetzen wir nun dm_1, dm_2, dm_3 durch ihre Werthe (7), so erhalten wir nach Division durch $d\mu$

$$\mathrm{L} = \alpha \mathrm{U}_1 + \beta \mathrm{U}_2 + \gamma \mathrm{U}_3,$$

oder nach (9)

$$\mathrm{L} = (\alpha c_1 + \beta c_2 + \gamma c_3)\,\mathrm{T} + \alpha h_1 + \beta h_2 + \gamma h_3.$$

Unter Berücksichtigung der Gleichung (8) und durch die Abkürzung

$$h = \alpha h_1 + \beta h_2 + \gamma h_3$$

folgt schliesslich

$$\mathrm{L} = k\lambda \mathrm{T} + h.$$

Dieser Ausdruck für L zeigt, dass in dem Fall, wo der sich dissociirende Körper mit Kondensation gebildet wurde, diese Grösse eine lineare Funktion der Temperatur sein muss, dagegen eine Konstante, wenn der zusammengesetzte Körper ohne Kondensation gebildet wurde, da dann λ Null ist.

259. Entropie eines gasförmigen Gemisches. — Wir wollen mit S die Entropie der Masseneinheit des Gemisches bei der Temperatur T und dem specifischen Volumen v bezeichnen und mit S_1, S_2, S_3 die auf die Masseneinheiten bezogenen Entropien der einzelnen Gase, wenn diese bei derselben Temperatur T das Volumen v einnehmen, d. h. wenn ihre Drucke respektive p_1, p_2, p_3 sind.

Das Gemisch möge nun eine reversible Umwandlung erfahren, bei welcher die Grössen p, v, T variiren, ohne dass sich die Zusammensetzung des Gemisches ändert. Die durch diese Umformung bedingte Veränderung der Entropie ist

$$d\mathrm{S} = \frac{d\mathrm{Q}}{\mathrm{T}} = \frac{d\mathrm{U}}{\mathrm{T}} + \frac{\mathrm{A}p\,dv}{\mathrm{T}}.$$

Nun haben wir im Vorhergehenden nachgewiesen, dass

$$\mathrm{U} = m_1 \mathrm{U}_1 + m_2 \mathrm{U}_2 + m_3 \mathrm{U}_3,$$

woraus folgt, da m_1, m_2, m_3 ungeändert bleiben,

$$\frac{dU}{T} = m_1 \frac{dU_1}{T} + m_2 \frac{dU_2}{T} + m_3 \frac{dU_3}{T}.$$

Andrerseits fanden wir

$$p = p_1 + p_2 + p_3,$$

und ferner gilt bekanntlich

$$v = m_1 v_1 = m_2 v_2 = m_3 v_3.$$

Demnach können wir schreiben

$$dS = m_1 \left(\frac{dU_1}{T} + \frac{A p_1 dv_1}{T}\right) + m_2 \left(\frac{dU_2}{T} + \frac{A p_2 dv_2}{T}\right) + m_3 \left(\frac{dU_3}{T} + \frac{A p_3 dv_3}{T}\right).$$

Nun ist aber die Summe

$$\frac{dU_1}{T} + \frac{A p_1 dv_1}{T}$$

die Variation der Entropie für die Masseneinheit des Gases G_1, wenn man bei der Temperatur T und dem Druck p_1 diese Grösse variiren lässt; sie ist also gleich dS_1. Auf dieselbe Weise findet man, dass die beiden anderen Summen die Werthe dS_2 und dS_3 besitzen; wir haben also für die betrachtete Umformung zu setzen

$$dS = m_1 dS_1 + m_2 dS_2 + m_3 dS_3.$$

Durch Integration folgt hieraus

$$S = m_1 S_1 + m_2 S_2 + m_3 S_3 + \varphi(m_1, m_2, m_3).$$

Die willkürliche Funktion φ, welche in diesen Ausdruck eingeht, kann nicht auf dieselbe Weise bestimmt werden, wie die Funktion derselben Art, die wir in dem Ausdruck für die innere Energie erhalten hatten. Dies rührt daher, dass die Diffusion, welche eine irreversible Erscheinung darstellt, eine Entropieveränderung hervorbringen kann, ohne dass dabei irgend ein thermischer Vorgang aufzutreten braucht.

Duhem nimmt in seinem Werk: Le Potentiel thermodynamique (p. 47, Zeile 22) an, dass diese Funktion eine Konstante ist, die man Null setzen kann, da die Entropie eines Systems doch nur bis auf eine Konstante bestimmt ist. Unter Zuhilfenahme dieser Hypothese wird der Ausdruck für die Entropie

$$S = m_1 S_1 + m_2 S_2 + m_3 S_3, \tag{13}$$

wodurch die zweite Annahme von Gibbs bewiesen wäre.

260. Wir wollen vorläufig die Hypothese von Duhem und folglich auch die Annahme von Gibbs zu Grunde legen und den Ausdruck für S suchen.

Die während einer elementaren Umformung an die Masseneinheit eines vollkommenen Gases abgegebene Wärmemenge hat den Werth

$$dQ = C \frac{\partial T}{\partial v} dv + c \frac{\partial T}{\partial p} dp,$$

wo C und c die specifischen Wärmen bei konstantem Druck und konstantem Volumen bedeuten. Ersetzt man die partiellen Differentialquotienten von T durch ihre aus der Fundamentalgleichung

$$pv = RT \tag{14}$$

abgeleiteten Werthe, so erhält man

$$dQ = \frac{Cp\,dv}{R} + \frac{cv\,dp}{R},$$

und für die Variation der entsprechenden Entropie

$$dS = \frac{dQ}{T} = C \frac{dv}{v} + c \frac{dp}{p},$$

oder endlich

$$dS = (C - c) \frac{dv}{v} + c \left(\frac{dv}{v} + \frac{dp}{p}\right).$$

Nun ist bekanntlich

$$C - c = AR,$$

und andrerseits liefert uns die Differentiation der Gleichung (14) nach Division mit pv die Beziehung

$$\frac{dv}{v} + \frac{dp}{p} = \frac{dT}{T}.$$

Wir können demnach die Variation der Entropie schreiben

$$dS = AR \frac{dv}{v} + c \frac{dT}{T},$$

und erhalten daraus durch Integration

$$S = AR \log v + c \log T + a, \tag{15}$$

wo a eine Konstante bedeutet.

Wir wollen nun diese Formel auf jedes der Gase G_1, G_2, G_3 anwenden. Beachten wir dabei, dass das specifische Volumen eines jeden von ihnen, z. B. G_1, den Werth hat $v_1 = \frac{v}{m_1}$, wo v das specifische Volumen des Gemisches bezeichnet, so finden wir

$$(16)\qquad \begin{cases} S_1 = AR_1 \log \frac{v}{m_1} + c_1 \log T + a_1, \\ S_2 = AR_2 \log \frac{v}{m_2} + c_2 \log T + a_2, \\ S_3 = AR_3 \log \frac{v}{m_3} + c_3 \log T + a_3. \end{cases}$$

Durch Einsetzen dieser Werthe in Formel (13) erhalten wir den Ausdruck für die Entropie des Gemisches in Funktion seines specifischen Volumens, seiner Temperatur und der Gasmassen, aus denen es besteht.

261. Anwendungen auf die Dissociation. — Nehmen wir an, dass die Temperatur und das specifische Volumen denselben Werth behalten, während das Gemisch eine reversible Umwandlung erleidet, durch welche die Entropie um dS vermehrt wird, so genügt die bei dieser Umformung abgegebene Wärmemenge der Gleichung

$$dS = \frac{dQ}{T};$$

andrerseits gilt

$$dQ = L\,d\mu,$$

so dass man schreiben kann

$$dS = \frac{L}{T}\,d\mu.$$

Es ist aber

$$dS = m_1 dS_1 + m_2 dS_2 + m_3 dS_3 + S_1 dm_1 + S_2 dm_2 + S_3 dm_3.$$

Die erste der Gleichungen (16) gibt uns durch Differentiation, da v und T konstant sind,

$$dS_1 = -AR_1 \frac{dm_1}{m_1};$$

hieraus finden wir

$$m_1 dS_1 + S_1 dm_1 = (S_1 - AR_1)\,dm_1 = \alpha\,(S_1 - AR_1)\,d\mu.$$

Die beiden anderen Ausdrücke der Gruppe (16) führen auf ähnliche Gleichungen, durch deren Addition wir erhalten

$$dS = \left[\alpha S_1 + \beta S_2 + \gamma S_3 - A\,(\alpha R_1 + \beta R_2 + \gamma R_3)\right] d\mu,$$

und folglich

$$\alpha S_1 + \beta S_2 + \gamma S_3 - A\,(\alpha R_1 + \beta R_2 + \gamma R_3) = \frac{L}{T}.$$

Ersetzen wir die Entropien S_1, S_2, S_3 durch ihre Werthe (16), so folgt

$$A \log v (\alpha R_1 + \beta R_2 + \gamma R_3) - A (\alpha R_1 \log m_1 + \beta R_2 \log m_2 + \gamma R_3 \log m_3)$$
$$+ (\alpha c_1 + \beta c_2 + \gamma c_3) \log T + \alpha a_1 + \beta a_2 + \gamma a_3 - A (\alpha R_1 + \beta R_2 + \gamma R_3) = \frac{L}{T} \cdot$$

Wir hatten aber gesetzt

$$\alpha c_1 + \beta c_2 + \gamma c_3 = k \lambda;$$

aus dieser Gleichung und den Gleichungen (4) folgt

$$\alpha R_1 + \beta R_2 + \gamma R_3 = k^2 \lambda.$$

Setzen wir demnach

$$A \alpha R_1 = \alpha_1, \; A \beta R_2 = \beta_1, \; A \gamma R_3 = \gamma_1, \; \alpha a_1 + \beta a_2 + \gamma a_3 = a,$$

so erhalten wir

$$A \lambda k^2 \log v - \alpha_1 \log m_1 - \beta_1 \log m_2 - \gamma_1 \log m_3 + k \lambda \log T - (\alpha_1 + \beta_1 + \gamma_1)$$
$$+ a = \frac{L}{T} \cdot$$

Dies ist die Formel für die Dissociation. Dieselbe führt zu mehreren interessanten, mit dem Versuch in Uebereinstimmung stehenden Folgerungen. Als Beispiel sei die folgende angeführt.

In dem Fall, dass der sich dissociirende Körper ohne Kondensation gebildet wurde, ist λ gleich Null, und das specifische Volumen v verschwindet aus der Formel; demnach hängt die Zusammensetzung des Gemisches nicht von dem Volumen ab; man kann dieses also bei konstanter Temperatur komprimiren, ohne den Zustand des Systems dadurch zu ändern.

262. Bemerkungen über die Hypothese von Duhem. — Obgleich aber die Folgerungen aus der obigen Formel mit keinem Experiment im Widerspruch stehen, durch einige derselben vielmehr bestätigt werden, so kann die Theorie von Gibbs doch nicht ohne Vorbehalt angenommen werden, da die zweite ihrer Voraussetzungen auf der Hypothese von Duhem beruht; diese aber ist, wie wir leicht nachweisen können, vollkommen willkürlich.

Wir bezeichnen zu diesem Zwecke mit S'_1 die Entropie der Masseneinheit des Gases G_1, wenn der Druck gleich dem Gesammtdruck p des Gemisches und seine Temperatur gleich T ist. Diese Grösse ist offenbar von S_1 verschieden, da die letztere sich auf den Fall bezieht, wo das Gas unter dem Druck p_1 steht, und da die Entropie eines vollkommenen Gases vom Drucke abhängt. Nach Formel (15) gilt

$$S'_1 = AR_1 \log v'_1 + c_1 \log T + a_1,$$

wo v'_1 das specifische Volumen des Gases G_1 bei dem Druck p und der Temperatur T bedeutet.

Die Differenz $S_1 - S'_1$ ist also (16)

$$S_1 - S'_1 = AR_1 \log \frac{v}{m_1 v'_1}.$$

Die rechte Seite dieser Gleichung hängt nur von den Variablen m_1, m_2, m_3 ab. Ist nämlich das specifische Volumen von G_1 für die Werthe p und T des Drucks und der Temperatur gleich v'_1, so nimmt die Masse m_1 desselben Gases unter den gleichen Bedingungen das Volumen $m_1 v'_1$ ein. Bezeichnet man entsprechend mit v'_2 und v'_3 die specifischen Volumina der Gase G_2 und G_3 für dieselben Werthe des Drucks und der Temperatur, so sind $m_2 v'_2$ und $m_3 v'_3$ die Volumina der Massen m_2 und m_3 dieser Gase. Das Gesammtvolumen v des Gemisches ist gleich der Summe dieser einzelnen Volumina, also

$$m_1 v'_1 + m_2 v'_2 + m_3 v'_3 = v.$$

Andrerseits gilt

$$p v'_1 = R_1 T, \qquad p v'_2 = R_2 T, \qquad p v'_3 = R_3 T;$$

hieraus folgt

$$\frac{m_1 v'_1}{m_1 R_1} = \frac{m_2 v'_2}{m_2 R_2} = \frac{m_3 v'_3}{m_3 R_3} = \frac{v}{m_1 R_1 + m_2 R_2 + m_3 R_3}$$

und somit

$$\log \frac{v}{m_1 v'_1} = \log \frac{m_1 R_1 + m_2 R_2 + m_3 R_3}{m_1 R_1}.$$

Ebenso könnte man nachweisen, dass die Differenzen $S_2 - S'_2$ und $S_3 - S'_3$ Funktionen von m_1, m_2, m_3 sind. Man darf also setzen

$$m_1 S_1 + m_2 S_2 + m_3 S_3 - m_1 S'_1 - m_2 S'_2 - m_3 S'_3 = \psi(m_1, m_2, m_3).$$

Wir haben nun gezeigt, dass die Entropie S des Gemisches den Werth hat

$$S = m_1 S_1 + m_2 S_2 + m_3 S_3 + \varphi(m_1, m_3, m_3);$$

demnach ist

$$S = m_1 S'_1 + m_2 S'_2 + m_3 S'_3 + \psi(m_1, m_2, m_3) + \varphi(m_1, m_2, m_3),$$

oder auch

$$S = m_1 S'_1 + m_2 S'_2 + m_3 S'_3 + \chi(m_1, m_2, m_3),$$

wo χ eine beliebige Funktion der Massen darstellt.

Wir können nun aber auch diese Funktion als eine absolute Konstante betrachten, die man vernachlässigen darf, und zwar ist diese Hypothese nicht mehr und nicht minder annehmbar, als die von Duhem. Dann aber wird

$$S = m_1 S'_1 + m_2 S'_2 + m_3 S'_3 ,$$

d. h. die Entropie eines homogenen Gemisches mehrerer Gase ist die Summe der Entropien dieser Gase, wenn sich jedes derselben bei der Temperatur und dem Druck des Gemisches befindet.

Diese Annahme könnte mit derselben Berechtigung einer Dissociationstheorie zu Grunde gelegt werden, wie die von Gibbs aufgestellte, sie würde jedoch zu Folgerungen führen, die mit dem Experiment im Widerspruch stehen. Unsere Voraussetzung hat also keine Wahrscheinlichkeit für sich, trotzdem sie der Annahme von Gibbs analog ist; und da sie auf einer Hypothese ähnlich derjenigen von Duhem beruht, kann auch jene ungenau sein. Wir wollen nun versuchen, die letztere zu rechtfertigen.

263. Folgerung aus dieser Hypothese. — Wenn wir von dieser Hypothese ausgehen, so ist die Entropie des Gemisches nach den Gleichungen (13) und (16)

$$S = \Sigma \left(A R_1 m_1 \log \frac{v}{m_1} + c_1 m_1 \log T + m_1 a_1 \right) .$$

Für ein Gemisch von derselben Temperatur, dessen specifisches Volumen v' ist und das in der Masseneinheit eine Masse m'_1 des Gases G_1, eine Masse m'_2 des Gases G_2 und eine Masse m'_3 des Gases G_3 enthält, ist die Entropie

$$S' = \Sigma \left(A R_1 m'_1 \log \frac{v'}{m'_1} + c_1 m'_1 \log T + m'_1 a_1 \right) .$$

Wenn wir nun zwei Recipienten in Verbindung setzen, von denen jeder eine Masse 1 dieser Gemische enthalten soll, so erhalten wir durch Diffusion ein neues Gemisch, dessen gesammte Entropie S'' den Werth besitzt

$$S'' = \Sigma \left(A R_1 (m_1 + m'_1) \log \frac{v + v'}{m_1 + m'_1} + c_1 (m_1 + m'_1) \log T + (m_1 + m'_1) a_1 \right) .$$

Dieser Werth ist grösser als $S + S'$, da die Diffusion ein irreversibler Vorgang ist, der, wie wir wissen, bei isothermem Verlauf von einer Entropievermehrung begleitet ist. Diese Vermehrung ist ausgedrückt durch

$$S'' - S - S' = \Sigma A R_1 \left[(m_1 + m'_1) \log \frac{v + v'}{m_1 + m'_1} - m_1 \log \frac{v}{m_1} - m'_1 \log \frac{v'}{m'_1} \right] .$$

Wenn nur ein einziges Gas vorhanden wäre, würde die Entropievermehrung genau den Werth des ersten Gliedes der auf der rechten Seite stehenden Summe besitzen. Es folgt demnach aus der Hypothese von Duhem die Annahme:

Bei der Diffusion von Gemischen, die aus mehreren Gasen gebildet sind, ist die Entropievermehrung gleich der Summe aus der Vermehrung, die bei der Diffusion der Gase entstehen würde, wenn jedes derselben allein in den die Gemische enthaltenden Recipienten vorhanden wäre.

264. Wir wollen nun umgekehrt nachweisen, dass, wenn diese Annahme gemacht wird, die Hypothese von Duhem daraus herzuleiten ist.

Zu diesem Zweck setzen wir voraus, dass die Massen m_1, m_2, m_3 der drei Gase G_1, G_2, G_3 in getrennten Recipienten unter dem Druck p und bei der Temperatur T enthalten seien. Die Entropie dieser Gase ist dann S'_1, S'_2, S'_3 für die Masseneinheit und die Entropie des Systems, das aus ihnen besteht, ist offenbar gleich der Summe der einzelnen Entropien und hat also den Werth

$$m_1 S'_1 + m_2 S'_2 + m_3 S'_3. \tag{17}$$

Wir setzen nun die drei Recipienten in Verbindung, so dass die Gase diffundiren, und wollen die daraus entstehende Entropievermehrung bestimmen.

Wenn das Gas G_1 allein vorhanden wäre, so würden zwei der Recipienten leer sein und die Verbindung derselben würde den Erfolg haben, dass die Masse m_1 dieses Gases das gesammte Volumen v der drei Recipienten einnähme. Da übrigens nach der Annahme die Diffusion ohne Temperaturänderung vor sich geht, so ist die Temperatur dieser Gasmasse gleich T und folglich die Entropie derselben für die Masseneinheit S_1. Die Veränderung der Entropie, welche von der Diffusion der als allein vorhanden angenommenen Masse m_1 herrührt, ist also

$$m_1 (S_1 - S'_1).$$

Die Entropieveränderung der Massen m_2 und m_3 der beiden anderen Gase bei der Diffusion derselben hat analoge Werthe, wenn man ebenfalls jedes derselben als allein vorhanden betrachtet. Nehmen wir also die Voraussetzung des vorigen Paragraphen an, so erhalten wir für die von der Diffusion der Gase G_1, G_2, G_3 herrührende Entropievermehrung

$$m_1 (S_1 - S'_1) + m_2 (S_2 - S'_2) + m_3 (S_3 - S'_3).$$

Addirt man diesen Ausdruck zu dem Werth (17) für die

Entropie vor der Diffusion, so erhält man für die Entropie des Gemisches

$$S = m_1 S_1 + m_2 S_2 + m_3 S_3,$$

woraus hervorgeht, dass die Funktion $\varphi(m_1, m_2, m_3)$, wie Duhem annimmt, Null sein muss.

265. Rechtfertigung der Hypothese von Duhem. — Die Hypothese von Duhem ist also richtig, wenn wir die Voraussetzung des § 263 beweisen können. Die Dissociationen, welche nach dem Typus des kohlensauren Kalkes vor sich gehen, ermöglichen es uns, diesen Beweis zu erbringen. Allerdings ist zu bemerken, dass derselbe auf gewissen Thatsachen beruht, die bei der Dissociation des kohlensauren Kalkes beobachtet worden sind, oder vielmehr auf gewissen allgemein angenommenen Thatsachen. *Der folgende Beweis für die Hypothese von Duhem kann also keine grössere Zuverlässigkeit beanspruchen, als diesen Thatsachen selbst zukommt.*

Wir haben schon darauf hingewiesen, dass die Dissociationen dieser Art mit der Verdampfung einer Flüssigkeit vergleichbar sind. Nun besitzt bekanntlich bei dieser letzteren Erscheinung die Maximalspannung des Dampfes denselben Werth, wenn die Verdampfung im Vakuum vor sich geht oder wenn sie in einem beliebigen Gase stattfindet, vorausgesetzt, dass nur die Temperatur in beiden Fällen dieselbe ist; ausserdem hängt diese Spannung von der verdampfenden Flüssigkeitsmenge nicht ab. Ebenso muss es sich mit der Dissociation verhalten, deren Typus der kohlensaure Kalk bildet; der von der Dissociation herrührende Gasdruck ist also für jede Temperatur unabhängig von der Natur und der Masse des fremden Gases, das sich in der Umgebung befinden kann, und von der Masse des sich dissociirenden Körpers. Dies Gesetz kann übrigens durch die von Debray über den kohlensauren Kalk angestellte Untersuchungen und durch die Versuche von Isambert über die Verbindungen der Metallchlorüre und -jodüre mit Ammoniak als experimentell bewiesen betrachtet werden; wir wollen es daher als richtig annehmen und auf den betrachteten Fall anwenden.

266. Von zwei Gefässen, deren Volumina v und v' seien, soll das erste eine Masseneinheit Stickstoff und eine Masse m von Kohlensäure enthalten, das andre eine Masse m' von Kohlensäure. Die gemeinsame Temperatur dieser Gefässe sei T, und der gemeinsame Druck p derselben sei gleich der Spannung, welche bei der Dissociation von kohlensaurem Kalk bei der Temperatur T entsteht. Den durch die beiden Gefässe unter diesen Bedingungen definirten Zustand des Systems wollen wir mit A bezeichnen.

Nach der Verbindung der beiden Gefässe diffundiren die Gase, und die Entropie des Systems ist in diesem neuen Zustand B grösser als vorher. Um die Grösse dieser Vermehrung zu finden, wenden wir ein analoges Verfahren an, wie in § 187, wo wir die Entropieveränderung des Systems zweier Kugeln berechneten, die mit gleichen Elektricitäten von entgegengesetzten Zeichen geladen waren und dann in Verbindung gesetzt wurden.

Wir können zu diesem Zwecke annehmen, dass das Gefäss vom Volumen v eine gewisse Menge Kalk enthält[1]); dadurch wird der Zustand des Gemisches nicht geändert, denn nach der Diffusion ist der Druck der Kohlensäure geringer als die Dissociationsspannung p des kohlensauren Kalks bei der Temperatur T, so dass sich dieser letztere Körper nicht bilden kann.

Nun wollen wir die in den Gefässen enthaltenen Gase bei konstanter Temperatur komprimiren, wobei die Gefässe verbunden bleiben sollen. Der Druck der Kohlensäure erreicht dann den Werth p, und wenn die Kompression weiter fortgesetzt wird, verbindet sich ein Theil des Gases mit dem Kalk, da die Gegenwart des Stickstoffs nach dem Vorhergehenden ohne Einfluss auf die Erscheinung ist. Wird die Kompression in dem Augenblick beendigt, wo eine Masse m' sich verbunden hat, so haben wir ein Gasgemisch, welches aus der Masseneinheit Stickstoff und einer Masse m von Kohlensäure gebildet wird.

Wir wollen nun dies Gemisch von dem kohlensauren Kalk trennen und sich ausdehnen lassen, bis der Gesammtdruck p wird; sein Volumen muss dann v sein, wenn, wie wir annahmen, die Temperatur während der ganzen Ausdehnung gleich bleibt. Ein Theil des Systems ist somit in seinen Anfangszustand zurückgekehrt.

Nun möge ferner das Volumen des Gefässes, in dem der kohlensaure Kalk enthalten ist, vergrössert werden. Dann zersetzt sich der Kalk allmählich und der Druck der Kohlensäure behält immer denselben Werth p. Ist das Volumen v' geworden, so muss die Masse gasförmiger Kohlensäure m' betragen; das ganze vorher gebildete Kalkkarbonat hat sich also zersetzt, und, wenn wir von dem restirenden Kalk absehen, ist nunmehr das ganze System wieder in seinen ursprünglichen Zustand A zurückgekehrt.

Alle diese eben erwähnten Umformungen sind aber reversibel. Wenn demnach dQ die dem System durch eine Elementarumformung zugeführte Wärmemenge darstellt, so ist die von dem Uebergang

[1]) Siehe die Tafel Seite 241.

des Zustandes B in den Zustand A herrührende Entropie $\int \frac{dQ}{T}$, und diejenige, welche dem umgekehrten Vorgang entspricht, unterscheidet sich davon nur durch das Zeichen. Nennen wir also ΔS die Entropievermehrung, welche durch die Diffusion der betrachteten Gasmassen hervorgebracht wird, so erhalten wir nach der im § 186 aufgestellten Definition der Entropie

$$\Delta S = -\int \frac{dQ}{T};$$

oder

$$\Delta S = -\frac{1}{T}\int dQ,$$

da alle Umformungen bei derselben Temperatur stattfinden.

267. Geht man zuerst von dem Zustand A zu dem Zustand B durch eine Reihe reversibler Umformung über, wie wir sie eben betrachtet haben, und kehrt dann vom Zustand B zum Zustand A durch Diffusion zurück, so beschreibt man einen geschlossenen Kreis, auf den man das Princip von der Aequivalenz anwenden kann. Nach diesem Princip ist

$$Q = A\tau,$$

wenn τ die gesammte äussere Arbeit und Q die Summe der dem System zugeführten Wärmemenge bedeutet. Da nun die Diffusion ohne Aufnahme äusserer Wärme vor sich geht, so ist Q gleich dem Integral, welches in dem Ausdruck für ΔS vorkommt, und wir erhalten als Werth dieser letzteren Grösse

$$\Delta S = -\frac{A\tau}{T}.$$

Die Arbeit τ hat den Werth pdv, wenn dv die Volumenveränderung des Gemisches bezeichnet. Der Gesammtdruck des Gemisches ist aber die Summe der Drucke p_1 und p_2, die jedes einzelne Gas ausüben würde, wenn es allein den ganzen Raum einnähme. Folglich ist

$$\tau = \int p_1 dv + \int p_2 dv.$$

Das erste Integral auf der rechten Seite stellt die Arbeit τ_1 eines der Gase, z. B. des Stickstoffs, dar, wenn dieses sich allein umformen und dabei dasselbe Volumen behalten würde, welches das Gemisch besitzt; das zweite Integral, die Arbeit τ_2, entspricht dem anderen Gas unter denselben Bedingungen. Wir wollen nun diese Arbeit τ_1 und τ_2 berechnen.

268. Die Masse des Stickstoffs ist immer gleich Eins, so dass gilt

$$p_1 v = R_1 T,$$

und ferner

$$\tau_1 = \int p_1 dv = R_1 T \int \frac{dv}{v}.$$

Die Grenzen des Integrals sind gegeben durch das Volumen $v + v'$ des Gasgemisches, wenn das System sich in dem Zustand B befindet, und durch das Volumen v des Gemisches von Kohlensäure und Stickstoff, wenn das System in den Zustand A zurückgekommen ist; wir erhalten also

$$\tau_1 = R_1 T \log \frac{v}{v + v'}.$$

Schwieriger ist es, die Arbeit τ_2 zu berechnen, da die Masse der gasförmigen Kohlensäure variabel ist. Diese Masse ist gleich $m + m'$, wenn sich das System in dem Zustand B befindet und behält diesen Werth bei, bis durch die Kompression der Druck der Kohlensäure in dem Gemisch gleich p geworden ist. Für diese Umformungsperiode hat man zu setzen

$$p_2 v = (m + m') R_2 T,$$

und demnach

$$\int p_2 dv = (m + m') R_2 T \int \frac{dv}{v} = (m + m') R_2 T \log \frac{v_1}{v + v'}.$$

v_1 bedeutet hierin das Volumen des Gasgemisches am Ende dieser Periode.

Während der Verbindung des Kalks mit der Kohlensäure bleibt der Druck p konstant. Wenn wir also mit v_2 das Volumen des Gasgemisches in dem Augenblick bezeichnen, wo eine Masse m' der Säure sich verbunden hat, so besitzt die dieser Periode entsprechende Arbeit den Werth

$$p (v_2 - v_1).$$

Der Druck bleibt auch gleich p, wenn man den gebildeten kohlensauren Kalk zersetzt; ist das Gasvolumen v', so beträgt am Ende dieser Zersetzung die entsprechende Arbeit

$$p v'.$$

Die Masse m der Kohlensäure, die sich nicht mit dem Kalk verbunden hat, bildet den Bestandtheil eines Gemisches, dessen Volumen von v_2 in v übergeht; während dieser Umformung ist zu setzen

$$p_2 v = m R_2 T,$$

und dementsprechend

$$\int p_2 dv = m R_2 T \int \frac{dv}{v} = m R_2 T \log \frac{v}{v_2}.$$

Durch Addition dieser verschiedenen Gleichungen erhält man

$$\tau_2 = (m + m') R_2 T \log \frac{v_1}{v + v'} + p (v' + v_2 - v_1) + m R_2 T \log \frac{v}{v_2}.$$

Die gesuchte Entropieveränderung wird demnach gegeben durch

$$(18)\ \Delta S = -\frac{A\tau}{T} = A R_1 \log \frac{v + v'}{v} + (m + m') A R_2 \log \frac{v + v'}{v_1} +$$
$$+ A p (v_1 - v_2 - v') + m A R_2 \log \frac{v_2}{v}.$$

269. Wir wollen jetzt diese Aenderung unter Annahme der Voraussetzung des § 263 berechnen.

Das specifische Volumen des Stickstoffs in dem Zustand B des Systems ist $v + v'$, und seine Entropie hat nach der Formel (15) den Werth

$$A R_1 \log (v + v') + c_1 \log T + a_1.$$

In dem Zustand A des Systems hat das specifische Volumen des als allein vorhanden angenommenen Stickstoffs die Grösse v, und die Entropie desselben ist

$$A R_1 \log v + c_1 \log T + a_1.$$

Die Entropieänderung dieses Körpers ist demnach

$$A R_1 \log \frac{v + v'}{v}.$$

In dem Zustand B des Systems hat man eine Masse $m + m'$ der Kohlensäure, die in einem Gemisch von dem Volumen $v + v'$ enthalten ist; als specifisches Volumen derselben ist demnach $\frac{v + v'}{m + m'}$ zu setzen, und als Entropie

$$(m + m') \left(A R_2 \log \frac{v + v'}{m + m'} + c_2 \log T + a_2 \right).$$

Wenn nun das System zu dem Zustand A zurückgekommen ist, so befindet sich in beiden Gefässen ein Theil der Kohlensäure; ihr specifisches Volumen in dem Gefäss, welches das Gemisch enthält, ist $\frac{v}{m}$, und ihre Entropie

$$m\left(A R_2 \log \frac{v}{m} + c_2 \log T + a_2\right);$$

als Entropie der in dem anderen Gefäss enthaltenen Kohlensäure würde man finden

$$m'\left(A R_2 \log \frac{v'}{m'} + c_2 \log T + a_2\right).$$

Die Entropieänderung der Kohlensäure beträgt also

$$(m + m') A R_2 \log \frac{v + v'}{m + m'} - m A R_2 \log \frac{v}{m} - m' A R_2 \log \frac{v'}{m'}.$$

Nach der Voraussetzung ist demnach die Entropieänderung des Systems

$$\varDelta S = A R_1 \log \frac{v + v'}{v} + (m + m') A R_2 \log \frac{v + v'}{m + m'}$$
$$- m A R_2 \log \frac{v}{m} - m' A R_2 \log \frac{v'}{m'}.$$

270. Wir müssen nun zum Beweis für die Richtigkeit unserer Voraussetzung zeigen, dass dieser letzte Ausdruck mit der Gleichung (18) identisch ist. Da die ersten Glieder dieselben sind, braucht man nur die Identität der Gleichung

$$(m + m') R_2 \log \frac{v + v'}{v_1} + p(v_1 - v_2 - v') + m R_2 \log \frac{v_2}{v} =$$
$$= (m + m') R_2 \log \frac{v + v'}{m + m'} - m R_2 \log \frac{v}{m} - m' R_2 \log \frac{v'}{m'}$$

nachzuweisen.

Nach Beseitigung der beiden Seiten gemeinsamen Glieder bleibt

$$(m + m') R_2 \log \frac{m + m'}{v_1} + m R_2 \log \frac{v_2}{m} + m' R_2 \log \frac{v'}{m'} + p(v_1 - v_2 - v') = 0.$$

Nun ist aber am Ende der ersten Periode bei der Kompression der Druck der Kohlensäure in dem Gemisch gleich p; das Volumen desselben ist v_1 und die Masse der darin enthaltenen Kohlensäure $m + m'$, so dass man hat

$$p v_1 = (m + m') R_2 T.$$

Am Ende der zweiten Periode der Kompression hat der Druck dieses Gases beständig die Grösse p; seine Masse ist m und das Volumen des Gasgemisches v_2; demnach ist zu setzen

$$p v_2 = m R_2 T.$$

Schliesslich hat man am Ende der Zersetzung des kohlensauren Kalks eine Masse m' an Kohlensäure, die ein Volumen v' einnimmt und deren Druck p ist; hieraus ergibt sich

$$p v' = m' R_2 T.$$

Aus diesen Gleichungen folgt unmittelbar

$$p (v_1 - v_2 - v') = 0$$

und

$$\frac{m + m'}{v_1} = \frac{m}{v_2} = \frac{m'}{v'} = \frac{p}{R_2 T}.$$

Die zu beweisende Identität reducirt sich dann auf

$$(m + m') \log \frac{p}{R_2 T} + m \log \frac{R_2 T}{p} + m' \log \frac{R_2 T}{p} = 0.$$

Diese Gleichung ist aber offenbar erfüllt.

Wir können somit die Hypothese von Duhem und die Theorie von Gibbs acceptiren.

271. Zum Verständniss des Vorhergehenden werden vielleicht die beiden folgenden Tafeln von Nutzen sein. In der grossen Tafel gibt die erste Spalte die in jeder Periode des Kreisprocesses auftretende Erscheinung an; aus den folgenden Spalten ergibt sich die Menge Stickstoff und Kohlensäure, sowie der Druck und das Volumen in jedem Gefäss am Ende jeder Periode. Bei dem zweiten Gefäss, welches Kalk und kohlensauren Kalk enthält, ist das in der letzten Spalte enthaltene Volumen nur das von den Gasen eingenommene; das von den zusammengesetzten festen Körpern eingenommene Volumen wird dabei nicht berücksichtigt.

Der Kreisprocess besteht somit aus fünf Perioden; bezeichnet man man mit V das Gesammtvolumen der beiden Gefässe, vermindert um das von den festen zusammengesetzten Körpern eingenommene Volumen und mit $\bar{\omega}$ den Gesammtdruck, so gelten folgende Beziehungen

	Beziehung zwischen V und $\bar{\omega}$	Arbeit	Entwickelte Wärme	Art der Umformung
Während der 1. Periode (Diffusion)	$V = v + v'$, $\bar{\omega} = p$;	$= 0$	$= 0$	irreversibel
Während der 2. Periode (Diffusion)	$V \bar{\omega} = (v + v') p$	$\gtrless 0$	$\gtrless 0$	reversibel
Während der 3. Periode (Diffusion)	$V (\bar{\omega} - p) = \text{const.}$	$\gtrless 0$	$\gtrless 0$	reversibel
Während der 4. Periode (Diffusion)	$V \bar{\omega} = \text{const.}$	$\gtrless 0$	$\gtrless 0$	reversibel
Während der 5. Periode (Diffusion)	$\bar{\omega} = p$	$\gtrless 0$	$\gtrless 0$	reversibel

	Erstes Gefäss, v				Zweites Gefäss, v'			
	N	CO_2	Druck	Volumen	N	CO_2	Druck	Vol.
Anfangszustand.	1	m	p	v	0	m'	p	v
Die Gefässe werden in Verbindung gesetzt, die Gase diffundiren.	$\frac{v}{v+v'}$	$\frac{v(m+m')}{v+v'}$	p	v	$\frac{v'}{v+v'}$	$\frac{v'(m+m')}{v+v'}$	p	v
Die Gase in den beiden Gefässen werden komprimirt, bis der Druck der CO_2 gleich p geworden ist und dies Gas sich mit dem Kalk zu verbinden anfängt. Dann kann man annehmen, dass das Volumen des zweiten Gefässes, welches übrigens mit dem ersten in Verbindung bleibt, Null geworden ist.	1	$m+m'$	$\frac{p(1+m+m')}{m+m'}$	$\frac{(v+v')(m+m')}{1+m+m'}$	0	0	$\frac{p(1+m+m')}{m+m'}$	0
Die Kompression wird fortgesetzt, wobei der Druck der CO_2 gleich p bleibt und dies Gas sich allmählich mit dem Kalk verbindet. Ist eine Menge m' verbunden worden, so hört man mit dem Komprimiren auf.	1	m	$\frac{p(1+m)}{m}$	$\frac{(v+v')m}{m+m'} = \frac{vm}{1+m}$	0	0	$\frac{p(1+m)}{m}$	0
Die Verbindung zwischen den beiden Gefässen wird unterbrochen und eine Ausdehnung des Gases im ersten Gefäss hervorgerufen, bis der Druck auf p zurückkommt.	1	m	p	v	0	0	$\frac{p(1+m)}{m}$	0
Das Gas im zweiten Gefäss dehnt sich aus, wobei der Druck konstant gleich p bleibt und das Karbonat sich allmählich zersetzt. Ist die Dissociation beendet, so wird die Dilatation unterbrochen.	1	m	p	v	0	m'	p	v

Kapitel XVI.

Elektrische Erscheinungen.

I. Hydroelektrische Säulen.

272. Definitionsgrössen für den Zustand einer Säule. — Die Kenntniss des Druckes p und der Temperatur T genügt nicht zur vollständigen Bestimmung des Zustandes einer hydroelektrischen Säule; man braucht wenigstens noch eine dritte Variable, um den chemischen Zustand der Flüssigkeit oder mehrerer derselben, aus denen die Säule zusammengesetzt ist, zu definiren. Da das Zink die eine Elektrode der meisten Säulen bildet, so können wir für diese dritte Variable die Menge m des Zinks wählen, welches zu dem betrachteten Zeitpunkt gelöst ist.

Uebrigens sind auch noch andere Grössen in Betracht zu ziehen, doch hängen diese von den drei vorhergehenden ab.

Die eine dieser Grössen ist das Volumen v der Körper, welche bei den Vorgängen in der Säule eine Rolle spielen; die Veränderung dieses Volumens ist oft sehr klein, aber sie darf nicht vernachlässigt werden, wenn es sich um Gasentwicklung handelt, wie bei der Bunsen'schen Säule, oder um Absorption von Gasen, wie bei dem Gas-Element.

Nennt man i die Intensität des Stromes im Verbindungsdraht der Pole, so ist die durch den Querschnitt dieses Leiters in der Zeit dt hindurchgehende Elektricitätsmenge $i\,dt$. Nach dem Faraday'schen Gesetz ist diese Menge proportional der Menge m des während dieser Zeit gelösten Zinks; wir erhalten also

$$dm = k\,i\,dt.$$

Die in derselben Zeit hervorgebrachte Volta-Energie hat den Werth

$$\mathrm{E}\,i\,dt,$$

wenn E die elektromotorische Kraft der Säule bedeutet. Wählt man das Volt und das Ampère als Maass der elektromotorischen Kraft und der Stromstärke, so wird die Volta-Energie ausgedrückt durch eine gewisse Anzahl von Kilogrammeter, dividirt durch die Beschleunigung g der Schwere.

Um die Volta-Energie in Kilogrammmetern ausdrücken zu können, muss man also die elektrischen Einheiten verändern, wir wollen dies als geschehen voraussetzen.

Dann ist der Werth der in Kalorien ausgedrückten Volta-Energie oder Volta-Wärme

$$\mathrm{AE}\, i\, dt = \frac{\mathrm{AE}}{k}\, dm\,.$$

273. Theorie von Helmholtz. — Die Volta-Energie stammt nothwendiger Weise von der Energie her, welche in der Säule in Folge chemischer Reaktionen entwickelt wird. Lange Zeit war man der Ansicht, dass diese beiden Energien gleich seien; würde dies thatsächlich der Fall sein, so wäre

$$\frac{\mathrm{AE}}{k}\, dm = \mathrm{L}\, dm\,,$$

wenn man mit $\mathrm{L}\, dm$ die chemische Wärmemenge bezeichnet, die bei Auflösung einer Masse dm an Zink entwickelt wird; es wäre demnach

$$\frac{\mathrm{AE}}{k} = \mathrm{L}\,.$$

Mittels dieser Gleichung kann man die elektromotorische Kraft einer Säule berechnen, wenn man die in derselben auftretenden chemischen Reaktionen und die thermochemischen Daten für diese Reaktionen kennt. Diese Berechnung ist für eine ziemlich grosse Zahl von Elementen durchgeführt worden; dieselbe ergab aber immer einen grösseren Werth für die elektromotorische Kraft, als durch das Experiment gefunden wurde. Demnach besteht keine Gleichheit zwischen der Volta-Energie und der chemischen Energie des Elementes; wir wollen deshalb setzen

$$\mathrm{L}\, dm = \frac{\mathrm{A}}{k}(\mathrm{E} + \mathrm{E}_1)\, dm\,.$$

Die chemische Wärme setzt sich aber aus zwei Theilen zusammen, der gebundenen Wärme $\mathrm{L}'\, dm$ und der freien $\mathrm{L}''\, dm$; demnach ist

$$\mathrm{L}'\, dm + \mathrm{L}''\, dm = \frac{\mathrm{A}}{k}\, \mathrm{E}\, dm + \frac{\mathrm{A}}{k}\, \mathrm{E}_1\, dm\,. \tag{1}$$

H. v. Helmholtz nimmt an, dass zu setzen ist

$$\mathrm{L}'' = \frac{\mathrm{A}}{k}\, \mathrm{E}\,,$$

das heisst, *die Volta-Wärme ist gleich der freien Wärme, die durch die chemische Reaktion geliefert würde, wenn dieselbe ohne Stromerzeugung stattfände.*

Dieser Satz bildet die Grundlage, auf welcher Helmholtz seine thermodynamische Theorie der elektrischen Elemente aufbaute.

274. Beweis des Postulats von Helmholtz. — Diese Voraussetzung lässt sich mit Hülfe der folgenden Hypothese beweisen. Die elektromotorische Kraft E eines Elements kann von den Variablen p, T, m abhängen, *aber sie ist unabhängig von der Intensität i des Stromes.*

Im Besonderen bleibt die elektromotorische Kraft des Elements dieselbe, wenn der Strom in umgekehrter Richtung fliesst und sie so zur elektrischen Gegenkraft wird; dies drückt man mitunter in der Weise aus, dass man sagt, das Element sei reversibel. Es kann also Elemente geben, auf welche diese Theorie nicht anwendbar sein würde, denn diese Bedingung kann nicht immer erfüllt sein.

Wir wollen indessen diese Hypothese als richtig annehmen und einen geschlossenen Stromkreis betrachten, der ein Element von der elektromotorischen Kraft E und eine Dynamomaschine von der elektromotorischen Kraft E′ enthält; das Element und die Maschine sollen gegeneinander geschaltet sein.

Der Durchgang des Stromes durch den Schliessungsdraht und die Vorgänge in dem Element bewirken eine Wärmeentwicklung, in Folge deren sich die Temperatur des von dem Element und dem Schliessungskreis gebildeten Systems verändert. Wir wollen jedoch annehmen, dass die Wärme in dem Maasse, als sie sich entwickelt, fortgeführt wird, so dass die Temperatur des Systems konstant gleich T bleibt; auch den Druck können wir als konstant voraussetzen. Dann ändert von den drei Variablen, die den Zustand des Systems bestimmen, nur eine einzige, m, ihren Werth; es sei dm die Veränderung dieser Grösse in dem Zeitintervall dt.

275. Da die Erscheinungen, die in dem System auftreten, irreversibel sind, so muss gelten

$$\int dS > \int \frac{dQ}{T}. \tag{2}$$

Nach der Definition der gebundenen Wärme ist die Entropieänderung des Elements

$$\int dS = -\int \frac{L'}{T} dm. \tag{3}$$

Wir wissen nicht, ob die Entropie des Systems dadurch verändert wird, dass ein elektrischer Strom in demselben fliesst, aber wir können leicht die dadurch bedingte Veränderung eliminiren, wenn wir annehmen, dass am Anfang und am Ende des betrachteten Zeitintervalls die Stromintensität Null ist. Infolge dieser Annahme wird die linke Seite der Ungleichung (2) durch die Gleichung (3) gegeben.

Die in dem Stromkreis entwickelte Wärmemenge wird nach dem Joule'schen Gesetz dargestellt durch

$$\int \mathrm{A\,R}\, i^2 dt,$$

wo R den Widerstand des Stromkreises bedeutet. Da wir annehmen, dass diese Wärmemenge fortgeführt wird und dass die Temperatur des Systems konstant bleibt, so hat der auf den Stromkreis bezügliche Theil des Integrals den Werth

$$-\frac{\mathrm{A}}{\mathrm{T}}\int \mathrm{R}\, i^2 dt.$$

Die Wärmemenge, welche durch die in dem Element stattfindende Reaktion entwickelt wird, hat die Grösse

$$\int \mathrm{L}\, dm = \frac{\mathrm{A}}{k}\int (\mathrm{E}+\mathrm{E}_1)\, dm.$$

Da aber der Theil $\frac{\mathrm{A}}{k}\int \mathrm{E}\, dm$ in Voltaenergie verwandelt wird, so ist der Theil, welcher zur Konstanterhaltung der Temperatur des Elements fortgeführt wird

$$\frac{\mathrm{A}}{k}\int \mathrm{E}_1\, dm = \mathrm{A}\int \mathrm{E}_1\, i\, dt$$

und demnach hat der auf das Element bezügliche Theil des Integrals $\int \frac{d\mathrm{Q}}{\mathrm{T}}$ den Ausdruck

$$-\frac{\mathrm{A}}{\mathrm{T}}\int \mathrm{E}_1\, i\, dt.$$

Die Ungleichung (2) wird somit

$$-\int \frac{\mathrm{L}'}{\mathrm{T}}\, dm > -\frac{\mathrm{A}}{\mathrm{T}}\int \mathrm{R}\, i^2 dt - \frac{\mathrm{A}}{\mathrm{T}}\int \mathrm{E}_1\, i\, dt,$$

oder

$$\int \mathrm{L}'\, k\, i\, dt < \mathrm{A}\int \mathrm{R}\, i^2 dt + \mathrm{A}\int \mathrm{E}_1\, i\, dt.$$

276. Das Zeitintervall, für welches wir das System betrachten, können wir so klein wählen, dass die Grössen E, E_1, R, L in diesem Intervall als konstant zu betrachten sind. Da die Stromintensität am Anfang und am Ende dieses Intervalls Null sein soll, so müssen wir annehmen, dass i und die elektromotorische Kraft E' der Dynamomaschine veränderlich sind. Unter diesen Bedingungen kann die vorhergehende Ungleichung geschrieben werden

$$k\,L'\int i\,dt < A\,R\int i^2\,dt + A\,E_1\int i\,dt.$$

Diesen Ausdruck kann man mit Hülfe der durch das Ohm'sche Gesetz gelieferten Gleichung umformen. Bezeichnet man mit M den Selbstinduktions-Koefficienten des Stromkreises, so gilt nach diesem Gesetz

$$E - E' + M\frac{di}{dt} = R\,i,$$

oder nach Multiplikation mit idt

$$(E - E')\,i\,dt + M\,i\,di = R\,i^2\,dt,$$

und ferner

$$(E - E')\int i\,dt + M\int i\,di = R\int i^2\,dt.$$

Das Integral $\int i\,di$ hat aber den Werth $\frac{i^2}{2}$. Da wir nun angenommen hatten, dass die Stromintensität am Anfang und am Ende des betrachteten Zeitintervalls Null sein soll, so reducirt sich dieser Werth selbst auf Null. Aus der vorhergehenden Gleichung erhält man also

$$(4)\qquad (E - E')\int i\,dt = R\int i^2\,dt,$$

und die letzte Ungleichung kann in der Form geschrieben werden

$$k\,L'\int i\,dt < A\,(E + E_1 - E')\int i\,dt.$$

Die rechte Seite von Gleichung (4) ist nothwendiger Weise positiv, da dies für R und i^2 der Fall ist; demnach ist auch die linke Seite positiv, und wir können, ohne den Sinn der vorhergehenden Ungleichung zu ändern, beide Seiten derselben durch $(E - E')\int i\,dt$ dividiren.

Es folgt dann

$$k\,\frac{L'}{E - E'} < A\,\frac{(E + E_1 - E')}{E - E'}$$

oder

$$\frac{\frac{A}{k} E_1 - L'}{E - E'} + \frac{A}{k} > 0. \tag{5}$$

277. Diese Ungleichung muss für jeden Werth von E′ erfüllt sein; wir wollen aber zeigen, dass dies nur stattfinden kann, wenn

$$\frac{A}{k} E_1 - L' = 0. \tag{6}$$

Wäre nämlich diese Differenz positiv, so könnte der Quotient

$$\frac{\frac{A}{k} E_1 - L'}{E - E'}$$

für einen negativen, sehr kleinen Werth von E — E′ einen sehr grossen negativen Werth annehmen; dann würde aber die Ungleichung (5) nicht mehr erfüllt sein. Wäre die Differenz dagegen negativ, so brauchte man für E′ nur einen Werth zu wählen, der etwas kleiner als E ist, damit die Ungleichung keine Gültigkeit mehr hätte. Die Differenz muss demnach nothwendig Null sein.

Ist aber die Gleichung (6) richtig, so folgt aus Gleichung (1)

$$L'' = \frac{A}{k} E; \tag{7}$$

damit ist das Postulat von Helmholtz bewiesen.

278. Einfluss der Temperatur und des Drucks auf die elektromotorische Kraft. — Wir bezeichnen mit $C\,dT$ die Wärmemenge, die man dem System zuführen muss, wenn sich die Temperatur desselben um dT ändert, während die anderen Variablen p und m dieselben Werthe behalten, und mit $\lambda\,dp$ die Wärmemenge, die bei einer Veränderung des Drucks allein um die Grösse dp zugeführt werden muss. Für eine Aenderung dm der dritten Variable m beträgt die durch chemische Reaktion erzeugt Wärme $L\,dm$. Verändern sich also die Grössen p, T und m gleichzeitig, so muss eine Wärmemenge

$$dQ = C\,dT + \lambda\,dp - L\,dm$$

zugeführt werden.

Allerdings ist dieser Ausdruck nur richtig, wenn der Kreis des Elements offen ist, denn bei einem geschlossenen Kreis wird durch den Strom, welcher in dem die Pole verbindenden Schliessungsdraht cirkulirt, Wärme entwickelt. Wir wollen also den Kreis als offen annehmen.

Wenn die Variable m während einer Umformung konstant bliebe, würden die beiden Grössen p und T zur Definition des Zustandes des Systems in jedem Augenblick ausreichen, und diese Umformung würde im Allgemeinen reversibel sein. Wir würden also für die Entropieänderung erhalten

$$d\mathrm{S} = \frac{d\mathrm{Q}}{\mathrm{T}} = \frac{\mathrm{C}\,d\mathrm{T} + \lambda\,dp}{\mathrm{T}}.$$

Würde sich dagegen m allein um dm verändern, so wäre die entsprechende Entropieänderung

$$d\mathrm{S} = -\frac{\mathrm{L}'}{\mathrm{T}}\,dm.$$

Die von einer unendlich kleinen Aenderung der Grössen p, T und m herrührende Entropieänderung ist demnach

$$d\mathrm{S} = \frac{\mathrm{C}\,d\mathrm{T} + \lambda\,dp}{\mathrm{T}} - \frac{\mathrm{L}'}{\mathrm{T}}\,dm.$$

279. Wir wollen nun die Aenderung $d\mathrm{H}'$ der Funktion H' von Massieu berechnen. Es besteht die Gleichung (126)

$$\mathrm{H}' = \mathrm{T}\mathrm{S} - \mathrm{U} - \mathrm{A}pv,$$

und folglich

$$d\mathrm{H}' = \mathrm{S}\,d\mathrm{T} + \mathrm{T}\,d\mathrm{S} - d\mathrm{U} - \mathrm{A}p\,dv - \mathrm{A}v\,dp.$$

Nach dem Princip von der Aequivalenz gilt aber

$$d\mathrm{U} = d\mathrm{Q} - \mathrm{A}p\,dv;$$

ersetzt man also $d\mathrm{U}$ in dem Ausdruck für $d\mathrm{H}'$ durch diesen Werth, so folgt

$$d\mathrm{H}' = \mathrm{S}\,d\mathrm{T} + \mathrm{T}\,d\mathrm{S} - d\mathrm{Q} - \mathrm{A}v\,dp.$$

Wenn man für $d\mathrm{Q}$ und $d\mathrm{S}$ ihre früher gefundenen Werthe einführt, so erhält man nach einer Vereinfachung

$$d\mathrm{H}' = \mathrm{S}\,d\mathrm{T} - \mathrm{L}'\,dm + \mathrm{L}\,dm - \mathrm{A}v\,dp,$$

oder

$$d\mathrm{H}' = \mathrm{S}\,d\mathrm{T} - \mathrm{A}v\,dp + \mathrm{L}''\,dm.$$

280. Da $d\mathrm{H}'$ und $d\mathrm{S}$ vollständige Differentiale sind, so müssen die Koefficienten von $d\mathrm{T}$ und von dm in dem vorhergehenden Ausdruck für $d\mathrm{H}'$ der Gleichung

$$\frac{\partial \mathrm{S}}{\partial m} = \frac{\partial \mathrm{L}''}{\partial \mathrm{T}}$$

genügen. Ersetzt man L'' durch seinen Werth (7) und $\partial S/\partial m$ durch

$$-\frac{L'}{T}=-\frac{A}{k}\frac{E_1}{T}$$

so erhält man

$$-\frac{A}{k}\frac{E_1}{T}=\frac{A}{k}\frac{\partial E}{\partial T},$$

oder ferner

(8)
$$\frac{\partial E}{\partial T}=-\frac{E_1}{T}$$

Drückt man aus, dass dS ein vollständiges Differential ist, so erhält man eine neue Gleichung

$$\frac{\partial}{\partial m}\left(\frac{C}{T}\right)=-\frac{\partial}{\partial T}\left(\frac{L'}{T}\right),$$

oder

$$\frac{1}{T}\cdot\frac{\partial C}{\partial m}=-\frac{\partial}{\partial T}\left(\frac{A E_1}{k T}\right),$$

oder endlich, wenn man E_1 durch den aus Gleichung (8) abgeleiteten Werth ersetzt,

(9)
$$\frac{A}{k}\cdot\frac{\partial^2 E}{\partial T^2}=\frac{1}{T}\cdot\frac{\partial C}{\partial m}.$$

Aus dieser letzten Gleichung folgt, dass die elektromotorische Kraft eines hydroelektrischen Elements eine lineare Funktion der Temperatur ist, wenn die kalorische Kapacität des Systems nicht durch die Vorgänge in dem Element geändert wird. Nach Gleichung (8) bleibt sie konstant, wenn E_1 Null ist, d. h. wenn die chemische Energie des Elements vollständig in Volta-Energie verwandelt wird.

281. Der Ausdruck für dH' liefert uns eine neue Gleichung, wenn man berücksichtigt, dass die Koefficienten von dp und dm der Gleichung genügen

$$\frac{\partial L''}{\partial p}=-A\frac{\partial v}{\partial m}.$$

Ersetzt man hierin L'' durch $\frac{A}{k}$ E, so erhält man

$$\frac{\partial E}{\partial p}=-k\frac{\partial v}{\partial m}.$$

Die elektromotorische Kraft eines Elements wächst also mit dem Druck, wenn dv/dm negativ ist, was eintritt, wenn Gase in dem Element absorbirt werden; das Umgekehrte ist der Fall, wenn, wie z. B. bei dem Bunsen'schen Element, Gase frei werden.

II. Thermo-Elemente.

283. Heterogene Stromkreise. — Wir wollen einen geschlossenen Stromkreis betrachten, der aus mehreren aneinandergelötheten Metallen besteht. Jede Löthstelle ist der Sitz einer elektromotorischen Kraft, so dass der Kreis im allgemeinen von einem Strom durchflossen wird; dies findet nur dann nicht statt, wenn das ganze System gleiche Temperatur besitzt; in diesem Fall ist nach dem Volta'schen Gesetz die Summe der elektromotorischen Kontaktkräfte Null.

Bezeichnen wir mit i die Stromintensität und mit R den Widerstand des zwischen zwei Punkten A und B des Stromkreises liegenden Theils desselben, ferner mit ΣE die Summe der elektromotorischen Kontaktkräfte zwischen A und B, so erhält man nach dem Ohm'schen Gesetze für den Potentialunterschied $V_1 - V_0$ zwischen A und B

$$V_1 - V_0 = R\,i - \Sigma E.$$

Nimmt man an, dass sich das Joule'sche Gesetz auf einen derartigen Stromkreis anwenden lässt, so erhält man als Wärmemenge, welche in dem Stück AB des Stromkreises in der Zeit dt entwickelt wird

$$A\,(V_1 - V_0)\,i\,dt = A\,R\,i^2\,dt - A\,i\,dt\,\Sigma E.$$

Für einen homogenen Stromkreis ist ΣE Null und die entwickelte Wärmemenge ist $A\,R\,i^2\,dt$; das zweite Glied $-A\,i\,dt\,\Sigma E$ rührt also von den Löthstellen her, und wenn nur eine Löthstelle zwischen A und B vorhanden ist, hat die entwickelte Wärmemenge die Grösse $-A\,i\,dt\,E$.

284. Elementartheorie der Thermosäulen. — In den Schliessungskreis zweier Metalle A und B (Fig. 38), deren Löthstellen M_1 und M_0 sich auf verschiedener Temperatur befinden, schalten wir eine Dynamomaschine C ein.

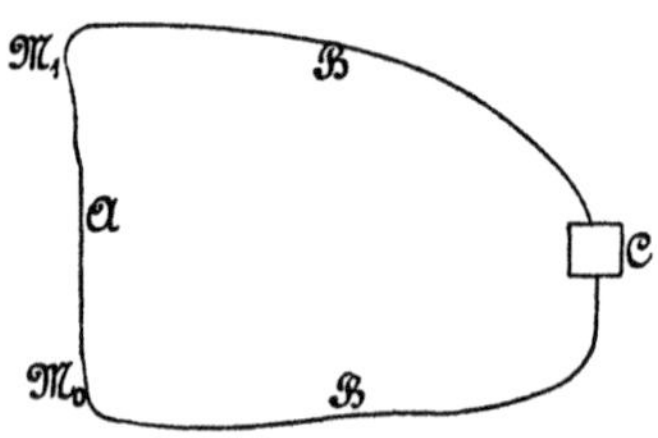

Fig. 38.

Diese Maschine wird durch den in dem Kreis cirkulirenden Strom in Bewegung gesetzt und bringt Arbeit hervor. Das System ist also vollkommen analog einer thermischen Maschine; es besitzt eine Kältequelle und eine Wärmequelle, da die Löthstellen sich auf verschiedenen Temperaturen befinden, und es wird Arbeit erzeugt. Man kann demnach die Principien der Thermodynamik auf dies System anwenden.

Wir wollen annehmen, dass die Stromintensität konstant bleibt, und dass fortwährend die an den verschiedenen Punkten des Stromkreises und der Löthstellen entwickelte Wärme fortgeführt wird. Unter diesen Umständen bleibt das System sich immer gleich, und der Kreis ist für alle Zeitintervalle, in denen man das System betrachtet, geschlossen. Es muss also gelten

$$\int\int \frac{dQ}{T} < 0,$$

wobei das eine Integral sich auf den von einem Element des Systems beschriebenen Kreis bezieht, während das andere über alle Elemente des Systems zu erstrecken ist.

Da aber der Kreis für jedes beliebige Zeitintervall geschlossen ist, so können wir dieses Intervall als unendlich klein betrachten. Dann ist der von jedem Element beschriebene Kreis unendlich klein und man braucht nur noch ein Integral zu betrachten. Die Bedingung lautet somit

$$\int \frac{dQ}{T} < 0.$$

285. Die Wärmemenge, welche man von einem Element des Leiters in dem betrachteten Zeitintervall wegführen muss, damit es sich nicht erwärmt, hat die Grösse

$$A\,d R\,i^2\,dt.$$

Der Theil des obigen Integrals, der sich auf einen vollkommenen Kreis bezieht, ist also gleich

$$-A\,i^2\,dt \int \frac{dR}{T}.$$

An der Löthstelle M_1 beträgt die entwickelte Wärmemenge, unter der Annahme, dass das Joule'sche Gesetz auf derartige Stromkreise anzuwenden ist,

$$-A\,E_1\,i\,dt,$$

wo E_1 die elektromotorische Kraft an dieser Löthstelle bedeutet. An der zweiten Löthstelle hat die elektromotorische Kraft einen anderen Werth E_0; dieselbe muss mit dem entgegengesetzten Zeichen wie E_1 versehen werden, da die Metalle A und B an der Löthstelle M_1 in umgekehrter Reihenfolge aneinanderstossen als bei M_0, wenn der Stromkreis in demselben Sinn durchlaufen wird. Die an dieser Löthstelle entwickelte Wärmemenge ist also

$$+A\,E_0\,i\,dt.$$

Bezeichnen wir die Temperaturen der Löthstellen M_1 und M_0 mit T_1 und T_0, so lauten die entsprechenden Ausdrücke vom $\int \frac{dQ}{T}$

$$\frac{A E_1 i dt}{T_1} \text{ und } -\frac{A E_0 i dt}{T_0}.$$

Die Ungleichung von Clausius erhält demnach die Form

$$-A i^2 dt \int \frac{dR}{T} + A i dt \left(\frac{E_1}{T_1} - \frac{E_0}{T_0}\right) < 0.$$

286. Diese Ungleichung muss für alle Stromintensitäten erfüllt sein, da wir über den Werth der elektromotorischen Kraft bei der in den Stromkreis eingeschalteten Maschine nichts vorausgesetzt haben und somit nach Belieben die Stromintensität durch Veränderung dieser elektromotorischen Kraft variiren können. Nun ist die linke Seite der Ungleichung Null für $i = 0$, dies ist also ihr Maximalwerth. Der Differentialquotient nach i

$$-2 A i dt \int \frac{dR}{T} + A dt \left(\frac{E_1}{T_1} - \frac{E_0}{T_0}\right)$$

muss folglich für $i = 0$ auch Null werden. Dies ist der Fall, wenn

$$\frac{E_1}{T_1} = \frac{E_0}{T_0},$$

woraus folgt:

$$E_1 - E_0 = k (T_1 - T_0).$$

Nach dieser Formel müsste die elektromotorische Kraft eines Thermoelements dem Temperaturunterschied der Löthstellen proportional sein. Diese Folgerung steht aber im Widerspruch mit den Thatsachen, da diese zeigen, dass die Thermokraft für einen bestimmten Werth des Temperaturunterschiedes ihr Zeichen wechselt und dass sie durch eine Funktion von der Form

$$a (T_1 - T_0) - \frac{b}{2} (T_1^2 - T_0^2)$$

dargestellt werden kann. Wir müssen deshalb die im Vorhergehenden aufgestellte Elementartheorie verwerfen.

287. Theorie von Sir W. Thomson. — Sir W. Thomson nimmt an, dass eine elektrische Kraft an der Berührungsstelle zweier verschieden stark erwärmten Theile desselben Leiters besteht; er setzt also diese beiden Theile in Analogie mit zwei Leitern verschiedener Natur, was sehr viel Wahrscheinlichkeit für sich Hat.

Nach dieser Theorie wird ein homogener, geschlossener Stromkreis, dessen einzelne Theile auf verschiedene Temperatur erwärmt sind, von einem Strom durchflossen, und jedes Element des Stromkreises ist der Sitz einer elektromotorischen Kraft. Die letztere muss offenbar von der Temperatur T des Elements, sowie von der Differenz dT zwischen dieser Temperatur und der des Nachbarelements abhängen. Deshalb wollen wir setzen

$$E = \varphi(T)\, dT.$$

Elektromotorische Kräfte dieser Art entstehen in dem früher betrachteten Stromkreis, denn in Folge des Wärmeleitungsvermögens nimmt die Temperatur in den Metallen A und B von der heissen Löthstelle bis zur kalten gleichmässig ab. Unter Zuhülfenahme dieser elektromotorischen Kräfte hat Sir W. Thomson eine Theorie der Thermosäulen aufgestellt, deren Ergebnisse mit der Erfahrung im Einklang stehen.

Trotz dieser Uebereinstimmung lässt jedoch die Theorie von Thomson noch zu wünschen übrig; hauptsächlich hat man ihr zum Vorwurf gemacht, dass sie die von der heissen Löthstelle zur kalten durch Wärmeleitung übergeführte Wärme ausser Acht lässt. Dieser Einwurf ist jedoch ohne Bedeutung, denn wir werden sehen, dass man der Thomson'schen Theorie eine derartige Fassung geben kann, dass sie dieser Kritik nicht ausgesetzt ist.

288. Wir gehen auf das Thermoelement zurück, dessen Löthstellen M_1 und M_0 sich auf den Temperaturen T_1 und T_0 befinden und in dessen Stromkreis eine Dynamomaschine eingeschaltet ist; die Intensität i des Stromes soll konstant bleiben, und die in einem jeden Punkte des Systems auftretende Wärme soll in dem Maasse, als sie entsteht, fortgeleitet werden. Auch wollen wir die Annahme machen, dass man das System nur für eine unendlich kleine Zeit dt betrachtet. Für dieses Zeitintervall gilt die Ungleichung

$$\int \frac{dQ}{T} < 0.$$

In diesem Integral kann dQ die Wärme bedeuten, welche jedem Element des Systems von den äusseren Körpern allein zugeführt wird, oder auch diejenige, welche von den äusseren Körpern und den anderen Elementen des Systems zusammen geliefert wird. Die letztere Annahme wollen wir zu Grunde legen und setzen

$$dQ = dQ' + dQ'',$$

wo sich dQ' auf die äusseren Körper, dQ'' auf die Elemente des Systems bezieht.

Der Potentialunterschied zwischen den Enden eines Elementes des Leiters A beträgt

$$i d\mathrm{R} - \varphi(\mathrm{T})\, d\mathrm{T},$$

wenn man die durch die Temperaturveränderung hervorgerufene elektromotorische Kraft in Rechnung zieht. Wendet man das Joule'sche Gesetz an, das, wie wir später sehen werden, auf heterogene Leiter nicht gut anwendbar ist, so hat die in diesem Element während der Zeit dt entwickelte Wärme den Werth

$$\mathrm{A} i^2\, dt\, d\mathrm{R} - \mathrm{A} i\, dt\, \varphi(\mathrm{T})\, d\mathrm{T}.$$

Gleichzeitig nimmt das Element von den anderen Elementen des Systems durch Leitung eine gewisse Wärmemenge auf; da die Aenderungen der Wärme zwischen den einzelnen Elementen nur durch Leitung hervorgebracht werden können, so ist diese Grösse $d\mathrm{Q}''$. Die von dem betreffenden Element aufgenommene Wärmemenge beträgt also

$$\mathrm{A} i^2\, dt\, d\mathrm{R} - \mathrm{A} i\, dt\, \varphi(\mathrm{T})\, d\mathrm{T} + d\mathrm{Q}'',$$

und da diese Wärme fortgeführt werden muss, so wird dem betrachteten Element durch die äusseren Körper des Systems die Wärme

$$d\mathrm{Q}' = -\mathrm{A} i^2\, dt\, d\mathrm{R} + \mathrm{A} i\, dt\, \varphi(\mathrm{T})\, d\mathrm{T} - d\mathrm{Q}''$$

geliefert. Hieraus folgt dann

$$d\mathrm{Q} = d\mathrm{Q}' + d\mathrm{Q}'' = -\mathrm{A} i^2\, dt\, d\mathrm{R} + \mathrm{A} i\, dt\, \varphi(\mathrm{T})\, d\mathrm{T};$$

der für $d\mathrm{Q}$ geltende Ausdruck ändert sich also nicht, ob man die Wärmeleitung berücksichtigt oder nicht.

Für ein Element des Leiters B erhält man einen analogen Ausdruck; es wird nur die Funktion geändert, welche die durch die Temperaturänderung hervorgerufene elektromotorische Kraft liefert. Bezeichnet man diese Funktion mit $\psi(\mathrm{T})$, so erhält man

$$d\mathrm{Q} = -\mathrm{A} i^2\, dt\, d\mathrm{R} + \mathrm{A} i\, dt\, \psi(\mathrm{T})\, d\mathrm{T}.$$

An der Löthstelle M_1 ist, wie bei der früheren Theorie,

$$d\mathrm{Q} = \mathrm{A}\mathrm{E}_1\, i\, dt,$$

und an der Löthstelle M_0,

$$d\mathrm{Q} = -\mathrm{A}\mathrm{E}_0\, i\, dt.$$

289. Die Ungleichung von Clausius lautet demnach

$$-\mathrm{A} i^2 dt \int \frac{d\mathrm{R}}{\mathrm{T}} + \mathrm{A} i\, dt \int \frac{\varphi(\mathrm{T})}{\mathrm{T}}\, d\mathrm{T} + \mathrm{A} i\, dt \int \frac{\psi(\mathrm{T})}{\mathrm{T}}\, d\mathrm{T} + \mathrm{A} i\, dt \left(\frac{\mathrm{E}_1}{\mathrm{T}_1} - \frac{\mathrm{E}_0}{\mathrm{T}_0}\right) < 0.$$

Das Maximum der linken Seite tritt für $i=0$ ein, so dass der Differentialquotient nach i für diesen Werth der Variablen Null sein muss; dadurch ergibt sich die Gleichung

$$\frac{E_1}{T_1}-\frac{E_0}{T_0}+\int\frac{\varphi(T)}{T}\,dT+\int\frac{\psi(T)}{T}\,dT=0.$$

Wenn man aber den Stromkreis in dem Sinn $C\,B\,M_0\,A\,M_1\,C$ durchläuft, (vgl. Fig. 38) so sind die Grenzen des ersten Integrals T_0 und T_1, die des zweiten T_1 und T_0; demnach hat man die vorhergehende Gleichung zu schreiben

$$\frac{E_1}{T_1}-\frac{E_0}{T_0}+\int_{T_0}^{T_1}\frac{\varphi(T)-\psi(T)}{T}\,dT=0.$$

Ausserdem kann man setzen

$$\frac{E_1}{T_1}-\frac{E_0}{T_0}=\int_{T_0}^{T_1}\frac{d}{dT}\left(\frac{E}{T}\right)dT,$$

worin E die elektromotorische Kraft bezeichnet, die von der Berührung der Metalle A und B herrührt, wenn dieselben die Temperatur T besitzen; man findet so

$$\int_{T_0}^{T_1}\frac{d}{dT}\left(\frac{E}{T}\right)dT+\int_{T_0}^{T_1}\frac{\varphi(T)-\psi(T)}{T}\,dT=0,$$

oder

$$\int_{T_0}^{T_1}\left[\frac{d}{dT}\left(\frac{E}{T}\right)+\frac{\varphi(T)-\psi(T)}{T}\right]dT=0.$$

Diese Bedingung muss für beliebige Grenzen des Integrals erfüllt sein, da T_0 und T_1 willkürlich sind; die unter dem Integralzeichen stehende Grösse ist also Null, d. h.

$$\frac{d}{dT}\left(\frac{E}{T}\right)+\frac{\varphi(T)-\psi(T)}{T}=0.$$

290. Da die Funktionen φ und ψ unbekannt sind, ist es am einfachsten, anzunehmen, dass sie der Temperatur proportional seien; wir setzen deshalb

$$\varphi(T)=\alpha T \text{ und } \psi(T)=\beta T.$$

Dann erhalten wir

$$\frac{d}{d\,\mathrm{T}}\left(\frac{\mathrm{E}}{\mathrm{T}}\right) = -(\alpha - \beta) = -b$$

und hieraus

$$\mathrm{E} = -b\,\mathrm{T}^2 + a\,\mathrm{T}\,.$$

Die elektromotorische Kraft des Elements ist die Summe aus den elektromotorischen Kräften, die von dem Kontakt herrühren, und denjenigen, welche durch die Temperaturänderung bedingt sind. Sie ist also gleich

$$\mathrm{E}_1 - \mathrm{E}_0 + \int_{\mathrm{T}_0}^{\mathrm{T}_1} \varphi(\mathrm{T})\,d\,\mathrm{T} + \int_{\mathrm{T}_0}^{\mathrm{T}_1} \psi(\mathrm{T})\,d\,\mathrm{T}\,,$$

oder

$$\int_{\mathrm{T}_0}^{\mathrm{T}_1} \left[\frac{d\,\mathrm{E}}{d\,\mathrm{T}} + \varphi(\mathrm{T}) - \psi(\mathrm{T})\right] d\,\mathrm{T}\,.$$

Durch Einsetzen der obigen Werthe von φ, ψ und E in diesen Ausdruck findet man

$$\int_{\mathrm{T}_0}^{\mathrm{T}_1} (-2\,b\,\mathrm{T} + a + b\,\mathrm{T})\,d\mathrm{T} = a(\mathrm{T}_1 - \mathrm{T}_0) - \frac{b}{2}(\mathrm{T}_1^2 - \mathrm{T}_0^2)\,;$$

der Ausdruck für die Abhängigkeit der elektromotorischen Kraft eines Thermoelements von der Temperatur hat also dieselbe Form, die aus dem Experiment gefolgert werden muss.

Zieht man $(\mathrm{T}_1 - \mathrm{T}_0)$ als Faktor heraus, so erhält man

$$(\mathrm{T}_1 - \mathrm{T}_0)\left(a - b\,\frac{\mathrm{T}_1 + \mathrm{T}_0}{2}\right).$$

Wenn T_1 sehr wenig grösser ist, als T_0, so unterscheidet sich der zweite Faktor wenig von

$$a - b\,\mathrm{T}_0\,;$$

nimmt man an, dass diese Grösse positiv ist, so sind beide Faktoren positiv. Bei der Zunahme von T_1 wächst das negative Glied des zweiten Faktors und für einen bestimmten Werth von T_1 wird dieser Faktor Null; für einen grösseren Werth wird er negativ und erhält also das umgekehrte Zeichen als der erste Faktor, der immer positiv bleibt. Die elektromotorische Kraft ändert also ihr Zeichen und geht dabei durch Null; die Thomson'sche Theorie erklärt demnach auch das Vorhandensein eines Umkehrpunktes.

291. Modifikation der vorhergehenden Theorie. — Die Gleichungen, welche den eben betrachteten Theorien zum Ausgangspunkt gedient haben, wollen wir im Folgenden wieder aufnehmen.

Zunächst hatte die Potentialdifferenz zwischen zwei Punkten A eines heterogenen Stromkreises nach dem Ohm'schen Gesetz den Werth

$$V_1 - V_0 = R i - \Sigma E .$$

Sodann dehnten wir das Joule'sche Gesetz auf heterogene Stromkreise aus und nahmen an, dass die in dem betrachteten Theil des Stromkreises entwickelte Wärme ist

$$A (V_1 - V_0) i\, d t ,$$

oder unter Berücksichtigung der vorhergehenden Gleichung

$$A R i^2 d t - A i\, d t \Sigma E .$$

Aus diesem letzten Ausdruck schlossen wir, dass die in dem Stromkreis entwickelte Wärme für einen homogenen Stromkreis $A R i^2 dt$ ist, denn in diesem Fall war $\Sigma E = 0$, und dass die Wärme, welche an dem Punkt entwickelt wird, wo eine elektromotorische Kraft E auftritt, den Werth $-A E i\, d t$ hat.

Von diesen beiden Folgerungen wird die erste durch das Experiment bestätigt, da sie nichts anderes als das experimentelle Gesetz von Joule darstellt; die zweite dagegen steht im Widerspruch mit der Erfahrung.

Nach der zweiten Folgerung nämlich müsste die an einer Löthstelle beim Durchfliessen eines Stromes entwickelte Wärme, der sogenannte Peltier-Effekt, der kontaktelektrischen Kraft proportional sein, deren Ursache sie ist; dies ist jedoch bekanntlich keineswegs der Fall.

Ob die in einem Element eines Stromkreises von ungleichmässiger Temperatur entwickelte Wärme auch der elektromotorischen Kraft $\varphi (T)\, d T$ proportional ist, die von dem Temperaturunterschied zwischen beiden Enden des Elements herrührt, darüber lässt sich nichts sagen; denn wenn auch der Thomson-Effekt durch das Experiment vollständig erwiesen werden konnte, so war es bis jetzt noch nicht möglich, das Vorhandensein elektromotorischer Kräfte festzustellen, die ihm zu Grunde lagen. Jedenfalls kann man nach den Vorgängen an den Löthstellen die Vermuthung aufstellen, dass der Thomson-Effekt der Grösse $\varphi (T)\, d T$ nicht proportional ist.

Wie dem auch sei, die über den Peltier-Effekt angestellten Versuche genügen zum Beweise, dass das Joule'sche Gesetz, welches nur für den Fall homogener Stromkreise experimentell bewiesen ist, sich als falsch herausstellen kann, wenn man es auf heterogene Kreise ausdehnt. Die Theorie von Sir W. Thomson, die sich auf die Folgerungen dieses Gesetzes gründet, kann demnach unrichtig sein; jedenfalls ist sie aber nicht streng.

292. Wir wollen indess zeigen, dass diese neue Schwierigkeit die aus dieser Theorie sich ergebenden Folgerungen nicht ändert.

Werden die kontaktelektrischen Kräfte und die elektromotorischen Kräfte, die von den Temperaturänderungen von einem Punkt zum anderen herrühren, mit

$$E_1', \quad -E_0', \quad \varphi'(T)\,dT, \quad \psi'(T)\,dT$$

bezeichnet, so erhält man für die elektromotorische Kraft eines Elements

$$E_1' - E_0' + \int_{T_0}^{T_1} [\varphi'(T) - \psi'(T)]\,dT.$$

Bezeichnet man auch fernerhin die an den Löthstellen entwickelte Wärme mit

$$-A E_1\, i\, dt, \qquad +A E_0\, i\, dt,$$

sowie die in einem Element des Metalls A und in einem Element des Metalls B freiwerdende Wärmemenge mit

$$A\, i\, dt\, \varphi(T)\, dt, \qquad A\, i\, dt\, \psi(T)\, dT,$$

so bleiben alle Entwicklungen der §§ **288** und **289** ungeändert. Nimmt man demnach an, dass φ und ψ proportional T sind, so erhält man wie früher

$$(1) \qquad E_1 - E_0 + \int_{T_0}^{T_1} [\varphi(T) - \psi(T)]\,dT = a(T_1 - T_0) - \frac{b}{2}(T_1^2 - T_0^2).$$

Wenn nun die elektromotorische Kraft der eingeschalteten Dynamomaschine gleich E_2 ist, so wird eine Arbeit $E_2\, i\, dt$ hervorgebracht, und die Summe der in dem Stromkreis entwickelten Wärmemengen muss somit dieser Arbeit proportional sein; auf diese Weise findet man

$$A E_1\, idt - A E_0\, idt - A i^2 dt \int dR + A\, idt \int_{T_0}^{T_1} [\varphi(T) - \psi(T)]\,dT = A E_2\, i\, dt$$

oder

$$(2) \qquad E_1 - E_0 + \int_{T_0}^{T_1} [\varphi(T) - \psi(T)]\,dT = R\, i + E_2.$$

Geht man nun von einem Punkt des Stromkreises aus und kehrt nach Zurücklegung des ganzen Kreises zu diesem Punkt zurück, so ist die Potentialdifferenz zwischen dem Anfangs- und Endpunkte Null; das Ohm'sche Gesetz ergibt also

$$E_2 + R\,i - \Sigma E = 0$$

oder

$$E_1' - E_0' + \int_{T_0}^{T_1} [\varphi'(T) - \psi'(T)]\,d\,T = R\,i. \tag{3}$$

Aus den Gleichungen (2) und (3) geht hervor, dass die linke Seite von (1) der elektromotorischen Kraft des Elements entspricht; wir erhalten also wieder dasselbe Resultat wie früher.

Welche Beziehung besteht aber nun zwischen der elektromotorischen Kraft E′ an einem Punkt und dem Quotient E aus der in diesem Punkt entwickelten Wärme, dividirt durch $A\,i\,d\,t$? Die früheren Gleichungen geben uns darüber keinen Aufschluss, die Gleichungen (2) und (3) lassen nur die eine Folgerung zu, dass in einem geschlossenen Stromkreis

$$\Sigma E' = \Sigma E.$$

Von den zahlreichen Theorien, die zur Auffindung der Beziehung zwischen E und E′ aufgestellt wurden, wollen wir nur diejenige von Duhem auseinandersetzen, die am wenigsten zu wünschen übrig lässt. Wir werden sehen, dass sie noch einige Schwierigkeiten aufdeckt und die darüber angestellte Diskussion wird zeigen, dass sie noch gewisse Zweifel bestehen lässt.

III. Theorie von Duhem.

293. Elektrostatisches Potential. — Die Experimentaluntersuchungen von Coulomb ergeben, dass zwei elektrisirte Körper, deren Dimensionen im Verhältniss zu ihrem Abstand r sehr klein sind, mit einer Kraft

$$-\frac{d\,q\,d\,q'}{r^2}$$

aufeinanderwirken, wo dq und dq' die in einem passend gewählten Maasssystem ausgedrückten elektrischen Ladungen der beiden Körper darstellen.

Für eine Veränderung des Abstandes um dr ist die Arbeit dieser Kraft

$$\frac{d\,q\,d\,q'}{r^2}\,d\,r$$

oder

$$-d\left(\frac{d\,q\,d\,q'}{r}\right).$$

Erfährt demnach ein elektrisirtes System eine derartige Umformung, dass der Abstand der einzelnen Moleküle desselben um $d\,r$ geändert wird, so hat die Arbeit der zwischen den Molekülen auftretenden elektrischen Kräfte den Werth

$$-\int d\left(\frac{d\,q\,d\,q'}{r}\right),$$

wobei das Integral auf alle Kombinationen je zweier Elemente auszudehnen ist. Man kann diese Arbeit auch schreiben

$$-\frac{1}{2}\int d\left(\frac{d\,q\,d\,q'}{r}\right),$$

wobei $d\,q$ und $d\,q'$ die Ladungen zweier beliebigen Moleküle bezeichnet und die Integration über alle Moleküle des Systems erstreckt wird.

Setzen wir

$$\mathrm{W}=\frac{1}{2}\int\frac{d\,q\,d\,q'}{r},$$

so ist die Arbeit der elektrischen Kräfte für eine Elementarumformung des Systems

$$-\,d\,\mathrm{W}.$$

Die so definirte Funktion W heisst die elektrostatische Energie des Systems.

Dieselbe lässt sich auch noch in eine andere Form bringen. Da nämlich das Potential des Systems den Werth

$$\mathrm{V}=\int\frac{d\,q}{r}$$

hat, so kann die elektrostatische Energie geschrieben werden

$$\mathrm{W}=\frac{1}{2}\int \mathrm{V}\,d\,q'.$$

294. Systeme aus homogenen Leitern. — Lässt man ein System, welches aus elektrisirten homogenen Leitern gebildet ist, eine Umformung erfahren, welche die Ladungen und die Lage der Leiter im Raum verändert, ohne die Form, das Volumen, den physikalischen und chemischen Zustand oder die Temperatur zu beeinflussen und ohne einen Elektricitätsaustausch zwischen zwei Leitern verschiedener

Natur hervorzurufen, so bleibt die Differenz $U - AW$ und die Entropie S des Systems konstant.

Zum Beweis dieser Thatsache nehmen wir zunächst an, dass die Leiter des Systems ihre Lage im Raum ändern, dagegen dieselbe elektrische Vertheilung behalten.

Wenn wir an jedem der Leiter eine Kraft angreifen lassen, die der Resultante der elektrischen Kräfte gleich und entgegengesetzt gerichtet ist, so ist die Geschwindigkeit dieser Körper während ihrer Umwandlung beständig Null; demnach ist auch die Zunahme der lebendigen Kraft des Systems Null. Das Princip von der Erhaltung der Energie liefert also die Beziehung

$$dU = dQ + A\tau.$$

Da die äusseren, an den Leitern angreifenden Kräfte den elektrischen Kräften gleich und entgegengesetzt sind, so hat die von ihnen zu leistende Arbeit dieselbe Grösse, wie diejenige der letzteren, aber entgegengesetztes Zeichen. Die dem System während der Umformung zugeführte Arbeit τ ist also

$$+ dW;$$

hieraus folgt

$$dU = dQ + A\,dW,$$

oder

$$d(U - AW) = dQ.$$

Die Umformung ist aber unter den vorstehenden Bedingungen reversibel, so dass man hat

$$dS = \frac{dQ}{T}.$$

Nun wird aber Wärme weder hervorgebracht, noch absorbirt, da sich nach unserer Annahme die elektrische Vertheilung auf den Leitern nicht ändert; daher ist dQ Null. Aus den obigen Gleichungen geht hervor, dass dann $U - AW$ und S unveränderlich sind.

295. Im Folgenden wollen wir einen der Leiter des Systems betrachten und nachweisen, dass die Funktionen $U - AW$ und S dieselben Werthe behalten, wenn auch die elektrische Vertheilung dieses Leiters sich verändert.

Ein materielles Molekül m dieses Leiters, das eine Ladung dq besitzt und sich an dem Punkte M (Fig. 39) befindet, möge mit seiner Ladung nach M′ gebracht werden, und gleichzeitig das an dem Punkt M′ befindliche materielle Molekül nach M; sodann möge die elektrische Ladung dq durch Leitung wieder von M′ nach M zurückgelangen. Die Form, das Volumen, der physikalische und chemische

Zustand des Leiters sind durch diese Umformung nicht geändert worden, da der Leiter homogen ist und wir nur zwei materielle Moleküle untereinander vertauscht haben; die Funktionen U und S behalten somit denselben Werth. Andrerseits ist die elektrische Vertheilung vor und nach dieser Umformung dieselbe; demnach nimmt die elektrostatische Energie, die nur von der Lage der elektrischen Massen abhängt, wieder denselben Werth an. Die Veränderungen von U — AW und von S sind also Null; dieser Schluss würde offenbar auch bestehen bleiben, wenn die Punkte M und M′ zwei Leitern von derselben Natur angehörten. Nun zerfällt diese Operation in zwei Phasen:

1. in die Verschiebung der materiellen Moleküle M und M′,
2. in die Ueberführung der Elektricität durch Leitung.

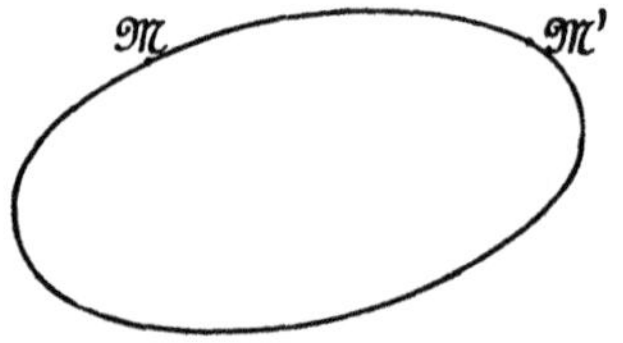

Fig. 39.

Die erste Phase verändert, wie wir sahen, die Funktionen U — A W und S nicht; ebenso wenig geschieht dies durch die Gesammtoperation; somit muss bei der zweiten Phase dasselbe der Fall sein.

Die Veränderung der Elektricitätsvertheilung durch Leitung beeinflusst also diese beiden Funktionen nicht.

Man kann demnach die elektrische Vertheilung auf den Leitern des Systems ändern, die Elektricität von einem Leiter auf einen anderen von derselben Natur übergehen lassen, und nach dem vorhergehenden Paragraphen gleichzeitig diese Leiter verschieben, ohne die Funktionen U — AW und S dadurch zu verändern. Die ausgesprochene Voraussetzung findet auf diese Weise ihre Bestätigung. Es folgt daraus unmittelbar, dass diese Funktionen weder von der Lage der Leiter, noch von der elektrischen Vertheilung abhängen; sie hängen vielmehr ab von Grössen, die den physikalischen oder chemischen Zustand, die Form etc. dieser Leiter bestimmen, und von den elektrischen Ladungen, welche dieselben besitzen. Wir wollen nun zusehen, in welcher Weise sie von diesen letzteren Grössen abhängen.

296. Ausdrücke für U — A W und für S in Funktion der Ladungen. — Der Einfachheit halber beschränken wir das System auf zwei homogene Leiter von verschiedener Natur, welche die Ladungen q_1 und q_2 besitzen. Wir bezeichnen mit U, S und W die Werthe der inneren Energie, der Entropie und der elektrostatischen Energie für die betrachteten Verhältnisse; mit U_1 und S_1 die Werthe der beiden ersten Funktionen, wenn sich das System in neutralem Zustande befindet.

Zu diesem System soll eine gewisse Anzahl $m+n$ unter sich gleicher Kugeln hinzugefügt werden, von denen m aus der Materie des Leiters A, n aus derjenigen des anderen Leiters bestehen; dann sei s_1 die Entropie einer der Kugeln von der ersten Art und s_2 diejenige von einer der zweiten Art in neutralem Zustande.

Die Gesammtheit des betrachteten Systems und dieser zugefügten Kugeln im neutralen Zustand bildet ein System, dessen Entropie ist

$$S' = S + m s_1 + n s_2 .$$

Nun lassen wir die Ladung q_1 des Körpers A auf q_1 der aus der gleichen Materie gebildeten Kugeln übergehen; dann kommt A zum neutralen Zustand zurück, während jede der Kugeln eine Ladung 1 besitzt; unter diesen Bedingungen sei s_1' der Werth der Entropie einer jeden von ihnen. In gleicher Weise lassen wir ferner die Ladung q_2 von B auf q_2 Kugeln übergehen, die aus demselben Stoff bestehen, und bezeichnen mit s_2' die Entropie einer jeden dieser Kugeln, wenn sie eine Ladung 1 besitzt. Es entsteht dann ein neuer Zustand des gesammten Systems, dessen Entropie die Grösse hat

$$S_1' = S_1 + (m - q_1) s_1 + q_1 s_1' + (n - q_2) s_2 + q_2 s_2' .$$

Nach dem im vorhergehenden Paragraphen Gesagten verändert aber der Uebergang der Elektricität von einem Leiter auf einen anderen von derselben Natur die Entropie des Systems nicht; demnach ist $S' = S_1'$, woraus folgt

$$S = S_1 + q_1 (s_1' - s_1) + q_2 (s_2' - s_2) .$$

Nun hängt $s_1' - s_1$ nur von der Natur und dem physikalischen Zustand der Kugeln und folglich auch des Leiters A ab; wir können also setzen

$$s_1' - s_1 = \eta_1 ,$$

und entsprechend

$$s_2' - s_2 = \eta_2 ,$$

wo η_1 und η_2 Koefficienten bezeichnen, die nicht von den Ladungen q_1 und q_2 abhängen. Als Ausdruck für die Entropie des aus den Leitern A und B bestehenden Systems in Funktion dieser Ladungen erhält man dann

$$S = S_1 + \eta_1 q_1 + \eta_2 q_2 .$$

Für ein System aus einer grösseren Anzahl von Leitern finden wir im Allgemeinen

$$S = S_1 + \eta_1 q_1 + \eta_2 q_2 + \dots \eta_n q_n . \tag{1}$$

Ebenso lassen sich diese Betrachtungen wie auf die Entropie offenbar auch auf die Funktion U — A W anwenden; wir würden für diese Funktion finden

$$(2) \qquad U - AW = U_1 + \theta_1 q_1 + \theta_2 q_2 + \ldots \theta_n q_n ,$$

wo U_1 die innere Energie des Systems im neutralen Zustand und $\theta_1, \theta_2 \ldots \theta_n$ die von den Ladungen unabhängigen Koefficienten bezeichnen.

297. Potentialunterschied bei Kontakt und Peltier-Effekt. — In dem metallischen Verbindungsdraht zweier Leiter von verschiedener Natur wird ein Strom fliessen, und dieser Draht wird im Allgemeinen der Sitz einer nicht umkehrbaren Erscheinung sein, nämlich der Entstehung von Joule'scher Wärme. Wenn aber die Potentialdifferenz der beiden Leiter dem Gleichgewichtszustand derselben sehr nahe kommt, so ist die Stromintensität unendlich klein, und da die Joule'sche Wärme dem Quadrat dieser Intensität proportional ist, so wird dieselbe unendlich klein von der zweiten Ordnung. Wir können sie dann vernachlässigen und die Erscheinungen werden dadurch reversibel. Die Entropieänderung des Systems ist also, unter der Annahme, dass die beiden Körper die gleiche Temperatur T haben

$$(3) \qquad dS = \frac{dQ}{T} .$$

Für die Veränderung der inneren Energie gilt

$$dU = dQ ,$$

da dem System keine Arbeit zugeführt wird. Man erhält demnach

$$(4) \qquad dU = T\,dS .$$

Bezeichnet dq die Elektricitätsmenge, welche vom ersten Leiter zu dem zweiten übergeht, so wird die Ladung des letzteren $q_2 + dq$, die des ersteren $q_1 - dq$. Nach Formel (1) erhält man demnach für die Entropieänderung des Systems

$$(5) \qquad dS = dq\,(\eta_2 - \eta_1)$$

und nach Formel (2) für die der inneren Energie

$$dU = A\,dW + dq\,(\theta_2 - \theta_1) .$$

Unter Berücksichtigung von Gleichung (4) findet man also

$$A\,dW + dq\,(\theta_2 - \theta_1) = dq\,(\eta_2 - \eta_1)\,T .$$

Werden die Potentiale der beiden Leiter mit V_1 und V_2 bezeichnet, so ist die Veränderung dW

$$dW = (V_1 - V_2)\, dq.$$

Ersetzt man in der vorhergehenden Gleichung dW durch diese Werthe, so findet man als Ausdruck für die Potentialdifferenz bei Kontakt

$$V_1 - V_2 = \frac{1}{A}\left[(\eta_2 - \eta_1)\, T + \theta_1 - \theta_2\right]. \tag{6}$$

Die von dem System aufgenommene Wärmemenge wird durch Gleichung (3) bestimmt; ersetzt man dS durch seinen Werth (5) so folgt

$$dQ = (\eta_2 - \eta_1)\, T\, dq.$$

Die entwickelte Wärme, d. h. der Peltier-Effekt, ist also proportional

$$-(\eta_2 - \eta_1)\, T. \tag{7}$$

298. Wir sind nun in der Lage, die Beziehung zwischen dem Peltier-Effekt und der Potentialdifferenz bei Kontakt aufzustellen.

Zunächst wollen wir zeigen, dass zwischen den Koefficienten θ und η eine Beziehung besteht.

Wir erwärmen die Leiter so, dass die Temperaturen ihrer Punkte unter sich beständig gleich sind und dass die Transformation reversibel verläuft; dann gilt

$$dU = T\, dS,$$

oder, da die Temperatur allein sich verändert,

$$\frac{\partial U}{\partial T} = T \frac{\partial S}{\partial T}.$$

Setzt man in dieser Gleichung für die partiellen Differentialquotienten von U und S ihre aus den Ausdrücken (1) und (2) abgeleiteten Werthe ein, so erhält man

$$\frac{\partial U_1}{\partial T} + q_1 \frac{\partial \theta_1}{\partial T} + q_2 \frac{\partial \theta_2}{\partial T} = T \frac{\partial S_1}{\partial T} + T q_1 \frac{\partial \eta_1}{\partial T} + T q_2 \frac{\partial \eta_2}{\partial T}.$$

Da diese Gleichung für alle beliebigen Ladungen erfüllt sein muss, so muss gelten

$$\frac{\partial U_1}{\partial T} = T \frac{\partial S_1}{\partial T},$$

und ferner

$$\frac{\partial \theta}{\partial T} = T \frac{\partial \eta}{\partial T}, \tag{8}$$

wo θ und η im Allgemeinen die auf eine gleiche Materie bezüglichen Funktionen bezeichnen.

Diese Gleichung wollen wir zur Auffindung der gesuchten Beziehung zwischen $V_1 - V_2$ und dem Koefficient des Peltier-Effekts benutzen.

Durch Differentiation der beiden Seiten von Gleichung (6) nach T erhält man

$$A \frac{\partial (V_1 - V_2)}{\partial T} = \eta_2 - \eta_1 + T \frac{\partial (\eta_2 - \eta_1)}{\partial T} - \frac{\partial (\theta_2 - \theta_1)}{\partial T},$$

oder in Folge der Gleichung (8)

$$A \frac{\partial (V_1 - V_2)}{\partial T} = \eta_2 - \eta_1 .$$

Wenn wir diesen Werth von $\eta_2 - \eta_1$ in den Ausdruck (7) einsetzen, finden wir, dass der Koefficient des Peltier-Effekts proportional ist

$$- A T \frac{\partial (V_1 - V_2)}{\partial T} .$$

Da die Aenderung der Differenz $V_1 - V_2$ mit der Temperatur im Allgemeinen kleiner als $V_1 - V_2$ ist, so wird der Peltier-Effekt geringer sein, als die der Veränderung der elektrostatischen Energie äquivalente Wärme.

Um zu diesem Resultat zu gelangen, mussten wir gewisse Hypothesen machen, die übrigens ziemlich naheliegend waren. Ich will indessen auf eine derselben hinweisen, die, wie wir später sehen werden, zweifelhaft erscheinen kann. Wir hatten nämlich vorausgesetzt, dass es keine andere Wärme gäbe, als die, welche von dem Peltier-Effekt herrührt und die von dem Kontakt der beiden Leiter stammt (abgesehen von der Joule'schen Wärme, die man im vorliegenden Fall als unendlich klein von der zweiten Ordnung vernachlässigen kann).

Wenn man sich aber den Maxwell'schen Vorstellungen anschliesst, so gibt es nur geschlossene Ströme, und die sogenannten offenen Ströme (wie sie im vorliegenden Fall auftreten) sind in Wirklichkeit durch das Dielektrikum geschlossen. Nach dieser Anschauung wird die Trennungsfläche des Leiters und des Dielektrikum von einem Strom durchflossen. Diese Fläche ist übrigens auch der Sitz eines Potentialunterschieds, wie wir im § 302 sehen werden. Man kann also die Frage aufwerfen, ob sie nicht auch der Sitz eines Peltier-Effekts sein kann.

Ich werde später auf diese Frage zurückkommen; vorläufig wollen wir voraussetzen, dass dieser Peltier-Effekt Null ist, und wollen demnach die Theorie von Duhem annehmen.

299. Damit die durch den Peltier-Effekt entwickelte Wärme der Veränderung der elektrostatischen Energie proportional ist, d. h. proportional der elektromotorischen Kraft bei dem Kontakt, müsste nach den Gleichungen (6) und (7) gelten

$$\theta_1 = \theta_2 .$$

Offenbar gibt es aber keinen Grund für die Gültigkeit dieser Gleichung, da sich θ_1 und θ_2 auf verschiedene Materien beziehen. Sie würde übrigens auch zu Folgerungen führen, die nicht mit dem Experiment übereinstimmen.

Wir erhielten dann nämlich

$$\frac{\partial \theta_1}{\partial \mathrm{T}} = \frac{\partial \theta_2}{\partial \mathrm{T}},$$

und folglich wegen Gleichung (8),

$$\frac{\partial \eta_1}{\partial \mathrm{T}} = \frac{\partial \eta_2}{\partial \mathrm{T}}.$$

Die Differenz $\eta_2 - \eta_1$ würde dann unabhängig von der Temperatur sein, und in Folge dessen wäre die elektromotorische Kraft bei Kontakt, die sich reducirt auf

$$\mathrm{V}_1 - \mathrm{V}_2 = \frac{1}{\mathrm{A}} (\eta_2 - \eta_1)\, \mathrm{T},$$

proportional der Temperatur; dasselbe würde für den Peltier-Effekt gelten. Nun hat aber der Versuch gezeigt, dass es sich nicht so verhält.

Die alte Hypothese von der Proportionalität zwischen dem Peltier-Effekt und der elektromotorischen Kontaktkraft muss also vollständig verlassen werden.

300. Wahre und scheinbare Potentialdifferenz zweier sich berührender Körper. — Die durch den Ausdruck (6) gegebene Potentialdifferenz $\mathrm{V}_1 - \mathrm{V}_2$ entspricht den Punkten M_1 und M_2 (Fig. 40), die den beiden in Berührung befindlichen Leitern angehören. Maxwell weist darauf hin, dass dieser Potentialunterschied nicht denselben Werth haben kann, wie in den beiden Punkten M_1' und M_2', die in der Luft unendlich nahe an den Leitern liegen. Wir wissen nämlich nicht, ob nicht ein Potentialunterschied zwischen einem Leiter und der umgebenden Luft besteht; das Vorhandensein dieses

Unterschieds scheint sogar nach den Vorgängen, welche bei der Berührung zweier im Gleichgewicht befindlicher Leiter statthaben, wahrscheinlich zu sein. Man hat demnach zu unterscheiden zwischen dem Potentialunterschied der Punkte M_1 und M_2, und demjenigen der Punkte M_1' und M_2'; der erstere ist der w a h r e P o t e n t i a l u n t e r s c h i e d b e i B e r ü h r u n g, der zweite der s c h e i n b a r e P o t e n t i a l u n t e r s c h i e d.

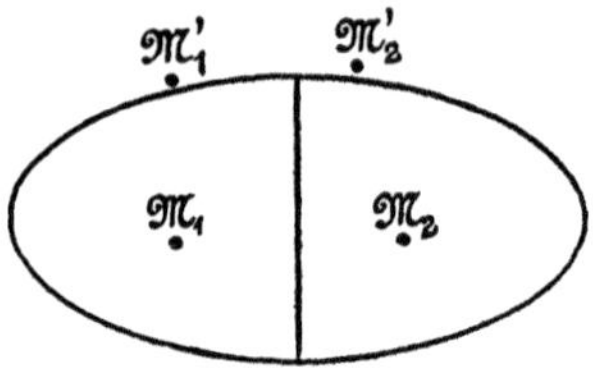

Fig. 40.

Der wahre Potentialunterschied spielt bei den thermoelektrischen Erscheinungen eine Rolle; der scheinbare bei den Anziehungserscheinungen der Platten eines Kondensators, wenn diese Platten aus verschiedenen Metallen gebildet und durch einen Metalldraht verbunden sind. Der plötzliche Potentialsprung bei der Berührung zweier Körper erfordert nämlich das Vorhandensein einer elektrischen Doppelschicht. Die Anziehung der Kondensatorplatten rührt demnach nicht nur von der Anziehung der einfachen Belegungen mit entgegengesetzter Elektricität her, sondern auch von den beiden Doppelschichten, die durch die Berührung mit der Luft entstehen.

Wenn das Volta'sche Gesetz auf eine Kette von Körpern angewandt werden könnte, die aus der Luft und den Leitern besteht, so müssten sich die beiden Enden dieser Kette auf demselben Potential befinden; da die beiden Punkte M_1' und M_2' als die Enden dieser Kette angesehen werden können, so müsste der scheinbare Potentialunterschied derselben Null sein. Das Experiment zeigt indess, dass dies nicht der Fall ist.

301. Thomson-Effekt und entsprechende elektromotorische Kraft. — Wir wollen jetzt die Folgerungen der Theorie von Duhem und der Hypothesen, auf denen sie beruht, diskutiren; im Besonderen soll dabei diejenige betrachtet werden, bei der wir am Ende des § **298** etwas länger verweilt haben.

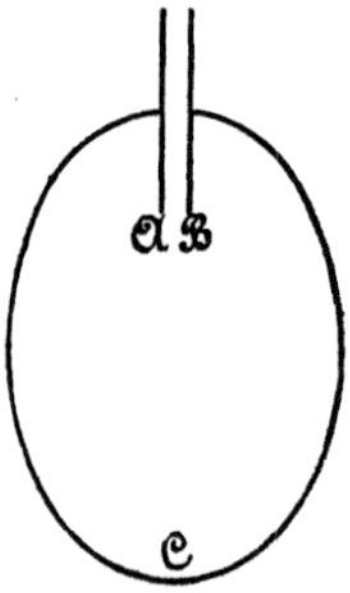

Fig. 41.

Zunächst wollen wir untersuchen, welche Schwierigkeiten bei dem Versuch entstehen, die im § 292 betrachteten Funktionen φ (T) und φ' (T) mit der Theorie von Duhem zu berechnen.

Es liegt nämlich nahe, folgende Ueberlegung anzustellen. Die aus demselben Metall bestehenden Platten A und B eines Kondensators (Fig. 41) sollen sich auf verschiedenen Temperaturen befinden und durch einen Leiter C von derselben Materie verbunden sein. Die Ladungen der Platten mögen q_1 und q_2 sein, wenn sich das System im Gleichgewicht befindet. Wird nun durch eine unendlich kleine Ursache eine Elektricitätsmenge dq von A nach B übergeführt, so ist dieser Vorgang reversibel, denn wenn die Stromintensität unendlich klein ist, können wir das Quadrat derselben und somit auch die Joule'sche Wärme vernachlässigen, und es gilt dann

$$dS = \int \frac{dQ}{T},$$

wo dQ die von einem Element des Systems aufgenommene Wärme bezeichnet und das Integral über alle diese Elemente auszudehnen ist. Hieraus folgt

$$\frac{dQ}{T} = A dq \int_{T_1}^{T_2} \frac{\varphi(T)}{T} dT,$$

wenn T_1 und T_2 die Temperaturen der Platten bedeuten. Andrerseits liefert die Gleichung (1)

$$dS = (\eta_2 - \eta_1)\, dq;$$

man erhält somit

$$\eta_2 - \eta_1 = A \int_{T_1}^{T_2} \frac{\varphi(T)}{T} dT.$$

Da diese Gleichung für alle Temperaturen T_1 und T_2 gelten muss, so ist

$$\frac{\partial \eta}{\partial T} = A \frac{\varphi(T)}{T}; \tag{9}$$

hieraus lässt sich $\varphi(T)$ bestimmen.

Die betrachtete Umformung geht ohne Arbeitsverbrauch vor sich, so dass man hat

$$dU = dQ$$

oder nach Gleichung (2)

$$A\, dW + (\theta_2 - \theta_1)\, dq = A\, dq \int_{T_1}^{T_2} \varphi(T)\, dT,$$

oder, wenn man noch dW durch seinen Werth $dq \int_{T_1}^{T_2} \varphi'(T)\, dT$ ersetzt,

$$A \int_{T}^{T_2} \varphi'(T)\, dT + \theta_2 - \theta_1 = A \int_{T_1}^{T_2} \varphi(T)\, dT.$$

Aus dieser Gleichung folgt, da dieselbe für beliebige Temperaturen T_1 und T_2 erfüllt sein muss

$$A \varphi'(T) + \frac{\partial \theta}{\partial T} = A \varphi(T);$$

hieraus findet man unter Berücksichtigung von Gleichung (9)

$$A \varphi'(T) = T \frac{\partial \eta}{\partial T} - \frac{\partial \theta}{\partial T}.$$

Nach Gleichung (8) ist aber die rechte Seite Null, so dass sich ergibt

$$\varphi'(T) = 0.$$

302. Die dem Thomson-Effekt entsprechende elektromotorische Kraft müsste also nach dieser Ueberlegung Null sein; hieraus würde folgen, dass der Potentialunterschied der Platten Null ist. Nun hat aber Pellat nachgewiesen, dass ein Kondensator, dessen Platten zwar aus demselben Metall bestehen, sich aber auf verschiedenen Temperaturen befinden, geladen wird, wenn man die Platten metallisch verbindet; es besteht also ein Potentialunterschied. Allerdings tritt bei den Versuchen von Pellat der scheinbare Potentialunterschied auf, so dass der wahre Potentialunterschied zwischen dem kalten und warmen Metall Null sein könnte; doch ist dies wenig wahrscheinlich.

In gleicher Weise kann man behaupten, dass die Theorie von Duhem nicht auf die Thomson'sche Erscheinung anzuwenden ist und dass demnach die aus dieser Anwendung gezogenen Folgerungen nicht richtig sein können.

Bei der Aufstellung der Formeln (1) und (2) haben wir nämlich angenommen, dass der Zustand eines jeden Leiters des Systems durch eine gewisse Zahl von Variabeln, deren eine die Temperatur ist, vollständig bestimmt wird. Die Temperatur eines jeden Leiters muss also gleichförmig sein, eine Bedingung, die durch den Verbindungsdraht C in dem früher betrachteten System nicht erfüllt ist. Um ausserdem zur Gleichung (8) zu gelangen, hatten wir vorausgesetzt, dass sich die Leiter auf derselben Temperatur befinden, und auch diese neue Bedingung ist in dem von uns betrachteten Fall nicht erfüllt.

303. Wir würden also die Wahl zwischen drei Möglichkeiten haben:

1. Entweder könnte man annehmen, dass der Thomson-Effekt nicht Null ist, wie es der direkte Versuch lehrt, dass aber die elektromotorische Kraft, die nach Thomson die Ursache des Effekts bildet,

Null ist; dass demnach bei dem Pellat'schen Versuch der wahre Potentialunterschied zwischen den beiden Platten Null, dagegen der scheinbare Potentialunterschied von Null verschieden ist.

2. Oder man könnte voraussetzen, dass die Theorie von Duhem nur auf den Fall anwendbar ist, wo sich alle Leiter auf derselben Temperatur befinden.

3. Oder endlich wäre die Annahme möglich, dass ein Peltier-Effekt bei der Berührung zwischen einem Leiter und einem Dielektrikum auftritt.

Wenn man aber die Ueberlegung in einer etwas anderen Form anstellt, so sieht man, dass die beiden ersten Erklärungen verworfen werden müssen.

IV. Einige Bemerkungen.

304. Peltier-Phänomen beim Kontakt eines Leiters und eines Dielektrikum. — Um dies zu beweisen, wollen wir die Theorie von Duhem verlassen und den Kondensator betrachten, dessen Platten A und B aus demselben Material bestehen (Fig. 41), sich aber auf verschiedenen Temperatur T_1 und T_2 befinden.

Wir lassen nur die Platte A auf derselben Temperatur T_1 und verändern die Temperatur von B um dT_2; gleichzeitig verändern wir auch den Abstand der Platten. Während eines Zeitintervalles dt wird eine Elektricitätsmenge dq von der einen Platte zur anderen übergehen und dabei in dem Draht eine gewisse Wärmemenge erzeugen; ein Theil derselben rührt von dem Thomson-Effekt, ein anderer von dem Joule'schen her. Die dem Thomson-Effekt zuzuschreibende Wärme ist der Stromintensität $i = dq/dt$ und diejenige des Joule-Effekts dem Quadrat dieser Grösse proportional, so dass diese letztere im Verhältniss zur ersteren bei unendlich kleinem dq vernachlässigt werden kann. Diese Bedingung wird verwirklicht, wenn die Verschiebung der Platten und die Wärmezunahme von B ausserordentlich langsam stattfindet. Nehmen wir dies an, so ist der Kreisprocess reversibel.

305. Die in einem Element des Leiters C durch den Thomson-Effekt hervorgebrachte Wärmemenge beträgt

$$- A\,dq\,\varphi(T)\,dT,$$

die Wärme, welche von aussen geliefert werden muss, um dies Element auf konstanter Temperatur zu erhalten, ist also

$$A\,dq\,\varphi(T)\,dT.$$

Für den ganzen Leiter C erhält man also

$$\int \frac{dQ}{T} = A\,dq \int\limits_{T_1}^{T_2} \frac{\varphi(T)}{T}\,dT$$

oder

$$\int \frac{dQ}{T} = A\,\eta\,dq,$$

wenn man setzt

$$\eta = \int\limits_{T_1}^{T_2} \frac{\varphi(T)}{T}\,dT.$$

Um die Temperatur der Platte B um den Betrag dT_2 zu heben, muss man ihr eine Wärmemenge $C\,dT_2$ zuführen, wenn C ihre Wärmekapacität bedeutet. Man findet also für die betrachtete Elementarumformung

(1) $$\int \frac{dQ}{T} = A\,\eta\,dq + \frac{C}{T_2}\,dT_2.$$

Die linke Seite dieser Gleichung stellt ein vollständiges Differential dar, da die Umformung reversibel vor sich geht; es muss also gelten

(2) $$A\,\frac{\partial \eta}{\partial T_2} = \frac{1}{T_2}\,\frac{\partial C}{\partial q}$$

Wenn man jetzt die Summe der dem System zugeführten Wärmemenge betrachtet, so erhält man

$$\int dQ = A\,dq \int\limits_{T_1}^{T_2} \varphi(T)\,dT + C\,dT_2$$

oder

(3) $$\int dQ = A\,\theta\,dq + C\,dT_2,$$

wenn man setzt

$$\theta = \int\limits_{T_1}^{T_2} \varphi(T)\,dT.$$

Wir wollen nun nachweisen, dass diese Grösse ein vollständiges Differential ist.

Hierzu muss man beweisen, dass

(4) $$A\,\frac{\partial \theta}{\partial T_2} = \frac{\partial C}{\partial q}.$$

Nun erhält man nach den Definitionsgleichungen für θ und η

$$\frac{\partial \theta}{\partial T_2} = \varphi(T_2)$$

und

$$\frac{\partial \eta}{\partial T_2} = \frac{1}{T_2} \varphi(T_2).$$

Hieraus folgt

(4a) $$\frac{\partial \theta}{\partial T_2} = T_2 \frac{\partial \eta}{\partial T_2},$$

und die zu beweisende Gleichung (4) erhält die Form

(5) $$A T_2 \frac{\partial \eta}{\partial T_2} = \frac{\partial C}{\partial q};$$

diese Beziehung ist aber offenbar nach Gleichung (2) erfüllt.

306. Die bei einer elementaren Umformung aufgenommene Wärmemenge ist also ein vollständiges Differential; daraus ergibt sich, dass keine Wärme aufgenommen wird, wenn man das System einen geschlossenen Kreis beschreiben lässt. Nach dem Princip der Aequivalenz kann also bei einem solchen Kreis keine Arbeit erzeugt werden; die Anziehung der Platten würde somit, entgegen dem Pellat'schen Versuche, Null sein.

Wir wollen nun das System folgenden Kreis beschreiben lassen:

1. Bei gleichbleibender Temperatur T_2 von B nähern wir die Platten; ziehen sich diese, wie es der Versuch von Pellat beweist, an, so entsteht eine positive Arbeit.

2. Der Abstand der beiden Platten bleibt konstant und wir verändern in B die Temperatur von T_2 bis T_1; da die Platten sich nicht bewegen, wird dabei auch keine Arbeit hervorgebracht.

3. Die Temperatur von B bleibt konstant T_1 und wir entfernen die beiden Platten, bis sie sich wieder in ihrer anfänglichen Stellung befinden; die Platten bleiben dabei auf derselben Temperatur, es findet also keine Anziehung statt, und dementsprechend wird keine Arbeit erzeugt.

4. Der Abstand der Platten bleibt konstant und wir bringen die Temperatur der Platte B wieder von T_1 nach T_2. Auch hierbei tritt keine Arbeitsleistung auf.

Die gesammte Arbeit wäre also hierbei positiv, so dass dQ kein vollständiges Differential sein könnte; Rechnung und Experiment befinden sich demnach hier im Widerspruch.

Aber bei der Aufstellung der Gleichungen (1) und (3) hatten wir angenommen, dass keine andere Ursache für die Absorption von Wärme vorhanden sei, als der Thomson-Effekt und die Temperaturänderung von B. Wir wollen nun voraussetzen, dass an der Berührungsfläche zwischen der Luft und einer der Platten, z. B. B, ein Peltier-Effekt entsteht, und wollen mit — $A\lambda dq$ die durch diesen Effekt bei einer Elementarumformung entwickelte Wärme bezeichnen; dann erhalten wir

$$\int\frac{dQ}{T} = A\left(\eta + \frac{\lambda}{T_2}\right) dq + \frac{C}{T_2} dT_2$$

und

$$\int dQ = A(\theta + \lambda)\, dq + C\, dT_2.$$

Da die erste Grösse ein vollständiges Differential ist, erhält man

$$\text{(6)} \qquad \frac{1}{T_2}\frac{\partial C}{\partial q} = A\frac{\partial \eta}{\partial T_2} + \frac{A}{T_2}\frac{\partial \lambda}{\partial T_2} - \frac{A\lambda}{T_2^2}.$$

Damit auch die zweite Grösse (dQ) ein vollständiges Differential wird, müsste gelten

$$\frac{\partial C}{\partial q} = A\frac{\partial \theta}{\partial T_2} + A\frac{\partial \lambda}{\partial T_2}$$

oder nach Gleichung (4a)

$$\frac{\partial C}{\partial q} = A T_2 \frac{\partial \eta}{\partial T_2} + A\frac{\partial \lambda}{\partial T_2}.$$

Nun kann diese Bedingung aber nur dann gleichzeitig mit Gleichung (6) erfüllt sein, wenn $\lambda = 0$ ist, d. h. wenn kein Peltier-Phänomen auftritt. Wenn die erzeugte Wärme kein vollständiges Differential sein würde, so müsste also ein derartiger Vorgang eintreten, und zwar würde sich derselbe auf beiden Oberflächen abspielen, da kein Grund ersichtlich ist, weshalb derselbe auf der Oberfläche von B zu Stande kommen sollte, nicht aber auf der Oberfläche von A.

307. Wir nehmen nun an, dass sich T_1 gleichzeitig mit T_2 verändert; sind dann C_1 und C_2 die Wärmekapacitäten der Platten A und B, λ_1 und λ_2 die Koefficienten des obigen Peltier-Effekts an den Flächen A und B, so erhält man

$$\int\frac{dQ}{T} = A\left(\eta + \frac{\lambda_2}{T_2} - \frac{\lambda_1}{T_1}\right) dq + \frac{C_1}{T_1} dT_1 + \frac{C_2}{T_2} dT_2$$

und

$$\int dQ = A(\theta + \lambda_2 - \lambda_1)\, dq + C_1\, dT_1 + C_2\, dT_2.$$

Bezeichnet nun α die Anziehung der beiden Platten und δ ihren Abstand, so ist die äussere Arbeit τ

$$\tau = \alpha \left(\frac{\partial \delta}{\partial q} dq + \frac{\partial \delta}{\partial T_1} dT_1 + \frac{\partial \delta}{\partial T_2} dT_2 \right).$$

Nach den Principien der Thermodynamik müssen

$$\int \frac{dQ}{T} \text{ und } \int dQ - A\tau$$

vollständige Differentiale sein. Hieraus folgt

$$\frac{\lambda_2}{T_2} = \frac{\partial \alpha}{\partial T_2} \cdot \frac{\partial \delta}{\partial q} - \frac{\partial \alpha}{\partial q} \cdot \frac{\partial \delta}{\partial T_2}; \quad \frac{\lambda_1}{T_1} = \frac{\partial \alpha}{\partial q} \cdot \frac{\partial \delta}{\partial T_1} - \frac{\partial \alpha}{\partial T_1} \cdot \frac{\partial \delta}{\partial q}.$$

Aber diese Ueberlegung hat zur Voraussetzung, dass kein anderer Wärmeeffekt als das obige Peltier-Phänomen auftritt; doch haben wir nach den vorangegangenen Erörterungen guten Grund, derartigen Hypothesen gegenüber auf der Hut zu sein. Wie dem auch sei, es scheint jedenfalls aus allem hervorzugehen, dass man die Theorie von Duhem entweder vervollständigen oder aufgeben muss. Gehen wir nämlich auf die Betrachtungen des § 297 zurück, so haben wir drei Peltier-Effekte ins Auge zu fassen, einen an der Trennungsfläche der beiden Leiter, die zwei anderen an der freien Fläche eines jeden der zwei Leiter. Wir erhalten dann nur eine Beziehung zwischen diesen drei Effekten und der elektromotorischen Kontaktkraft und können den ersten der drei Effekte nicht als Funktion dieser elektromotorischen Kraft berechnen.

Wenn man dagegen das Vorhandensein des Peltier-Phänomens bei der Berührung eines Leiters und eines Dielektrikums nicht annehmen will, so muss man einige andere, von Duhem vorausgesetzte Hypothesen fallen lassen, falls man das Pellat'sche Experiment erklären will, und muss dann untersuchen, ob seine Folgerungen nicht geändert werden.

Wir können somit die Frage folgendermaassen zusammenfassen.

Am Ende des § 292 hatten wir die Beziehung

$$\Sigma E' = \Sigma E$$

gefunden, aber wir mussten einsehen, dass die Betrachtung geschlossener Ströme nicht zur Berechnung von E' als Funktion von E ausreicht.

Duhem suchte die Schwierigkeit durch Betrachtung offener Ströme zu umgehen; wenn man sich aber auf den Boden der Maxwell'schen Anschauung stellt, gibt es keine offene Ströme, so dass der Kunstgriff von Duhem hinfällig wird.

308. Thermischer Nutzeffekt elektrischer Motoren. — Wir lassen einen elektrischen Motor durch eine hydroelektrische Säule treiben. Wenn die elektromotorische Gegenkraft des Motors der elektromotorischen Kraft der Säule gleich ist, wird die Stromintensität unendlich klein, und die durch den Joule-Effekt entwickelte Wärme unendlich klein von der zweiten Ordnung. Man kann sie also vernachlässigen, und die ganze in der Säule in Volta-Energie verwandelte Wärme findet sich vollständig als Arbeit wieder. Nun ist nach Helmholtz die in Volta-Energie umgewandelte Wärme gleich der freien Energie L''; da im Ganzen die Wärme L erzeugt wird, so erhält man als thermischen Nutzeffekt des Systems

$$\frac{L''}{L};$$

in den meisten Fällen ist dies Verhältniss 4/5. Der Nutzeffekt eines elektrischen Motors ist also viel grösser wie derjenige der thermischen Maschinen. Allerdings gibt das erwähnte Verhältniss den Höchstbetrag des Nutzeffekts eines elektrischen Motors an, denn es wurde vorausgesetzt, dass die Stromintensität unendlich klein ist, was einer unendlich kleinen Arbeit in endlicher Zeit entsprechen würde. Thatsächlich muss die Stromintensität endlich sein, so dass man von der Volta-Wärme diejenige des Joule-Effekts abziehen muss; nichtsdestoweniger bleibt der Nutzeffekt noch viel höher als derjenige der Dampfmaschinen. Die Anwendung elektrischer Motoren würde also einen beträchtlichen Vortheil gegenüber diesen Maschinen gewähren, wenn nicht der Preis für die chemische Reaktionswärme grösser wäre als derjenige für die Wärme, welche bei der Verbrennung von Kohle erzeugt wird.

Kapitel XVII.

Zurückführung der Principien der Thermodynamik auf die allgemeinen Principien der Mechanik.

309. Verschiedene Theorien. — Die Zurückführung des Princips von der Aequivalenz auf die Grundprincipien der Mechanik begegnet keinen Schwierigkeiten; wie wir gesehen haben, genügt die Hypothese von den Molekularkräften zur Ableitung des Princips von der Erhaltung der Energie und folglich auch zur Ableitung des Princips der Aequivalenz aus den allgemeinen Bewegungsgleichungen.

Anders verhält es sich mit dem zweiten Princip der Thermodynamik. Zuerst versuchte Clausius, dasselbe auf die Principien der Mechanik zurückzuführen, jedoch ohne genügenden Erfolg.

Helmholtz hat dagegen in seiner Abhandlung über das Princip der kleinsten Wirkung eine viel vollkommenere Theorie als die von Clausius aufgestellt, doch gibt sie über die irreversiblen Erscheinungen keinen Aufschluss.

310. Grundlage der Helmholtz'schen Theorie. — Wir wollen ein System materieller Punkte betrachten, die frei oder irgendwie verbunden sind, und deren Lage durch die Parameter $q_1, q_2, q_3 \ldots q_n$ bestimmt wird. Bezeichnen wir mit $q_1', q_2' \ldots q_n'$ die Differentialquotienten dieser Parameter nach der Zeit, mit T die lebendige Kraft des Systems und endlich mit

$$Q_1 \delta q_1 + Q_2 \delta q_2 + \ldots Q_n \delta q_n$$

den Ausdruck für die Arbeit der Kräfte, denen das System bei einer virtuellen Verrückung unterworfen ist, so gilt in jedem Augenblick für alle Parameter

$$\frac{d}{dt}\left(\frac{\partial T}{\partial q_i'}\right) - \frac{\partial T}{\partial q_i} = Q_i\,;$$

es ist dies die Lagrange'sche Gleichung für den Parameter q_i.

In seiner Abhandlung wendet Helmholtz andere Bezeichnungen an. Der Buchstabe T wird für die absolute Temperatur benutzt, während L die lebendige Kraft darstellt. Die Parameter werden $p_a, p_b \ldots$ genannt und ihre Differentialquotienten nach der Zeit $q_a, q_b \ldots$

Die virtuelle Arbeit der inneren Kräfte des Systems wird von derjenigen der äusseren Kräfte unterschieden. Helmholtz nimmt an, dass die inneren Kräfte eine Kräftefunktion oder potentielle Energie Φ zulassen, dann hat die Arbeit dieser Kräfte für eine Variation δp_a eines der Parameter den Werth

$$-\frac{\partial \Phi}{\partial p_a}\delta p_a .$$

Die Arbeit der äusseren Kräfte, welche von dieser Variation herrührt, wird bezeichnet mit

$$-P_a \delta p_a .$$

Mit diesen neuen Bezeichnungen lautet die Lagrange'sche Gleichung für den Parameter p_a

$$(1) \qquad \frac{d}{dt}\left(\frac{\partial L}{\partial q_a}\right) - \frac{\partial L}{\partial p_a} = -\frac{\partial \Phi}{\partial p_a} - P_a .$$

311. Die potentielle Energie Φ hängt nur von der Lage der Moleküle des Systems ab; sie ist also eine Funktion der Parameter p, aber nicht ihrer Differentialquotienten q.

Die kinetische Energie L hängt dagegen gleichzeitig von p und q ab; sie ist homogen vom zweiten Grad in Bezug auf diese letzteren Grössen. Es ist nämlich $L = \Sigma m v^2$ vom Grade -2 in Bezug auf die Zeit; wenn man also die Zeiteinheit verdoppelt, wird der Werth von L vervierfacht. Während nun p_a durch diese Veränderung der Einheit ungeändert bleibt, wird q_a verdoppelt; es muss also jeder Ausdruck von L vom zweiten Grad in Bezug auf die Grössen q sein.

In Folge dieser Eigenschaft der Funktion L erhalten wir

$$(2) \qquad 2L = \Sigma q_a \frac{\partial L}{\partial q_a} .$$

312. Wir setzen nun

$$(3) \qquad H = \Phi - L ,$$

und

$$(4) \qquad U = \Phi + L ;$$

U bezeichnet dann die Gesammtenergie des Systems.

Durch Differentiation dieser Gleichungen nach p_a erhalten wir

$$\frac{\partial H}{\partial p_a} = \frac{\partial \Phi}{\partial p_a} - \frac{\partial L}{\partial p_a};$$

durch Differentiation nach q_a

$$\frac{\partial H}{\partial q_a} = - \frac{\partial L}{\partial q_a},$$

da Φ nicht von q abhängt. Setzen wir die aus diesen Gleichungen sich ergebenden Werthe der Differentialquotienten von L nach p_a und q_a in (1) ein, so finden wir

$$(5) \qquad - \frac{d}{dt}\left(\frac{\partial H}{\partial q_a}\right) + \frac{\partial H}{\partial p_a} = - P_a .$$

Ferner sei

$$(6) \qquad - \frac{\partial H}{\partial q_a} = \frac{\partial L}{\partial q_a} = s_a ,$$

worin s_a und die durch analoge Gleichungen definirten Grössen s_b Funktionen von p und q sind. Man kann also U als Funktion von p und s ansehen, während H immer als Funktion von p und q zu betrachten ist. Die Gleichungen (3) und (4) ergeben für die Funktion U

$$U = H + 2L,$$

oder nach den Gleichungen (2) und (6)

$$U = H + \Sigma q_a s_a .$$

Aus dieser neuen Gleichung folgt durch totale Differentiation beider Seiten

$$\sum \frac{\partial U}{\partial p} dp + \sum \frac{\partial U}{\partial s} ds = \sum \frac{\partial H}{\partial p} dp + \sum \frac{\partial H}{\partial q} dq + \sum s\, dq + \sum q\, ds .$$

Nach (6) ist aber

$$(7) \qquad \sum \frac{\partial H}{\partial q} dq = - \sum s\, dq ;$$

folglich reducirt sich die vorhergehende Gleichung auf

$$\sum \frac{\partial U}{\partial p} dp + \sum \frac{\partial U}{\partial s} ds = \sum \frac{\partial H}{\partial p} dp + \sum q\, ds .$$

Hieraus ergibt sich

$$(8) \qquad \frac{\partial U}{\partial p_a} = \frac{\partial H}{\partial p_a},$$

und

$$\frac{\partial U}{\partial s_a} = q_a . \tag{9}$$

313. Der Ausdruck für das Princip von der Erhaltung der Energie kann unmittelbar aus den Gleichungen (8) und (9) abgeleitet werden. Es folgt nämlich

$$\frac{\partial U}{\partial p_a} = -\frac{\partial s_a}{\partial t} - P_a ,$$

$$\frac{\partial U}{\partial s_a} = q_a = \frac{\partial p_a}{\partial t} .$$

Hieraus ergibt sich

$$dU = \sum \frac{\partial U}{\partial p} dp + \sum \frac{\partial U}{\partial s} ds = -\sum P\, dp - \sum \frac{\partial s}{\partial t} dp + \sum \frac{\partial p}{\partial t} ds$$

oder

$$dU = -\sum P_a\, dp_a .$$

Die Veränderung der totalen Energie des Systems ist also gleich der Arbeit der äusseren auf das System wirkenden Kräfte; dies ist aber das Princip von der Erhaltung der Energie.

314. Hypothesen über die Natur der Parameter. — Helmholtz nimmt an, dass man die Parameter, durch welche die Lage des Systems definirt wird, nach der Art, wie sie sich mit der Zeit verändern, in zwei Klassen theilen kann; die einen derselben verändern sich sehr langsam, die anderen dagegen sehr rasch. Die ersteren wollen wir mit p_a, die zweiten mit p_b bezeichnen.

Diese Hypothese erscheint ganz natürlich. So gehen die Molekularbewegungen, welche den Temperaturgrad eines Körpers bedingen, mit unvergleichlich viel grösserer Geschwindigkeit vor sich, als die Bewegungen, welche wir dem gesammten Körper ertheilen können. Die Parameter, welche die relative Lage der Moleküle bestimmen, verändern sich also sehr rasch, diejenigen dagegen, welche die Lage des Körpers im Raum angeben, nur langsam.

315. Helmholtz macht noch eine andere Hypothese, deren Annahme grössere Schwierigkeiten entgegenzustehen scheinen. Er setzt voraus, dass die Funktion Φ nicht von den Parametern p_b abhängt, und dass in die Funktion L diese Parameter nur mit ihren Differentialquotienten q_b eingehen.

Es lassen sich bestimmte einfache Beispiele aus der Elementarmechanik angeben, wo diese Hypothese verwirklicht ist.

Wir wollen z. B. eine Rolle betrachten, die sich um ihre Achse dreht. Die Lage der Rolle kann dann durch den Winkel p_b definirt werden, welchen eine im Raum feste Ebene mit einer durch einen Punkt der Rolle und durch die Achse derselben gelegte Ebene einschliesst; p_b ist also einer der Parameter des Systems. Die lebendige Kraft dieses Systems ist gleich dem Produkt aus dem Trägheitsmoment der Rolle in das Quadrat der Winkelgeschwindigkeit; das Trägheitsmoment hängt nicht von p_b ab, die Winkelgeschwindigkeit ist $q_b = \frac{\partial p_b}{\partial t}$; demnach ist die lebendige Kraft nur eine Funktion von q_b, nicht aber von p_b. Da sich andererseits der Schwerpunkt der Rolle auf der Rotationsachse befindet, so verändert sich die potentielle Energie nicht; sie ist also von p_b unabhängig.

Als ein anderes Beispiel betrachten wir einen ringförmigen, geschlossenen Kanal, der von einer Flüssigkeit durchströmt wird, und nehmen an, dass der stationäre Zustand erreicht sei. Man kann nun die Lage des Systems durch den Winkel p_b definiren, welchen ein durch ein Flüssigkeitsmolekül gehender Durchmesser mit einem im Raum festen Durchmesser des Kanals einschliesst. Aber weder die potentielle noch die kinetische Energie hängen von diesem Parameter ab, denn diese Grössen bleiben konstant. Wenn nämlich der stationäre Zustand erreicht ist, wird ein Molekül unmittelbar durch ein anderes ersetzt, während das erstere seine Lage geändert hat; die lebendige Kraft verändert sich also nicht; ausserdem ist die Arbeit der inneren Kräfte Null, und die potentielle Energie behält demnach denselben Werth.

Es folgt aus diesen Beispielen, dass die Theorie von Helmholtz in dem Fall richtig ist, wo sich Körper um eine Achse drehen; sie erscheint demnach anwendbar auf die Wirbelbewegungen der Moleküle. Kann sie aber auch noch in dem Fall angewandt werden, wo die Moleküle der Körper sich geradlinig beiderseits eines festen Punktes bewegen? Diese Frage wollen wir später untersuchen.

316. Zunächst nehmen wir die Hypothese von Helmholtz an und fahren in der Auseinandersetzung seiner Theorie weiter fort.

Da Φ und L nicht von den Parametern p_b abhängen sollen, so wird dies auch für H der Fall sein. Wir erhalten also nach Gleichung (5)

$$-\frac{d}{dt}\left(\frac{\partial \mathrm{H}}{\partial q_b}\right) = -\mathrm{P}_b\,,$$

oder gemäss der Definition für die Funktionen s

$$\frac{d s_b}{d t} = -\mathrm{P}_b\,.$$

Die äussere Arbeit für den betrachteten Parameter ist bei einer Variation dp_b desselben $-P_b\, dp_b$.

Als Funktion des Zeitintervalles dt ausgedrückt, ist diese Variation $\frac{dp_b}{dt}\, dt$ oder $q_b\, dt$. Die äussere Arbeit kann demnach auch in der Form $-P_b\, q_b\, dt$ geschrieben werden. Helmholtz setzt

$$dQ_b = -P_b\, q_b\, dt. \tag{9}$$

Wenn wir in dieser Gleichung P_b durch seinen aus der vorhergehenden Gleichung abgeleiteten Werth ersetzen, so folgt

$$dQ_b = q_b \frac{ds_b}{dt}\, dt = q_b\, ds_b\,. \tag{10}$$

Dies ist die Gleichung für die Parameter, welche sich sehr schnell verändern.

Wir wollen nun die Parameter ins Auge fassen, die sich langsam verändern, und nachweisen, dass für diese der Differentialquotient $\frac{d}{dt}\left(\frac{\partial H}{\partial q_a}\right)$ vernachlässigt werden kann.

Nach den Gleichungen (6) erhalten wir

$$\frac{\partial H}{\partial q_a} = -\frac{\partial L}{\partial q_a}\,.$$

Nun ist L eine homogene Funktion zweiten Grades von q_a und q_b; $\frac{\partial H}{\partial q_a}$ wird also aus Gliedern von der Form $A q_{a'} q_{a''}$ und $B q_{a'} q_b$ gebildet. Demnach enthält der Differentialquotient dieser Grösse nach der Zeit $\frac{d}{dt}\left(\frac{\partial H}{\partial q_a}\right)$ nur Glieder von der Form

$$A\, q_{a''} \frac{dq_{a'}}{dt}, \qquad B\, q_b \frac{dq_{a'}}{dt}, \qquad B\, q_{a'} \frac{dq_b}{dt}\,.$$

Da aber die Parameter q_a sich sehr langsam verändern, so sind $q_{a'}$ und $q_{a''}$ sehr klein, und ebenso auch die Differentialquotienten dieser Grössen nach der Zeit; man kann also die Glieder der beiden ersten Formen vernachlässigen, da sie das Produkt zweier sehr kleinen Grössen enthalten. Ebenso dürfen die Glieder von der dritten Form vernachlässigt werden, aber nur unter der Bedingung, dass wir den Differentialquotient der endlichen Grösse q_b als sehr klein betrachten. (Wenn wir z. B. zur Fixirung der Vorstellung auf die Rolle zurückkommen, die uns vorhin als Beispiel gedient hat, so kommt dies auf die Annahme hinaus, dass die Winkelgeschwindigkeit dieser Rolle sehr gross, aber nahezu konstant ist.) Wird diese Hypothese noch zu Hülfe genommen, so sind alle Glieder von $\frac{d}{dt}\left(\frac{\partial H}{\partial q_a}\right)$ zu vernachlässigen.

Wir erhalten dann durch Vernachlässigung des ersten Gliedes von Gleichung (5) als Gleichung für die Parameter p_a

$$\frac{\partial H}{\partial p_a} = -P_a. \tag{11}$$

317. Monocyklische Systeme. — Helmholtz gibt den Namen monocyklische Systeme denjenigen, für welche die Zahl der unabhängigen, sehr schnell veränderlichen Parameter sich auf 1 reducirt; in dem Fall, wo die Zahl dieser Parameter grösser als 1 ist, heisst das System ein polycyklisches.

In allen monocyklischen Systemen ist $\frac{dQ}{L}$ ein vollständiges Differential.

Zum Nachweis dieser Eigenschaft betrachten wir zuerst ein monocyklisches System, dessen Lage durch einen einzigen, sich rasch verändernden Parameter definirt ist; diesen können wir p nennen.

In der Gleichung (2)

$$2L = \Sigma q_a \frac{\partial L}{\partial q_a}$$

bezeichnet q_a den Differentialquotienten eines beliebigen, schnell oder langsam sich verändernden Parameters. Für diese letzteren aber ist q_a sehr klein und die entsprechenden Glieder können vernachlässigt werden; folglich ist

$$2L = q \frac{\partial L}{\partial q} = qs.$$

Nach der Gleichung (10) erhält man für dQ

$$dQ = q\,ds,$$

und somit

$$\frac{dQ}{L} = \frac{2q\,ds}{qs} = 2\,d(l\,n\,s);$$

der betrachtete Quotient stellt also ein vollständiges Differential dar.

318. Unvollständige Systeme. — Helmholtz theilt die polycyklischen und monocyklischen Systeme in zwei Klassen: in die vollständigen und die unvollständigen Systeme. Die letzteren sind diejenigen, bei welchen die Arbeit $-P_a\,d\,p_a$, die einer von Null verschiedenen Variation des einen der Parameter p_a entspricht, gleich Null ist.

Für diese Systeme erhält man nach Gleichung (11) ebenso viel Gleichungen

$$\frac{\partial H}{\partial p_a} = 0, \tag{14}$$

als Parameter p_a von der erwähnten Art vorhanden sind; wir bezeichnen diese Parameter mit p_c. Da die Funktion H nach der Hypothese von Helmholtz nicht von den schnell veränderlichen Parametern p_b abhängt und da die Differentialquotienten q_a vernachlässigt werden dürfen, so können die Gleichungen von der Form (14) als Beziehungen zwischen den Parametern p_c, den Parametern p_a und den Differentialquotienten q_b betrachtet werden. Dies gibt ebenso viel Gleichungen als Parameter p_c; wir können uns daher derselben bedienen, um diese Parameter in Funktion von p_a und q_b auszudrücken. Diese Parameter sind also nicht nothwendig zur Definition der Lage des Systems; vielmehr genügen hierzu die Parameter p_a (nach Abzug der mit p_c bezeichneten) und die Parameter q_b.

Werden nun die Gleichungen geändert, wenn man als unabhängige Variable nur die Parameter p_a und q_b nimmt? Wir wollen den Ausdruck von H unter diesen Bedingungen H′ nennen; H′ hängt von p_a und q_b, H von p_a, p_c und q_b ab.

Da H′ und H ein und dieselbe Funktion mit verschiedenen Variablen bezeichnen, so ist

$$H' = H.$$

Bildet man jetzt die Differentialquotienten dieser Funktionen nach p_a, so erhält man

$$\frac{\partial H'}{\partial p_a} = \frac{\partial H}{\partial p_a} + \sum \frac{\partial H}{\partial p_c} \cdot \frac{\partial p_c}{\partial p_a}.$$

Nun ist nach Gleichung (14)

$$\frac{\partial H}{\partial p_c} = 0,$$

und somit

$$\frac{\partial H'}{\partial p_a} = \frac{\partial H}{\partial p_a}.$$

Die Lagrange'schen Gleichungen für die Parameter mit langsamer Veränderung behalten also dieselbe Form, nämlich die von Gleichung (11).

Durch Differentiation nach q_b erhält man ferner

$$\frac{\partial H'}{\partial q_b} = \frac{\partial H}{\partial q_b} + \sum \frac{\partial H}{\partial p_c} \cdot \frac{\partial p_c}{\partial q_b},$$

und folglich aus demselben Grund wie früher

$$\frac{\partial H'}{\partial q_b} = \frac{\partial H}{\partial q_b}.$$

Aus diesen Gleichungen und den Gleichungen (6) folgt unmittelbar, dass die Funktion s_b unverändert bleibt, ob die Parameter p_c explicit in die Zahl der Parameter eingehen, welche die Lage des Systems definiren, oder ob dies theilweise nicht stattfindet. Im einen wie im anderen Fall haben folglich die Lagrange'schen Gleichungen für die schnell veränderlichen Parameter die Form (10)

$$d\,Q_b = q_b\,d\,s_b\,.$$

Da die Form der Gleichungen dieselbe bleibt, so wird offenbar in dem Fall eines monocyklischen Systems der Faktor $\frac{1}{L}$ ein integrirender Faktor von $d\,Q$ sein.

319. Die unvollständigen Systeme unterscheiden sich also nur wenig von den vollständigen; allerdings ist der Unterschied zwischen beiden ein wichtiger.

Die kinetische Energie L ist im Allgemeinen eine homogene Funktion zweiten Grades von q_b und q_a; ausserdem hängt sie von den langsam veränderlichen Parametern ab. Nun haben wir eben gesehen, dass in den unvollständigen Systemen ein Theil dieser Parameter, die Parameter p_c, Funktionen von q_b und p_a sind. Ersetzen wir somit in L die Grössen p_c durch ihre Ausdrücke in Funktion der q_b, so wird L nicht mehr vom zweiten Grad in Bezug auf q_b sein; sie wird also von ungerader Ordnung in Bezug auf diese Differentialquotienten sein können und folglich auch von ungerader Ordnung in Bezug auf die Zeit. Wir werden bald die Wichtigkeit dieser Bemerkung einsehen.

Das einfachste Beispiel, das man anführen kann, ist eine Rolle, auf deren Achse ein Centrifugalregulator angebracht ist. Wenn die Geschwindigkeit der Rolle wächst, entfernen sich die Kugeln des Regulators von einander, und das Trägheitsmoment des Systems wird dadurch vergrössert.

Die lebendige Kraft ist also nicht proportional dem Quadrat der Winkelgeschwindigkeit, da sie gleich dem Produkt dieses Quadrats in das mit der Geschwindigkeit veränderliche Trägheitsmoment ist.

320. Anwendung auf Wärme-Erscheinungen. — Wir wollen mit Helmholtz annehmen, dass die Parameter p_b sich auf Molekularbewegungen beziehen, die der Wärme zuzuschreiben sind, die Parameter p_a dagegen auf die sichtbaren Bewegungen des Systems.

In Folge dieser Unterscheidung zwischen den verschiedenen Parametern wird die Gleichung

$$d\,U = -\,\Sigma\, p_a\, d\, p_a$$

des § 313

$$d\,U = -\,\Sigma\, p_a\, d\, p_a - \Sigma\, p_b\, d\, p_b$$

oder

$$d\,U = -\,\Sigma\, p_a\, d\, p_a + \Sigma\, d\, Q_b\,.$$

Nach dieser Gleichung ist also die Veränderung der inneren Energie gleich der negativen Summe der äusseren Arbeit $\Sigma\, p_a\, d\, p_a$ für die sichtbaren Bewegungen und der äusseren Arbeit $-\,\Sigma\, d\, Q_b$ für die Molekularbewegungen. Diesen Ausdruck von $d\,U$ wollen wir mit demjenigen vergleichen, der uns durch das Princip der Aequivalenz geliefert wird. Die Variation der inneren Energie, ausgedrückt in mechanischen Einheiten, ist die Summe aus der Arbeit und der Wärme $d\,Q$, welche dem System zugeführt wird, in denselben Einheiten ausgedrückt. Wie man sieht, werden die beiden Sätze identisch, wenn man annimmt, dass

$$d\,Q = \Sigma\, d\, Q_b\,,$$

d. h. dass die äussere Arbeit der Molekularkräfte mit umgekehrtem Zeichen gleich ist der dem Körper während der Umformung zugeführten Wärme. Das Princip der Aequivalenz wird also auf die allgemeinen Principien der Mechanik zurückgeführt, wenn man voraussetzt, dass die Körper aus Molekülen bestehen, die auf einander einwirken; dies war uns schon bekannt.

321. Für ein monocyklisches System, das wir nun betrachten wollen, ist bekanntlich

$$\text{(15)} \qquad \frac{d\,Q_b}{L} \text{ ein vollständiges Differential.}$$

Nun ist aber $d\,Q_b$ nichts anderes als die dem System zugeführte Wärme in mechanischen Einheiten, da sich für ein monocyklisches System $\Sigma\, d\, Q_b$ auf $d\,Q_b$ reducirt. Zum Beweis des Carnotschen Princips genügt also die Annahme, dass die Temperatur des Systems der kinetischen Energie L proportional ist. Da übrigens die Glieder dieser Energie mit q_a zu vernachlässigen sind, so kann man diese Energie mit der kinetischen Molekularenergie identificiren.

Ist nun aber die Annahme zulässig, dass die absolute Temperatur eines Systems der kinetischen Molekularenergie proportional sei? Die kinetische Gastheorie zeigt, dass dies für die Gase der Fall ist, die Helmholtz'sche Theorie würde uns, wie man sieht, zu der Annahme zwingen, dass dies auch für alle anderen Körper stattfindet.

Nach dem Carnot'schen Princip, das wir als experimentell erwiesen betrachten wollen, setzen wir

$$\frac{dQ}{T} = dS, \tag{16}$$

wo S das Produkt der Entropie in das mechanische Wärmeäquivalent darstellt. Da $dQ = dQ_b$, so verschwinden dS und das Differential (15) gleichzeitig. Dies letztere ist also eine Funktion von S; wir wollen setzen

$$\frac{Q_b}{L} = \varphi(S).$$

Hieraus leiten wir ab

$$\frac{dQ_b}{L} = \varphi'(S)\,dS = \varphi'(S)\,\frac{dQ}{T},$$

und folglich

$$L = T\,\theta(S).$$

Zur Bestimmung von θ betrachten wir zwei Systeme, für welche die Grössen L und S resp. die Werthe L_1 und S_1, L_2 und S_2 besitzen. Die beiden Systeme mögen sich auf derselben Temperatur T befinden; dies ist nöthig, da wir im Augenblick nur reversible Vorgänge betrachten wollen.

Wir erhalten dann

$$L_1 = T\,\theta_1(S_1), \qquad L_2 = T\,\theta_2(S_2).$$

Die Werthe dieser Grössen für die Gesammtheit beider Körper werden sein $L_1 + L_2$ und $S_1 + S_2$. Dann gilt die Beziehung

$$L_1 + L_2 = T\,\theta_3(S_1 + S_2),$$

und folglich

$$\theta_1(S_1) + \theta_2(S_2) = \theta_3(S_1 + S_2).$$

Durch Differentiation beider Seiten dieser Gleichung nach S_1 findet man

$$\theta_1'(S_1) = \theta_3'(S_1 + S_2),$$

und durch weitere Differentiation nach S_2

$$0 = \theta_3''(S_1 + S_2).$$

Hieraus folgt für den Werth von $\theta_3(S_1 + S_2)$

$$\theta_3(S_1 + S_2) = a + b\,(S_1 + S_2),$$

und folglich

$$\theta_1(S_1) = a' + b\,S_1\,, \qquad \theta_2(S_2) = a'' + b\,S_2\,.$$

Die drei linearen Funktionen θ_1, θ_2, θ_3 unterscheiden sich also nur durch die Konstanten a, a', a'', aber der Koefficient b ist für alle derselbe.

Bezeichnet man also mit a und b zwei Konstanten, deren erste von der Natur des Körpers abhängt, während die zweite für alle Körper gleich ist, so erhält man

$$L = T\,(a + b\,S)\,.$$

Wir sahen aber, dass der Koefficient b für jeden betrachteten Körper denselben Werth haben muss. Daher muss b Null sein für alle Körper, da dies für die Gase der Fall ist. Die absolute Temperatur ist also immer der kinetischen Molekular-Energie proportional.

322. Anwendung der Helmholtz'schen Theorie auf Schwingungsbewegungen. — Wie wir schon gesehen haben, ist die Hypothese von Helmholtz **(318)** nur für Wirbelbewegungen anwendbar. Nun scheinen aber die Molekularbewegungen aus Schwingungen zu bestehen, die nach beiden Seiten eines festen Punktes vor sich gehen und es fragt sich, ob der Quotient $\frac{dQ}{T}$ auch für diese Bewegungsart noch ein vollständiges Differential darstellt? Wir wollen nachweisen, dass diese Eigenschaft in dem Fall monocyklischer Systeme bestehen bleibt, selbst wenn man auf die Hypothese des § **315** verzichtet.

Im letzteren Falle ist die potentielle Energie Φ eine Funktion des schnell veränderlichen Parameters p, die wir schreiben können

$$\Phi = \frac{A\,p^2}{2} + C\,, \tag{17}$$

wo A und C Funktionen von p_a. Bei der Entwicklung von Φ nach wachsenden Potenzen von p kann man nämlich die Glieder von höherem als zweiten Grad vernachlässigen und auch das Glied vom ersten Grad fortlassen. Die Glieder von höherem als zweiten Grad müssen nämlich sehr klein sein, andererseits kann man den Parameter p immer so wählen, dass er Null ist, wenn sich das Molekül in der Mitte seiner Oscillation befindet; unter diesen Umständen ist Φ von gerader Ordnung in Bezug auf p, und das Glied vom ersten Grad ist dann Null.

Die kinetische Energie ist homogen vom zweiten Grad in Bezug auf q und q_a; wir können also setzen

$$L = \frac{B\,q^2}{2}\,. \tag{18}$$

wo B eine Funktion von p_a bezeichnet, immer unter der Annahme, dass die q_a sehr klein sind.

323. Wir wollen nun die Lagrange'sche Gleichung für den Parameter p aufstellen; nach einer der Gleichungen (6) haben wir

$$s = \frac{\partial L}{\partial q} = B q ,$$

und folglich für die gesuchte Gleichung

$$\frac{d B q}{d t} + \frac{\partial H}{\partial p} = - P .$$

Es ist aber

$$H = \Phi - L$$

und demnach

$$\frac{\partial H}{\partial p} = \frac{\partial \Phi}{\partial p} - \frac{\partial L}{\partial p} = A p ;$$

die vorige Gleichung kann man also schreiben

$$\frac{d B q}{d t} + A p = - P . \tag{19}$$

Wenn wir die schwingende Bewegung als stationär ansehen, so ist P Null und A und B bleiben konstant; dann wird unsere Gleichung

$$B \frac{d q}{d t} + A p = 0 ,$$

oder

$$B \frac{d^2 p}{d t^2} + A p = 0 .$$

Setzt man

$$A = n^2 B$$

so ist eine Lösung dieser Gleichung

$$p = h \sin (n t + \omega) ;$$

hieraus folgt durch Differentiation

$$q = n h \cos (n t + \omega)$$

und nach Einsetzen dieses Werthes von q in die rechte Seite von (18)

$$L = \frac{B h^2 n^2 \cos^2 (n t + \omega)}{2} .$$

Betrachtet man das System für eine im Verhältniss zur Schwingungsperiode genügend lange Zeit, so kommt nur der mittlere Werth dieser Grösse in Betracht; wir müssen also für den Nenner des Bruches $\frac{d Q}{L}$ den Ausdruck

(20) $$L = \frac{B h^2 n^2}{4} = \frac{A h^2}{4}$$

annehmen.

324. Wir setzen jetzt weiter voraus, dass die langsam veränderlichen Parameter andere Werthe erhalten, mit anderen Worten, dass die schwingende Bewegung nicht stationär verläuft; in diesem Fall ist P nicht Null.

Berechnen wir nun die von aussen zugeführte Arbeit

$$\delta Q = -\int P\, dp\,,$$

für den schnell veränderlichen Parameter in der Zeit δt, die absolut betrachtet sehr klein, aber im Verhältniss zur Schwingungsperiode sehr gross ist, so erhalten wir nach Gleichung (19)

$$\delta Q = \int \frac{dB}{dt}\, q\, dp + \int B \frac{dq}{dt} dp + \int A\, p\, dp\,.$$

Das erste dieser Integrale ist leicht zu berechnen. Die Funktionen B hängen nur von langsam veränderlichen Parametern ab, der Differentialquotient derselben nach der Zeit ist klein und langsam veränderlich; wir können sie demnach als konstant ansehen, und das obige Integral erhält den Werth

$$\frac{dB}{dt} \int q\, dp = \frac{dB}{dt} \int q^2\, dt\,.$$

Da die Integration über eine sehr kleine Zeit δt ausgedehnt ist, so kann das Integral durch das Produkt δt in den Mittelwerth $\frac{h^2 n^2}{2}$ von q^2 ersetzt werden; dann erhalten wir

$$\int \frac{dB}{dt}\, q\, dp = \frac{dB}{dt}\, \delta t \frac{h^2 n^2}{2} = \frac{h^2 n^2 \delta B}{2}\,,$$

wo δB die Veränderung von B mit der Zeit δt bezeichnet.

Um die beiden anderen Integrale zu erhalten, entwickeln wir A und B nach wachsenden Potenzen von t; nehmen wir für den Augenblick an, der Zeitanfang falle mit dem Beginn des Intervalls δt zusammen, so erhalten wir

$$A = A + \frac{dA}{dt} t + \frac{d^2 A}{dt^2} t^2 + \ldots .$$

$$B = B + \frac{dB}{dt} t + \frac{d^2 B}{dt^2} t^2 + \ldots .$$

Da aber das betrachtete Zeitintervall sehr klein ist, so braucht man die Glieder zweiten und höheren Grades von t nicht zu berücksichtigen; ausserdem kann man $\frac{dA}{dt}$ und $\frac{dB}{dt}$ als Konstante in diesem Intervall betrachten; es folgt also für die zu berechnenden Integrale

$$\int B\frac{dq}{dt}dp = \int B\,q\,dq = B\int q\,dq + \frac{dB}{dt}\int t\,q\,dq,$$

$$\int A\,p\,dp = A\int p\,dp + \frac{dA}{dt}\int t\,p\,dp.$$

325. Wir können nun das Zeitintervall δt so wählen, dass p am Anfang und Ende dieses Intervalls Null wird; zu diesen beiden Zeiten ist q dann gleich $n\,h$. Unter diesen Bedingungen wird

$$B\int q\,dq = B\,\delta\frac{n^2 h^2}{2}$$

und

$$A\int p\,dp = 0.$$

Die beiden anderen Integrale können durch partielle Integration umgeformt werden

$$\frac{dB}{dt}\int t\,q\,dq = \frac{dB}{dt}\left(\frac{t\,q^2}{2} - \int\frac{q^2}{2}dt\right),$$

$$\frac{dA}{dt}\int t\,p\,dp = \frac{dA}{dt}\left(\frac{t\,p^2}{2} - \int\frac{p^2}{2}dt\right);$$

wie leicht einzusehen ist, hat das erste den Werth

$$\frac{dB}{dt}\left(\delta t\frac{n^2 h^2}{2} - \delta t\frac{n^2 h^2}{4}\right) = \delta B\frac{n^2 h^2}{4},$$

und das zweite

$$\frac{dA}{dt}\left(0 - \delta t\frac{h^2}{4}\right) = -\,\delta A\frac{h^2}{4}.$$

Ersetzt man also in δQ die Integrale durch ihre Werthe, so folgt

$$\delta Q = \delta B\frac{n^2 h^2}{2} + B\,\delta\frac{n^2 h^2}{2} + \delta B\frac{n^2 h^2}{4} - \delta A\frac{h^2}{4},$$

oder

$$\delta Q = 3\,\delta B\frac{n^2 h^2}{4} + B\,\delta\frac{n^2 h^2}{2} - \delta A\frac{h^2}{4}.$$

Durch Division dieser Gleichung mit L, dessen Werthe durch die Gleichungen (20) bestimmt sind, folgt dann

$$\frac{\delta Q}{L} = 3\frac{\delta B}{B} + 2\frac{\delta n^2 h^2}{n^2 h^2} - \frac{\delta A}{A}.$$

Jedes Glied der rechten Seite ist also der Differentialquotient eines Logarithmus, so dass die Summe dieser Glieder den Differentialquotient des Logarithmus von dem Produkt darstellt; der Ausdruck ist demnach ein vollständiges Differential. Das Theorem von Clausius wird also für den Fall eines schwingenden Zustandes der Moleküle ebenso bestätigt, wie für den Fall wirbelnder Bewegung.

326. Irreversible Erscheinungen. — Kehren wir jetzt wieder zur Helmholtz'schen Theorie zurück, so scheint es zunächst, als ob sie die irreversiblen Erscheinungen nicht erklären könnte.

Die Funktion H hängt bekanntlich von den Grössen p und q ab; diese letzteren Grössen gehen mit dem zweiten Grad ein, da $H = \Phi - L$ ist und da Φ nicht von q abhängt, während L diese Grössen im zweiten Grad enthält. Aendert man das Vorzeichen der Zeit, d. h. lässt man das System zu seinem Anfangszustand rückwärts gehen, so ändern die p ihr Zeichen nicht, dagegen thun dies die Differentialquotienten $q = \frac{dp}{dt}$. Da aber diese Grössen im Ausdruck für H im zweiten Grad vorkommen, so behält diese letztere Funktion denselben Werth. Die Gleichungen, welche den Zustand des Systems in jedem Augenblick definiren, können unter der Form (5) dargestellt werden

$$-\frac{d}{dt}\left(\frac{\partial H}{\partial q_a}\right) + \frac{\partial H}{\partial p_a} = -P_a.$$

Das erste Glied bleibt unverändert, wenn dt negativ wird, da dq_a gleichzeitig das Zeichen wechselt, und H, wie wir sahen, denselben Werth behält; die anderen Glieder ändern ihren Werth ebenso wenig. Die Gleichungen bleiben demnach dieselben, unabhängig vom Zeichen von dt; wenn das System also zu seinem Anfangszustand zurückkehrt, geht es wieder genau durch dieselben Werthe hindurch, die es beim Verlassen des Anfangszustandes besessen hatte; die Umformungen sind also reversibel.

327. Für den Fall unvollständiger Systeme haben wir aber gesehen, dass L durch eine Funktion dritten Grades von q ausgedrückt werden kann. Unter diesen Umständen ändert L mit dem Zeichen von dt seinen Werth. Die irreversiblen Vorgänge könnten also mit den unvollständigen Systemen gleichbedeutend sein; diese Annahme macht Helmholtz.

Indessen nimmt derselbe noch eine andere, übrigens analoge Erklärung zu Hülfe.

Wir wollen annehmen, dass für einige der schnell veränderlichen Parameter p_b die Grössen P_b Null sind, und wollen diese Parameter mit p_e bezeichnen. Dann erhalten wir (§ 318)

$$d s_e = \frac{d Q_e}{q_e} = - P_e \, d t = 0 .$$

Die Grössen s_e sind also Konstanten, die ich s_e^0 nennen will. Die Beziehungen

$$s_e = s_e^0$$

lassen die Elimination der Grössen q_e zu, so dass als unabhängige Variable nur die p_a und q_b (ausschliesslich der q_e) bleiben.

Bezeichnen wir dann durch ∂ die partiellen Differentialquotienten, die mit dem System der alten Variabeln p_a, q_b und q_e berechnet sind, und mit δ die partiellen Differentialquotienten mit den neuen Variabeln p_a und q_b, und setzen ferner (Gleichung 6; p. 279)

$$H' = H + \Sigma s_e^0 q_e ,$$

so folgt

$$\frac{\delta H}{\delta p_a} = \frac{\partial H}{\partial p_a} + \sum \frac{\partial H}{\partial q_e} \cdot \frac{\delta q_e}{\delta p_a} = \frac{\partial H}{\partial p_a} - \sum s_e \frac{\delta q_e}{\delta p_a} = \frac{\partial H}{\partial p_a} - \sum s_e^0 \frac{\delta q_e}{\partial p_a}$$

$$\frac{\delta H'}{\delta p_a} = \frac{\delta H}{\delta p_a} + \sum s_e^0 \frac{\delta q_e}{\delta p_a},$$

und hieraus

$$\frac{\delta H'}{\delta p_a} = \frac{\partial H}{\partial p_a} .$$

Ebenso erhalten wir

$$\frac{\delta H}{\delta q_b} = \frac{\partial H}{\partial q_b} - \sum s_e \frac{\delta q_e}{\delta q_b},$$

und

$$\frac{\partial}{\partial t}\left(\frac{\delta H}{\delta q_b}\right) = \frac{\partial}{\partial t}\left(\frac{\partial H}{\partial q_b}\right) - \sum s_e \frac{\partial}{\partial t}\left(\frac{\delta q_e}{\delta q_b}\right) - \sum \frac{\partial s_e}{\partial t} \cdot \frac{\delta q_e}{\delta q_b};$$

da ferner

$$s_e = s_e^0 , \quad \frac{\partial s_e}{\partial t} = 0 ,$$

so folgt

$$\frac{\partial}{\partial t}\left(\frac{\delta H}{\delta q_b}\right) = \frac{\partial}{\partial t}\left(\frac{\partial H}{\partial q_b}\right) - \sum s_e^0 \frac{\partial}{\partial t}\left(\frac{\delta q_e}{\delta q_b}\right) .$$

Ebenso erhält man

$$\frac{\partial}{\partial t}\left(\frac{\delta H'}{\delta q_b}\right) = \frac{\partial}{\partial t}\left(\frac{\delta H}{\delta q_b}\right) + \sum s_e^0 \frac{\partial}{\partial t}\left(\frac{\delta q_e}{\delta q_b}\right),$$

also

$$\frac{\partial}{\partial t}\left(\frac{\delta H'}{\delta q_b}\right) = \frac{\partial}{\partial t}\left(\frac{\partial H}{\partial q_b}\right).$$

Unsere Gleichungen werden also

$$\frac{\delta H'}{\delta p_a} = -P_a; \quad d\left(\frac{\delta H'}{\delta q_b}\right) = -q_b \, d Q_b,$$

d. h. sie behalten dieselbe Form. Wenn die Zahl der schnell veränderlichen Parameter, abgesehen von den q_e, sich auf 1 reducirt, so ist das System monocyklisch; aber der integrirende Faktor ist nicht mehr $\frac{1}{L}$, sondern $\frac{1}{q_b s_b}$.

Die Gleichungen $s_e = s_e^0$ sind nicht homogen in Bezug auf q, da die linke Seite vom ersten Grad, die rechte vom Grad 0 ist.

Hieraus folgt, dass nach der Elimination der q_e, L nicht mehr homogen vom zweiten Grad in Bezug auf q sein wird, und dass H Glieder ungerader Ordnung von diesen Grössen enthalten kann.

Die Gleichungen sind also nicht mehr reversibel, d. h. sie bleiben bei einem Zeichenwechsel der Zeit nicht mehr ungeändert.

Helmholtz bezeichnet mit verborgenen Bewegungen diejenigen, welche den Parametern p_b entsprechen, für die P_b Null ist; daher muss die Nichtumkehrbarkeit gewisser Vorgänge auf das Vorhandensein verborgener Bewegungen in dem System zurückgeführt werden. Das einfachste Beispiel eines solchen Systems bildet das Foucault'sche Pendel; in diesem Fall ist die verborgene Bewegung diejenige der Erde; diese Bewegung verhindert, dass das Pendel im umgekehrten Sinn die Stellungen passiren kann, die es vorher eingenommen hatte, und vernichtet somit die Umkehrbarkeit der Erscheinung.

328. Diese Erklärung der irreversiblen Vorgänge kann genügend erscheinen. Meiner Meinung nach erklärt sie jedoch nicht alle thermodynamischen Erscheinungen, wie aus dem Folgenden hervorgeht.

Für ein System, das jeder äusseren Einwirkung entzogen ist, sind die Grössen P_a Null, und man erhält als Gleichungen eines Parameters bei Fortlassung der Indices cf. (5) und (6)

$$\frac{ds}{dt} + \frac{\partial H}{\partial p} = 0, \tag{21}$$

$$s = -\frac{\partial H}{\partial q}.$$

Nach den Gleichungen (2), (3) und (4) findet man als Energie des Systems

$$U = H + \Sigma q \frac{\partial L}{\partial q}$$

oder unter Berücksichtigung von (6)

$$U = H + \Sigma q s.$$

Betrachten wir U als Funktion von p und s, so ergeben sich für die partiellen Differentialquotienten dieser Funktion

$$\frac{\partial U}{\partial p} = \frac{\partial H}{\partial p},$$

$$\frac{\partial U}{\partial s} = q,$$

oder nach Gleichung (21) und der Bedeutung von q,

$$\frac{\partial U}{\partial p} = -\frac{\partial s}{\partial t}, \quad \frac{\partial U}{\partial s} = \frac{\partial p}{\partial t}. \tag{22}$$

Wenn das System isolirt ist, kann sich seine Entropie nicht vermindern, $\frac{\partial S}{\partial t}$ muss also positiv sein für wachsendes t.

Nun kann man S als Funktion der s und p betrachten; man erhält dann

$$\frac{\partial S}{\partial t} = \sum \left(\frac{\partial S}{\partial s} \cdot \frac{\partial s}{\partial t} + \frac{\partial S}{\partial p} \cdot \frac{\partial p}{\partial t} \right),$$

oder, wenn man $\frac{\partial s}{\partial t}$ und $\frac{\partial p}{\partial t}$ durch seine aus den Gleichungen (22) abgeleiteten Werthe ersetzt

$$\frac{\partial S}{\partial t} = \sum \left(\frac{\partial S}{\partial p} \cdot \frac{\partial U}{\partial s} - \frac{\partial S}{\partial s} \cdot \frac{\partial U}{\partial p} \right).$$

Die Bedingung, welcher das System genügen muss, lautet also

$$\sum \left(\frac{\partial S}{\partial p} \cdot \frac{\partial U}{\partial s} - \frac{\partial S}{\partial s} \cdot \frac{\partial U}{\partial p} \right) > 0; \tag{23}$$

diese Ungleichung muss für alle Werthe von p und s erfüllt sein; dies ist aber, wie wir sehen werden, nicht immer der Fall.

329. Es lässt sich in der That ein System denken, für welches S durch ein Maximum hindurchgeht. Da aber S nicht kleiner werden kann, so bleibt diese Grösse konstant, wenn sie ihren Maximalwerth erreicht hat, für den das System sich im Gleichgewicht befindet.

Wir können annehmen, dass dieser Zustand den Werthen Null von s und p entspricht, denn wenn diese Variablen von Null verschieden wären, könnte man setzen

$$s = s' + s'', \quad p = p' + p''$$

und könnte s'' und p'' als neue Variable einführen, so dass die Variablen im Gleichgewichtszustand Null wären. Ebenso kann man annehmen, dass für diesen Zustand U und S Null sind, da diese Funktionen willkürliche Konstanten enthalten.

Entwickeln wir S nach wachsenden Potenzen der Variablen, so ist das erste Glied dieser Entwicklung nach der obigen Annahme Null; alle Glieder ersten Grades von p und s sind ebenfalls Null, da S für $p = s = 0$ durch ein Maximum geht; aus diesem letzteren Grund sind alle Glieder zweiten Grades negativ. Wenn wir also die Glieder von höherem als zweiten Grad vernachlässigen, so ist S eine negative quadratische Funktion von s und p; wir können sie also in Quadrate zerlegen, deren Koefficienten alle negativ sind.

Wird in gleicher Weise Funktion U entwickelt, so ist das konstante Glied Null. Dasselbe gilt für alle Glieder vom ersten Grad, da sich das System im Gleichgewicht befindet, und deshalb

$$\frac{\partial s}{\partial t} = 0 \text{ und } \frac{\partial p}{\partial t} = 0,$$

woraus nach (22) folgt

$$\frac{\partial \mathrm{U}}{\partial p} = 0 \text{ und } \frac{\partial \mathrm{U}}{\partial s} = 0.$$

Vernachlässigt man also die Glieder von einem höheren als dem zweiten Grad, so reducirt sich U auf eine quadratische Funktion von s und p.

330. Da die Funktionen S und U quadratische Form haben, so sind ihre partiellen Differentialquotienten nach den Variablen vom ersten Grad, und die linke Seite der Ungleichung (23) ist somit eine quadratische Funktion. Damit diese Ungleichung immer erfüllt ist, muss diese quadratische Funktion sich als Summe von Quadraten darstellen lassen, deren Koefficienten positiv sind. Dann kann sie nur für $s = p = 0$ Null werden.

Was nun die Funktion $-\frac{\mathrm{U}}{\mathrm{S}}$ anbetrifft, so ist sie homogen vom Grad Null in Bezug auf p und s. Man kann also, ohne den

Werth dieser Funktion zu ändern, s und p mit einem und demselben, sonst aber beliebigen Faktor multipliciren. Wir wollen davon Gebrauch machen, um die Variablen immer kleiner als eine bestimmte Grösse, d. h. endlich zu machen. U und S bleiben dann für beliebige Werthe der Variablen endlich und $-\frac{\mathrm{U}}{\mathrm{S}}$ kann nur unendlich werden, wenn S Null ist. Das aber S eine quadratische negative Funktion ist, kann sie nicht Null werden; $-\frac{\mathrm{U}}{\mathrm{S}}$ kann also nicht unendlich werden und muss ein Maximum aufweisen, das wir für ein System von Werthen der s und p mit Ausnahme von $p = s = 0$ mit λ bezeichnen wollen.

Für diese Werthe der dem Maximum entsprechenden Variablen erhält man

$$\frac{\frac{\partial \mathrm{U}}{\partial s}}{\frac{\partial \mathrm{S}}{\partial s}} = \frac{\mathrm{U}}{\mathrm{S}} = -\lambda;$$

und hieraus

$$\frac{\partial \mathrm{U}}{\partial s} = -\lambda \frac{\partial \mathrm{S}}{\partial s}.$$

Ebenso erhält man

$$\frac{\partial \mathrm{U}}{\partial p} = -\lambda \frac{\partial \mathrm{S}}{\partial p}.$$

Wenn wir diese Werthe von $\frac{\partial \mathrm{U}}{\partial s}$ und $\frac{\partial \mathrm{U}}{\partial p}$ in die linke Seite der Ungleichung (23) einsetzen, so wird sie Null. Die ihr entsprechende quadratische Funktion kann also für Werthe von p und s verschwinden, die von Null verschieden sind. Demnach sind nicht alle Koefficienten der Quadrate positiv, und die Funktion kann negativ werden.

Die Helmholtz'schen Gleichungen können also die Entropievermehrung nicht erklären, die in isolirten Systemen auftritt, wenn diese irreversible Umformungen erleiden.

Hieraus folgt, dass die irreversiblen Vorgänge und die Theorie von Clausius nicht durch die Gleichungen von Lagrange erklärt werden können.

331. Auch der Nachweis der umkehrbaren Vorgänge ist nicht vollständig. Besonders müsste erklärt werden, warum keine Wärme von einem Körper zum anderen übergeht, wenn beide dieselbe Temperatur besitzen und sich berühren. Man versuchte diese Erscheinung dadurch zu erklären, dass man die beiden Körper mit zwei Rollen verglich, deren Rotationsgeschwindigkeiten gleich sind.

Wenn man diese Rollen in Berührung bringt, so entsteht kein Stoss und folglich auch keine Uebertragung lebendiger Kraft von der einen auf die andere; ebensowenig entstehen Stösse zwischen den Molekülen, wenn man beide gleich warme Körper in Berührung bringt, da die Moleküle in Folge der Gleichheit der Temperatur die gleiche Geschwindigkeit besitzen. Diese Erklärung ist jedoch keineswegs ausreichend.

332. Arbeiten von Boltzmann. — Den Namen von Helmholtz und Clausius müssen wir den von Boltzmann zufügen. Unter den Arbeiten dieses letzteren Gelehrten über den uns interessirenden Gegenstand wollen wir nur seinen Beweis der Helmholtz'schen Hypothese anführen.

Boltzmann trennt ebenfalls die Parameter des Systems in zwei Klassen, in die langsam und die schnell veränderlichen Parameter, aber er nimmt nicht mehr an, dass H von diesen letzteren unabhängig sei. Das ganze System zerlegt er in eine grosse Zahl von Systemen, für welche die Periode dieselbe, die Phase aber verschieden ist. Durch Betrachtung des ganzen Systems zeigt Boltzmann, dass alles so vor sich geht, wie wenn H von den schnell veränderlichen Parametern nicht abhinge; die Hypothese von Helmholtz findet sich also bestätigt. Aus diesem Grund muss die Arbeit von Boltzmann hier angeführt werden.

Verlag von Julius Springer in Berlin N.

N. H. Abel und E. Galois:

Abhandlungen über die algebraische Auflösung der Gleichungen. Deutsch herausgegeben von H. Maser. Preis M. 4,—.

Augustin Louis Cauchy:

Algebraische Analysis. Deutsch herausgegeben von Carl Itzigsohn. Preis M. 9,—; geb. 10,—.

A. M. Clerke:

Geschichte der Astronomie während des neunzehnten Jahrhunderts. Gemeinfasslich dargestellt. Autorisirte deutsche Ausgabe von H. Maser. Preis M. 10,—: geb. M. 11,20.

Leonhard Euler:

Einleitung in die Analysis des Unendlichen. Erster Theil. Ins Deutsche übertragen von H. Maser. Preis M. 7,—; geb. M. 8,—.

Michael Faraday:

Experimental-Untersuchungen über Elektricität. Deutsche Uebersetzung von Dr. S. Kalischer, Privatdocent an der Technischen Hochschule zu Berlin. In drei Bänden.

Erster Band. Mit in den Text gedruckten Abbildungen, 8 Tafeln und dem Bildniss Faradays. Preis M. 12,—; geb. M. 13,20.

Zweiter Band. Mit in den Text gedruckten Abbildungen und 6 Tafeln. Preis M. 8,—; geb. M. 9,20.

Dritter Band. Mit in den Text gedruckten Abbildungen und 5 Tafeln. Preis M. 16,—; geb. M. 17,20.

M. Fourier:

Analytische Theorie der Wärme. Deutsche Ausgabe von Dr. B. Weinstein. Mit 21 in den Text gedruckten Holzschnitten. Preis M. 12,—; geb. M. 13,20.

Dr. O. Frölich:

Handbuch der Elektricität und des Magnetismus. Mit zahlreichen in den Text gedruckten Holzschnitten und 2 Tafeln. Zweite vermehrte und verbesserte Auflage. Preis M. 15,—; geb. M. 16,20.

Carl Friedrich Gauss:

Untersuchungen über höhere Arithmetik. (Disquisitiones arithmeticae. Theorematis arithmetici demonstratio nova. Summatio quarumdam serierum singularium. Theorematis fundamentalis in doctrina de residuis quadraticis demonstrationes et ampliationes novae. Theoria residuorum biquadraticorum, commentatio prima et secunda. Etc.) Deutsch herausgegeben von H. Maser. Preis M. 14,—; geb. M. 15,20.

Zu beziehen durch jede Buchhandlung.

Verlag von Julius Springer in Berlin N.

Carl Friedrich Gauss:

Allgemeine Untersuchungen über die unendliche Reihe

$$1+\frac{\alpha\beta}{1.\gamma}x+\frac{\alpha(\alpha+1)\beta(\beta+1)}{1\,.\,2\,.\,\gamma(\gamma+1)}xx+\frac{\alpha(\alpha+1)\ (\alpha+2)\ \beta\ (\beta+1)\ (\beta+2)}{1\,.\,2\ \ .\ \ 3\ .\ \gamma\ (\gamma+1)\ (\gamma+2)}x^3+\text{u. s. w.}$$

Mit Einschluss der nachgelassenen Fortsetzung aus dem Lateinischen übersetzt von Dr. Heinrich Simon. Preis M. 3,—.

W. Jordan:

Grundzüge der astronomischen Zeit- und Ortsbestimmung. Mit zahlreichen in den Text gedruckten Holzschnitten. Preis M. 10,—; geb. M. 11,20.

Dr. Heinrich Kayser:

Lehrbuch der Spektralanalyse. Mit zahlreichen in den Text gedruckten Holzschnitten und 9 lithographirten Tafeln. Preis M. 10,—; geb. M. 11,20.

Otto Koll:

Die Theorie der Beobachtungsfehler und die Methode der kleinsten Quadrate mit ihrer Anwendung auf die Geodäsie und die Wassermessungen. Mit in den Text gedruckten Figuren. Preis M. 10,—.

J. L. Lagrange:

Analytische Mechanik. Deutsch herausgegeben von Dr. H. Servus. Preis M. 16,—; geb. M. 17,20.

Dr. H. Landolt und Dr. R. Börnstein:

Physikalisch-chemische Tabellen. 2. Auflage. (Unter der Presse.)

Dr. M. Paul Mansion:

Theorie der partiellen Differentialgleichungen erster Ordnung. Vom Verfasser durchgesehene und vermehrte deutsche Ausgabe. Mit Anhängen von S. von Kowalevsky, Imschenetsky und Darboux. Herausgegeben von H. Maser. Preis M. 12,—.

E. Mascart und J. Joubert:

Lehrbuch der Elektricität und des Magnetismus. Autorisirte deutsche Uebersetzung von Dr. Leopold Levy. In 2 Bänden. Mit zahlreichen in den Text gedruckten Abbildungen. Preis M. 30,—; geb. M. 32,40.

Émile Mathieu:

Theorie des Potentials und ihre Anwendungen auf Elektrostatik und Magnetismus. Autorisirte deutsche Ausgabe von H. Maser. Mit 18 in den Text gedruckten Figuren. Preis M. 10,—.

Zu beziehen durch jede Buchhandlung.

Verlag von Julius Springer in Berlin N.

James Clerk Maxwell:

Lehrbuch der Elektricität und des Magnetismus. Autorisirte deutsche Uebersetzung von Dr. B. Weinstein. In 2 Bänden. Mit zahlreichen Holzschnitten und 21 Tafeln. Preis M. 26,—; geb. M. 28,40.

L. Poinsot:

Elemente der Statik. Autorisirte deutsche Ausgabe. Nach der von Bertrand bearbeiteten zwölften Auflage des französischen Originals herausgegeben von Dr. H. Servus. Mit 4 lithographirten Tafeln. Preis M. 6,—; geb. M. 7,—.

H. A. Schwarz:

Gesammelte mathematische Abhandlungen. In zwei Bänden. Mit zahlreichen Textfiguren und 4 Tafeln. Preis M. 25,—; geb. M. 28,—.

Werner Siemens:

Wissenschaftliche und technische Arbeiten.

Erster Band. Wissenschaftliche Abhandlungen und Vorträge. Mit in den Text gedruckten Abbildungen und dem Bildniss des Verfassers. Zweite Auflage. Preis M. 5,—; geb. M. 6,20.

Zweiter Band. Technische Arbeiten. Mit 204 in den Text gedruckten Abbildungen. Zweite Auflage. Preis M. 7,—; geb. M. 8,20.

Sir William Siemens:

Ueber die Erhaltung der Sonnen-Energie. Eine Sammlung von Schriften und Discussionen. Aus dem Englischen übersetzt von C. E. Worms. Mit 6 Holzschnitten und 1 lithogr. Tafel. Preis M. 4,—.

N. Vandermonde:

Abhandlungen aus der reinen Mathematik. Deutsch herausgegeben von Carl Itzigsohn. Preis M. 3,—.

William Thomson:

Gesammelte Abhandlungen zur Lehre von der Elektricität und dem Magnetismus. (Reprint of Papers on Electrostatics and Magnetism.) Autorisirte deutsche Ausgabe von Dr. L. Levy und Dr. B. Weinstein. Mit 59 in den Text gedruckten Abbildungen und 3 Tafeln. Preis M. 14,—; geb. M. 15,20.

Karl Weierstrass:

Abhandlungen aus der Functionenlehre. Preis M. 12,—; geb. M. 13,20.

Formeln und Lehrsätze zum Gebrauche der elliptischen Functionen. Nach Vorlesungen und Aufzeichnungen bearbeitet und herausgegeben von H. A. Schwarz. Zweite Ausgabe. Erster Theil (enthaltend Bogen 1—12). Preis M. 10,—.

Zu beziehen durch jede Buchhandlung.

Verlag von Julius Springer in Berlin N.

Dr. B. Weinstein:

Handbuch der Physikalischen Maassbestimmungen. In 3 Bänden.

Erster Band. Die Beobachtungsfehler, ihre rechnerische Ausgleichung und Untersuchung. Preis M. 14,—; geb. M. 15,20.

Zweiter Band. Einheiten und Dimensionen, Messungen für Längen, Massen, Volumina und Dichtigkeiten. Preis M. 14,—; geb. M. 15,20.

Dritter Band. Messungen für Drucke und Kräfte, thermische, optische, akustische, elektrische und magnetische Maassbestimmungen. (In Vorbereitung.)

Elektrotechnische Zeitschrift.

(Centralblatt für Elektrotechnik.)

Organ des elektrotechnischen Vereins.

Redaktion: **F. Uppenborn in Berlin.**

Jährlich 52 Hefte.

Preis für den Jahrgang M. 20,—.

Zeitschrift für Instrumentenkunde.

Organ für

Mittheilungen aus dem gesammten Gebiete der wissenschaftl. Technik.

Redaktion: **Dr. A. Westphal in Berlin.**

Jährlich 12 Hefte.

Preis für den Jahrgang M. 18,—.

Zeitschrift

für den

physikalischen und chemischen Unterricht.

Herausgegeben von **Dr. F. Poske.**

Jährlich 6 Hefte.

Preis für den Jahrgang M. 10,—.

Zu beziehen durch jede Buchhandlung.

GPSR Compliance

The European Union's (EU) General Product Safety Regulation (GPSR) is a set of rules that requires consumer products to be safe and our obligations to ensure this.

If you have any concerns about our products, you can contact us on ProductSafety@springernature.com

In case Publisher is established outside the EU, the EU authorized representative is:

Springer Nature Customer Service Center GmbH
Europaplatz 3
69115 Heidelberg, Germany

Batch number: 10682323

Printed by Printforce, the Netherlands